手榴弾入門

佐山二郎

潮書房光人新社

手榴弾入門——目次

プロローグ　手榴弾の発達　11

第一部　手榴弾の種類

手榴弾　19／演習用手榴弾　36／手榴弾投擲要領　37
試製改造手投曳火榴弾　67／十年式手投演習用曳火手榴弾　68
九七式手投榴弾　69／試製九八式柄付手榴弾（甲）、（乙）　71
兵器学教程弾丸火具補遺（手榴弾）　75／九九式手榴弾（甲）　87
九九式手榴弾（甲）挺進用　90／九九式手榴弾（乙）　91
十年式曳火手榴弾　93／九一式曳火手榴弾　97／九二式あか曳火手榴弾　99
九二式みどり曳火手榴弾　100／九一式発射演習用曳火手榴弾　101
仮称手榴弾四型　101／海軍の陸戦用手投兵器　105
手投弾薬　131
十年式手投照明弾　131／十年式地上信号弾（白）、（赤）、（緑）　131

十一年式発煙弾　132／催涙筒甲　133／催涙筒乙　134
八八式発煙筒　134／八九式催涙筒甲　135／八九式催涙筒乙　135
八九式催涙筒丙　136／八九式催涙棒　136／九三式持久瓦斯現示筒　137
九四式小発煙筒（甲）　137／九四式小発煙筒（乙）　137
九四式代用発煙筒（甲）、（乙）　138／九四式大発煙筒（甲）　139
九四式大発煙筒（乙）　140／九四式水上発煙筒（甲）　140
九四式水上発煙筒（乙）　142／九七式淡煙発煙筒　143
九七式信号発煙筒（赤）、（黄）、（青）　144／九七式あか筒　145
手投火焔瓶　146／テナカ瓶およびガソリン瓶　148
手投まる瓶　149／手投煙瓶　149／ちび　150／試製手投爆雷　151
発煙筒使用の参考　152／擲弾銃旧式　166

第二部　各国の手榴弾

日露両兵が使用した手榴弾について　169／明治三十七八年戦役陸軍衛生史　171
兵器学教程明治三十八年　179／兵器学教程大正元年　180／戦術研究の参考　181
歩、工兵隊兵器委員召集記事　189／各国手榴弾一覧表　193
外国の手榴弾と銃榴弾　198／歩兵佐官召集記事　210
歩兵第二聯隊冬季試験報告　215／第一次大戦における兵器上の観察　215
第一次大戦における手榴弾の戦術的用法　221
第一次大戦におけるドイツの毒ガス手榴弾　223
欧州大戦におけるドイツの手榴弾について　225
満州事変における兵器に関する報告の概要　233
歩兵第二十三聯隊満州出動史　235／米軍兵器写真要覧　237／赤軍の手榴弾　245

赤軍戦法研究参考資料第五号　251／支那軍兵器一般　258／支那事変兵器蒐録　259
対支那軍戦闘指揮の参考　261／兵器学教程大正九年　263／砲兵学教程　263
教練手簿　264／兵語新辞典　265／兵器学教程昭和三年　265
関東軍装備概況表　270／兵器学教程昭和九年　271
幹部候補生検定虎之巻　272／歩兵新須知　275／演習便覧　278
歩兵教練ノ参考　279／兵器学之参考　283／兵器概説教程　285
歩兵操典詳説　285／手榴弾教育　287／手榴弾教育ノ参考　291
戦時陸軍報告規程特別報告（手榴弾投擲事故）　304／陸戦参考書　307
陸戦用各種砲弾薬及火工兵器名称　309
昭和二十年度調達弾薬品目員数表（近戦弾薬のうち手投弾薬）　310
工廠別手投弾竣工数　310／武器弾薬整理一覧表　313／金山商報　313

あとがき　317

手榴弾入門

プロローグ　手榴弾の発達

　承久（じょうきゅう）の乱（一二二一年）の頃は石弓を張立て、石礫を飛ばして戦った。また応仁の乱（一四六七～一四七七年）当時も発石木を作り、大いにこれを利用した。

　欧州では投石のため種々の器具を考案し、大昔から中世を経て一六世紀に至るまでこれを戦闘に使用した。ギリシャ、ローマ、カルタゴにおいては投石隊を組織していた。また後世になってもこれで爆弾を放擲したことがある。

　中国においても往古から石戦が行われた。石礫（つぶて）を飛ばし、あるいは火毬（かきゅう）を投げるには単梢砲、旋風砲、虎蹲砲などがあり、槓桿装置を用いて石塊や火弾を敵陣に放った。また飄（ひょう）石という携帯投石器があった。小さい石は手で投げ、大きい石は投石機で放って、これを砲といいまた礮（ほう）と称した。後に石では脆弱なのでこれを鉄製とした。これを石製弾丸と区別するため鉄砲と呼んだ。すなわち砲、礮、鉄砲は皆弾丸の名称であり、これらは総て火薬を持たない実体弾であった。

宋の咸平二十五年（一〇二二年）に手炮が発明された。手炮とは鉄製弾丸の内部に火薬を填実し、手で放擲するもので、すなわち手榴弾の祖先である。文永の役（一二七四年）に元寇軍は攻撃に爆発物を使用し、これをわが国では「てつはう」と名付けた。その「てつはう」がまさしく手炮であった。破裂の瞬間を描いた絵詞を見ると、これを手榴弾の遠い祖先ということも頷けるが、弾体の重さ、大きさからこれを人が遠距離に投げるのは無理である。簡易な投擲具を用いたのではないか。

欧州において初めて手榴弾を戦闘に用いたのは東洋に比べてはるかに遅く一四五〇年頃である。その後手榴弾は発達し擲弾兵という特種兵科まで生みだした。一八五三年から一八五六年にかけてロシアとフランス・イギリス・オスマン帝国などが戦ったクリミア戦争では大いに手榴弾が使用されたが、一九世紀後半における欧州各戦役には手榴弾は使用されなかった。

一九〇四年の日露戦争旅順攻囲戦においてわが軍は対壕作業により徐々に前進し、近いところでは敵とわずか数メートルまで近接した。わが将兵は勇躍敵陣に突入し肉弾戦を挑んだが多大な損害を受け撃退されてしまった。ここにおいてわが軍は近接戦闘手段として手投（てなげ）爆薬を創意した。これは牛肉や鮭の空き缶に火薬を詰め緩燃導火索を付けたもので、これに点火して敵線に投げ込んだ。この攻撃が意外に効果を挙げ、旅順攻撃に一進歩をもたらした。日本軍が手榴弾を使用したので露軍もこれを真似し、手榴弾戦は世界軍事界の注目を集めた。各国の観戦武官による報告書の中には日露両国の各種急造手榴弾を紹介したものがある。その結果やがて来る世界大戦において近接戦闘の華となった。

日露戦争統計集（第一四編兵器）によれば、戦地における損失兵器は奉天付近の会戦において手投弾（てなげだん）五七個、旅順攻囲戦において手投弾二五個と、記録に残るわが軍の手榴弾は意外に少ないが、旅順要塞整理完結報告には露軍の地雷九三四個および手投弾薬二万四一三一個を鹵獲したとある。露軍は急速に大量の手榴弾を製造していたのである。この地雷は爆破し、手投弾薬は重量が大きいものは海中に投棄、軽いものは地雷とともに爆破した。

欧州戦役では塹壕戦で手榴弾の用途が多く、単に物質上だけでなく士気上に及ぼす効果が大きかった。各国が使用した手榴弾は厚肉の弾体をもち爆裂すると多数の破片を生じるものと、弾体に薄肉の鉄板を用い爆薬量を多くして爆発の威力によるものがあった。前者は殺傷効力が大きく、後者は士気上の効果が大きい。塹壕戦において掩護物の後方から投擲する場合は危害が自分に及ぶおそれが少ないので比較的重量の大きいものを用い、手榴弾の効力範囲を拡大した。

フランスの球形手榴弾は一二〇〇グラムあり、ロシアの一九一五年式手榴弾は二キロ以上あった。ドイツは掩護物がない場合にもこれを利用するため破片が前方にのみ飛散する手榴弾を考案した。またアメリカは破片の効力による手榴弾を防御用とし、別に紙製弾体で爆発の威力によるものを攻撃用として制定した。各国手榴弾の重量は概ね五〇〇～九〇〇グラムで、投擲距離は五〇〇～六〇〇グラムでも三〇～四〇メートルに過ぎなかった。

各国使用の手榴弾の形状は球形、卵形など掴みやすい形状とするか、または柄を付けて把持投擲できるようにした。手榴弾は臂力により投擲するから着発式のときは地質により不発を生じるおそれがある。曳火式ではそのおそれはないが弾着後直ちに爆発しない場合があり、敵から投げ返されるおそれがあるなど両発火方式には一長一短があった。以上のような検討を経て、わが国でも歩兵部隊に少なくとも殺傷力をもつ尋常手榴弾を装備することになった。ただし破片の効力を主とするか爆発効力を主とするかは未定であった。

各国の手榴弾は種類が多く構造、機能が多様で各一利一害があった。わが国で実験をしたわけではないが、中でも優秀な構造をもつものとしてイギリスの第5号ミルス式手榴弾とドイツの柄付曳火手榴弾があった。前者は同国が最も多く使用した楕円形曳火式手榴弾で破片の効力によるものであった。構造簡単で投擲動作も容易である。後者は同国が賞用したもので爆発の効力による。これを帯革に吊るして容易に携帯できる特色があった。

「手投弾」は近接戦闘において火器の威力を十分発揚できないとき、あるいは照明または煙幕構成などの目的があるときに使用するもので手榴弾、催涙弾、焼夷弾、照明弾、発煙弾、信号弾、ガス弾など概ね火砲の弾丸にあるものと同種類のものがある。このうち手榴弾は殺傷ならびに震駭を目的とするもので、一般に鋳鉄製で円筒形、壷形、卵形、球形をなし、有効破片を多くするため外面に縦横の裂溝を刻むものが多い。炸薬としては高級爆薬を使用し曳火と着発がある。また投擲のため柄を付けるもの、弾尾を付けるもの、擲弾筒などにより発射するものがある。

わが国の手榴弾の制式は手投専用と擲弾筒兼用の二種からなり、手投専用には次の種類があった。

一、手榴弾
二、演習用手榴弾
三、試製改造手投曳火榴弾
四、十年式手投演習用曳火手榴弾
五、九七式手投榴弾
六、試製九八式柄付手榴弾（甲）
七、試製九八式柄付手榴弾（乙）
八、九九式手榴弾（乙）

擲弾筒または擲弾器兼用のものには次の種類があった。

一、十年式曳火手榴弾
二、十年式発射演習用曳火手榴弾
三、九一式曳火手榴弾
四、九九式手榴弾（甲）

明治三十八年七月、陸軍省軍務局砲兵課は東京砲兵工廠に対し、迫撃砲他五点を技術審査部と打ち合わせの上製造するよう命じた。

品目	員数
迫撃砲	二五
擲爆弾	二六〇〇
壷形手榴弾	五万三〇〇
迫撃砲爆弾	二六〇〇
迫撃砲爆弾用信管	二六〇〇

同月軍務局砲兵課は表1のとおり満州軍総司令部へ支給し、表2のとおり第十三師団司令部へ送付するため、門司野戦兵器本廠へ兵器を送るよう兵器本廠に命じた。費用は臨時軍事費支弁とし、各軍への分配については大連支部が満州軍総司令部と打ち合わせを行うこととした。これらの兵器は既に先行して製造されていたものと思われる。

表1

品目	員数
迫撃砲	二〇
同爆弾	二〇〇〇
同信管	二〇〇〇

表2

品目	員数
迫撃砲	五
同爆弾	五〇〇
同信管	五〇〇

壷形手榴弾　四万
擲爆弾　二〇〇〇

壷形手榴弾　一〇〇〇
擲爆弾　五〇〇

第一部　手榴弾の種類

手榴弾

明治四十年三月、わが国で最初に制定された手榴弾は制式名称をただ「手榴弾」として四〇式などの年式は付けなかった。しかしこれでは個別の制式名称と手榴弾全体を表す総称が混同するので、本書ではこの手榴弾をそれまで仮に用いられていた名称の「壷形手榴弾」と仮称することとする。昭和八年の技術教程では手榴弾（旧式）と記して新型の手榴弾と区別しているが、使用する部隊においてはどの型でも「手榴弾」と称したと思われる。

この壷形手榴弾は前項の壷形手榴弾と同じものであるが、満州に送られた形跡はない。その後の処置は不明だが大量の壷形手榴弾を処分することはなく、外国に売却した記録もない。暫くの間在庫の状態にあったものを後に試製改造手投曳火榴弾や試製九八式柄付手榴弾（乙）に改造し、制式兵器として再び採用したのである。

壷形手榴弾は弾丸に木底（木製の蓋）を付け、弾体後部の環状溝に晒木綿布を手ぬぐいの二つ折り位にした弾尾（被布（ひふ）という）を麻糸で縛着し、使用に際し弾尾を握り投擲する。弾丸は落下して地物に激突すると爆発する着発式だが、瞬発信管の構造がごく簡単でゴム輪（ゴム製のパッキンで輪ゴムとは異なる）との摩擦で撃針を保持する方式だったため、落下角度または沼地、畑地などにおいては往々にして不発を生じた。

シベリア出征軍の経験によると寒気のためゴム輪が収縮し、投擲する前に撃針が離脱するものが少なくなかったという。大正六年に近衛工兵大隊から工兵第十九大隊まですべての工兵大隊が参加して壷形手榴弾の軟地に対する爆発試験を行った結果、投擲総数一六七九発のうち八三三発、四九パーセント以上が不発だった。しかもこれには落角四〇度以下のものは含まれていない。

各種柔軟地において確実に発火させるために必要なゴム輪の撃針に対する抗力は次のとおりであった。

柔軟な畑地　二・九キロ以下

柔軟な陣地　三・二キロ以下

積土（軽く踏み固めたもの）　四・二キロ以下

掘開した壕内　四・二キロ以下

水田池水　一・五キロ以下

一、制式ゴム輪の撃針進入に対する抗力は二・三キロ公差正負〇・六キロである。即ち撃針の上に二・九キロないし一・七キロの分銅を静かに置くとき、撃針は分銅の重量により自然に降下する程度のものとする。

二、制式ゴム輪の抗力は前項のとおりであるから、壺形手榴弾は水田池水を除き各種柔軟地において確実に発火するはずである。

三、撃針を装するにあたっては撃針の太さに注意し（撃針径は四・三ミリないし三・九ミリの範囲にある）、太いものはゴム輪を弾口に装するときに緩いものに用い、細いものはゴム輪を弾口に装するときにやや硬いものに用いる。またゴムの性質により柔軟の度を異にするものがあるので、挿入しやすいものとやや困難なものとは交換して用いる留意が必要である。撃針を装するには旋回しつつ安全子に密接するまで静かにゴム輪に挿入する。

四、撃発具の装着が終ったら、弾体を握り上方より下方に向け強く一、二回振り、撃針が飛脱することがないことを確認する。この際もし飛脱した場合はゴム輪円筒の外周に幅約一〇ミリの和紙を捲き、ゴム輪の径を適当に修正して用いる。
五、水田池水もしくは沼沢地などで不発を生じるおそれがある場合は、制式ゴム輪に代えて半切ゴム輪一個を用いることができる。そうすれば発火確実となり不発は生じない。半切ゴム輪を装した壺形手榴弾は極めて鋭敏であるから、取扱上特に注意を要する。

瞬発機能を良好にするため大正七、八、九年と三回にわたる制式改正の結果、
一、ゴム輪を廃して抗力が斉整な発条を用い、
二、雷管を管体の薄い二十六年式拳銃雷管と取り換えて鋭敏にし、
三、撃針の経始を改正して離脱を防止し、
四、撃針頭に十字型の板を取り付けて着地面積を大にし、発火を容易確実にした。
五、壺形手榴弾の弾体は銑鉄製で筋目がないので、爆発にあたり生じる破片は大小不同で効力のない微細な破片が多く生じる不利がある。よって改正弾では鋳鉄製とし弾体に筋目を施してこの不利を除去した。
六、壺形手榴弾の炸薬は黄色薬で戦時の補給が容易でないおそれがあるから、わが

国において産出豊富で価格低廉な塩斗薬を用いることとした。

七、塩斗薬は黄色薬に比べて爆発威力がやや劣るので炸薬量を増加した。塩斗薬は塩酸カリ八〇にデントロトロール一六、ヒマシ油四からなる。

八、壺形手榴弾の弾尾は木綿布であるから戦時の補給が容易ではない。よってわが国において産出豊富で価格極めて低廉な藁（わら）または棕櫚（しゅろ）を用いることに改正した。藁は茎数三五本以上とする。

以上の改正に関する試験は歩兵学校において実施し、その成績は良好であった。

壺形手榴弾は取扱上の不注意により事故を起こした実例があるので、危険予防のため運搬中は撃発具を装着せず、使用部隊に交付するとき撃発具を装着した。使用にあたっては安全子を取り、弾尾を持って遠心力を利用して投擲する。

壺形手榴弾主要諸元　重量約五〇〇グラム、弾体径四九ミリ、弾体長一三一ミリ、炸薬量は黄色薬六五グラム（塩斗薬八〇グラム）、兵器細目表では第二種に区分される。

兵器細目表区分は次のとおりである。

第一種　戦用に供するもので、将来製作するもの

第二種　戦用に供するが、将来製作しないもの

第三種　資源その他の関係上、戦時必要に応じ製作するもの

第四種　専ら演習用に供するもの

手榴弾説明書（原文のまま）　明治四十年四月十一日　送乙第一〇一三号

弾体

銑製にして内外とも生漆（なまうるし）を施し、発錆および炸薬の変化を防ぐ。

炸薬

黄色薬（粉薬を圧搾して円筒形をなし、紙包を施しベルニーを塗る）約三〇グラムにして上面に雷汞（らいこう）室を設け、外面には蠟剤（ろう）を施し、弾体内に装す。

木底

防湿のためパラフィンに油煮す。

雷汞筒

二十六年式拳銃薬莢および雷管を用い、内外面に塗錫（としゃく）し爆薬の変化を防ぎ、内部に雷汞二グラム強を収め、錫箔、蠟塞、紙塞をもって閉塞し、さらに口部を緊縮す。

撃発具

雷汞筒は弾頭より炸薬上部の雷汞室に装し、木管およびゴム輪をもってこれを保定し、次に弾頭外部に安全子を装し、さらに撃針をゴム輪中に装定す。

被布

弾体後部の環状溝に麻糸をもって反折捲纏（けんてん）し、さらに木底の桿状部に麻糸をもって緊束す。

（演習弾は爆薬を有せず、弾体内雷汞筒の周囲は薬室状をなし、外壁に噴気孔を穿ち木底中心にもまた円孔を貫通し、もって空薬筒の排出を便にす。薬筒は二十六年式拳銃空包薬筒を用い、黒色小粒薬約〇・六グラムを用う）

保存および運搬

手榴弾は炸薬および雷汞筒を各別にし、他の諸部はこれを結合（麻糸は軽く仮結束）し保存するを正規とす。

填薬せる手榴弾は使用の期に際するまでは必ず雷汞筒を分離してこれを格納すべし。

炸薬および雷汞筒は常に火薬取締法にしたがいこれを保存し、諸部殊に木部は水分の交感を防ぎ、常に乾燥しあることに注意すべきものとす。

使用法

直ちに使用せんがため携行するときは雷汞筒を徐に挿入し、その全く鉤止せらるるまで圧入し、木管、次いでゴム輪を挿入し、安全子を装し、後撃針を静かに圧入して安全子に接せしむ。

投擲せんと欲せば撃針を変位せしめざることに注意し、静かに安全子を側方に抽脱する。（抽脱した安全子の若干は必ずこれを貯存し、使用中止の節は直ちに一旦撃針を脱して安全子を旧位置に復し結合すべく、また長時日使用の見込なければ雷汞筒をも分離し置くべきものとす）

投擲にあたりては被布のなるべく後端を持ち、右手を一旦後方に引き、上前方に向い被布の緩まざるごとく振り投げるか、または弾体の円筒部を握り、手を頭上に挙げ、被布を後方にして普通投石法の如く敵に向い投擲すべし。而して尋常抛石索を使用する如く急速回転したる後放擲する法はこれを試むべからず。

使用上の注意

演習にありては主として演習用手榴弾を使用し、最初は空包薬筒を装せざるものを用い、投擲距離を増大することと目標に命中することを練習せしむ。

以上の演習に熟達すれば漸次空包薬筒を装せるものを投擲し、その着発点火を検す。

実弾（炸薬を填実す）の演習にあたりては左の諸件に注意してその効力を規正し、かつ危険を予防すべし。

一、手榴弾垂直に落下すれば弾の重心点より上方に開角約九〇度の安全界（円錐状）を生じ、その他部破片は全周に飛散し、危険半径は二〇〇メートル内外とす。

二、斜めに落達せる手榴弾はその落角の大小にしたがい安全界および危険界の位置を変更す。

三、水平地における普通投擲距離（一五ないし四〇メートル）にありてはその落角は四〇度内外にして投手は安全の位置にあるを普通なりといえども、演習にありては必ず掩体を設け、かつ投擲後直ちに低き姿勢をとることに注意すべし。

壺形手榴弾投擲法

一、壺形手榴弾は状況特に目標の位置、地形地物の状態および投擲距離の大小などに応じ、弾尾を持ちあるいは弾体を握り立姿、膝姿または伏姿で投擲する。状況が許すときはなるべく立姿によるものとする。

二、壺形手榴弾は目標が近いときは弾体を握り、または弾尾を短く持ち、遠いときは弾尾を長く持って投擲する。

三、行進間において壷形手榴弾を投擲するには通常立姿を用い、その瞬間停止する。ただし駆歩間においては行進速度を利用して投擲することができる。
四、遮蔽物の背後に位置する目標に対しては斜方面より投擲する方がよい。
五、散兵壕内より胸墻に直交して投擲する場合、壕幅が狭いときは後塞の一部を掘拡し、または斜削して投擲しやすくすることがある。また踏垜の幅が狭いときは適宜これを増大し、あるいは内斜面脚に左足を置くための孔を穿開することを可とする。
六、壷形手榴弾の最大投擲距離は立姿において弾尾を持ち投擲する場合、中等の投擲手では約四〇メートルを標準とし、その他の場合は投擲の方法により差異があるが、前者に比べて著しく距離を減じる。落角は約五〇度内外を適当とする。
七、壷形手榴弾の投擲は指揮官の号令、命令または記号により行う。しかし投擲姿勢は目標の状況と距離に応じ適宜投擲手の選択に委ねることが多い。
八、部隊をもって壷形手榴弾を投擲するには定規の散開隊形によるのを通常とする。時としては一層広い間隔をとることがある。また如何なる場合においても一歩以下にその間隔を縮小することは許されない。これは投擲動作を不便にしかつ隣兵に危害を及ぼすおそれがあるからである。

九、壷形手榴弾は通常敵に咫尺（しせき）（距離が近い）し急いで投擲するので、特に落着いて狙いを定め、必中を期さなければならない。通常携行弾数は多くないので注意を要する。

壷形手榴弾の投擲は必ず十分な効果を予期するときに行い、勉めてその節用を図ること。そのため指揮官は投擲手を指定し、あるいは連続投擲する弾数を指示することがある。

一〇、壷形手榴弾は各種の方向および距離にある目標に対し、力および操作の加減により、少なくとも目標を中心とする半径五メートルの圏内に到達できるよう、投擲法を練習すること。特に目視できない目標に対し練習する場合においては、教官は弾着を観測し、その躱避（だひ）（誤差）を指示し、これを修正させることを要する。

一一、壷形手榴弾投擲の練習はまず徒手立姿において弾尾を持ち、投擲する要領を十分会得させ、次いでその他の場合に及び、また部隊による練習は兵がほぼ各個の投擲法に習熟した後に行うものとする。

弾尾を持って投擲する方法

一、弾尾を持ち壷形手榴弾を投擲するにはあらかじめ次の号令を下して、投擲の準備を行わせる。

「投げ方用意」

兵は銃を左手に移すとともに壷形手榴弾一個を右手に持つ。

二、立姿にて投擲の姿勢をとらせるには兵に目標を指示し、次の号令を下す。

「立姿投」（たちなげ）

兵はまず目標に面し次いで頭をその方向に保ったまま右を向きつつ右足を対線上右方半歩のところに開き、銃を左腕に掛け左手でもって弾体を握り、右手で安全子を抜いた後、投擲距離に応じさらに右手で適度の長さに弾尾を握り、静かに弾を垂下し、銃を左手に復する。徒手の場合は弾を垂下することなく、左肘を軽く体に接したまま弾体を左手の掌（てのひら）に載せる。

三、立姿にて投擲させるには次の号令を下す。

「投げ」

垂下している弾体を目標に通じる垂直面内において後方に振り（徒手の場合は左手で弾体を右腕の旋回にともなうよう上方に押上げつつこれを放つ）、右拳を肩のやや後方に持ってきてこれを右肩の後方に垂下する。この際弾体と弾尾ならびに右前腕の内側を同一垂直面内に置き、また上体を右側面に屈し、体重を右足に移し、両膝を少し屈める。左手は銃を持ったまま目標の方向に伸ばし、自然にこれを挙げる。ここにおいて両腕および体が再び旧位に復しようとする力を弾体に作用させ、弾尾を緊張したまま高く振り出し、弾尾がほぼ水平となったとき強く力を加えて投擲する。

次いで兵は前項のように連続投擲する。ただし第二弾以後の安全子の抽出は立姿投の要領による。もし弾数の制限を要する場合は「投げ」の次に「何発」の号令を加える。この時兵は所命の弾数を投擲した後次発の準備をすることなく後命を待つ。

四、投擲動作の練習には最初は徒手により弾を投擲することなく左手に持った弾体を押し放ち、右前腕の後方に垂下して停止すると直ちにこれを反撥して左手に復させ、これを反復実施して円運動における弾臂体の関連動作に慣熟させ、次いで弾尾を手から放す時機を会得させることが必要である。この動作において左手を正しく目標の方向に指向するときは、右手は自然に左手の方向に作用し、したがって弾を目標方向に投擲することができる。兵がほぼ以上の関連動作に習熟したときは左手を用いることなく弾を投擲できる。

五、膝姿にて投擲の姿勢をとらせるときは、兵に目標を指示して次の号令を下す。
「膝姿投」（ひざなげ）
兵はまず銃を体の左側の地上に置いた後、目標に面し、次いで頭をその方向に保ったまま右向きをなし、両膝を少し開いて跪（ひざまず）き、両足尖（さき）を立て、臀部を踵より離す。次いで安全子を引き右手で弾尾を持ち、左手の掌上に弾体を保つ。
六、膝姿にて投擲させるには次の号令を下す。
「投げ」

立姿投と同じ方法により投擲する。
七、伏姿にて投擲の姿勢をとらせるときは、兵に目標を指示して次の号令を下す。
「伏姿投」（ねなげ）

兵はまず銃を体の左側の地上に置いた後、目標に面し両膝を地上に着け、直ちに左手を概ね右膝の前に出し地に着け、目標の方向に伏臥し、両肘を地に支え、安全子を引き、右手で弾尾を持ち、左手の掌上に弾体を保つ。

伏姿にて投擲させるには次の号令を下す。

「投げ」

立姿投と同じ方法により投擲する。ただし右脚を左脚の後方に移すと同時に上体を右側面向きに起し、かつ左手で弾体を上方に押上げるとともに上体を起して投擲する。

大正六年六月に陸軍歩兵学校が実施した特種兵器研究報告の一部に手榴弾研究報告があり、壷形手榴弾の携行法や教育、編成について次ぎのように記述している。

一、手榴弾携行法

一般兵の携行数は射撃動作を妨げない程度に止め、手榴弾手には運動を妨げない限りなるべく多く携帯させる。その携行法は次のとおり。

（一）衣袴のカクシ（ポケット）に収容する法

上衣の右左カクシに各三個、袴の右左カクシに各四個、計一四個、投擲動作に差し支えなし。

（二）雑嚢に収容する法

約二〇個

（三）帯革に吊垂する法

右前弾薬盒を外すと約一〇個、さらに後方弾薬盒を外すと一〇数個吊垂できる（弾薬盒は背嚢に付着する）。ただし帯革は弾体の重量のため漸次下方に張垂し、長距離の運動には適さない。また投擲にあたり各弾体が衝突して音響を発し、投擲にも不便である。

（四）結束して片手または両手で提げる法

五個ずつ結束し、約二〇個を携帯できる。

二、教育および編成

手榴弾は陣地戦の主要武器であるから特別の教育を施した選抜投擲手を必要とし、運動戦においても補助兵器として十分な価値を有するから歩兵全員を手榴弾の投擲に慣れさせておくことが必要である。一般兵には約一〇時間内外で概ね基礎教育を達成することができる。選抜投擲手については十分習熟させるため長時日にわたりしばしば訓練する必要がある。

歩兵小隊内に手榴弾分隊を一個編成する。分隊の編成は長（下士）、銃手（警戒または掩護兵）、投擲手および補給兵若干とする。

三、手榴弾分隊の武装

分隊長：銃剣および自働拳銃を携帯し手榴弾若干個を携帯する。

銃手：自働銃または銃および銃剣のほか手榴弾若干個を携帯する。

投擲手：銃剣を帯び、雑嚢を右肩から左腋下に下げ（普通の反対）、衣袴のカクシに約一〇個、雑嚢に約一〇個、計約二〇個を携帯する。
補給兵：投擲手と同服装で雑嚢を帯剣の上から提げ、雑嚢に約二〇個、衣袴に約一〇個、計約三〇個を携帯する。

四、手榴弾投擲試験結果

草地および森林における手榴弾の着発の程度を試験するため演習用手榴弾四五発、壷形手榴弾七三発を投擲した結果、不発弾五五発を生じた。

（一）樹枝が繁茂する森林においては落達に先立ち樹枝などに衝突し不発の原因となる。また木綿製の被布、ことにそれが湿潤している場合には樹枝に吊垂することがある。
（二）藁製被布は木綿製に比べて落達の際樹枝などの影響を受けることが少ない。
（三）草地では草のため多少の影響を受けるが、むしろ土地の硬軟に関係する。
（四）被布製のものは森林内における投擲がやや困難である。

五、改良意見

（一）弾体に亀裂的または円周的に刻線を付けることにより、炸裂の際なるべく大きな破片が生じ、重量を軽減して投擲距離を増大するとともに、携行弾数を多くする。

（二）被布の幅を狭く、かつやや長くし、投擲距離を延伸するとともに、帯革に吊垂しやすくする。これにより特に危険を生じる憂いはない。

（三）制式のゴムを速やかに試製のゴムに取り替える。多少危険を醸（かも）すがなるべくゴム抗力の弱いものを採用する必要がある。

（四）防寒手套をはめていても容易に安全子を離脱できるよう幅を広くし、離脱のための突起部を大きくする。これにより着発の際撃針が進む距離が長くなり、不発が少なくなる。

（五）曳火手榴弾を研究する必要がある。

昭和六年十月、陸軍省副官は陸軍技術本部長に対し手榴弾取扱に関する注意を通牒した。その内容は、某部隊において明治四十年制定の壷形手榴弾の結合作業に際し、安全子の装着を忘れたまま撃針を圧入したために爆裂を誘起し、多数の死傷者を生じた事故があったので、このような作業の実施にあたってはその機能並びに用法などを十分研究し、危害防止に関する諸般の注意を喚起されたいというものであった。

演習用手榴弾

明治四十年四月十一日、「演習用手榴弾」が制式制定された。本手榴弾は壷形手榴弾の投擲法を演練するために使用するもので、演習専用である。着発式だが炸薬はない。三個の噴気孔を有する弾体に薬筒、木管、ゴム輪、安全子および撃針を有し、弾尾を縛着する。薬筒を交換すれば繰り返し使用できる。撃針、安全子、木管はそのまま使用する。

演習用手榴弾主要諸元　弾体径四五ミリ、弾体長一三〇ミリ、弾尾をもつ。兵器細目表は第四種。

手榴弾投擲要領

本書は工兵による壷形手榴弾投擲法の教範であるが、制作した部署、刊行年などの記載がないので、試験的なものかもしれない。手書きの印刷だが多数の図解でわかりやすく解説している。明治四十一年の陸軍士官学校兵器学教程に記載された本手榴弾の投擲法は下手投げだが、この工兵の教範は上手投げであることから、未だ陸軍内において研究途上にあったものと思われる。結果的には本要領に示すように上手投げに統一された。

通則

一、本教育要領は爆破教範改正草案付録手榴弾用法に示すところの投擲法を研究し、その教育に資せんとするものにして、本書に示す以外の事項はすべて手榴弾用法に準拠するものとする。

二、投擲要領は主として現制着発手榴弾について述ぶるも、その投擲の操作は総ての手榴弾に応用し得るものとする。

三、手榴弾は目標の位置および距離により被布あるいは弾体を握り投擲するものにして、三〇メートル以内にありては弾体を握るを通常有利とする。

四、投弾手の姿勢はこれを立姿、膝姿、伏姿の三種とする。

五、投擲距離、命中精度および落角の関係は概ね左の如し。ただし風力風向によりその影響を受けること著しきものとする。

（一）投擲距離の最大限
被布を持つとき　立姿六五m、膝姿五〇m、伏姿三〇m
弾体を持つとき　立姿四〇m、膝・伏姿三〇m

（二）命中精度
距離三〇m以下　一・五m方形内
距離三〇mないし四〇m　四m方形内

距離四〇mないし五〇m　目標の左右各二・五m以内、前後各四m以内
距離五〇m以上　目標の左右各四m以内なるも前後は確定するを得ず
(三)　落角は常に四〇度以上なるものとする。

第一章　被布を持ち投擲する方法

第一　一般の要領

六、投擲の要領は体・臂・拳および弾体の適当なる聯合作用を会得するにある。而して何れの姿勢にありても体の左側を正しく目標に向け、被布を右手に握り、その拳を肩の付近にてやや後方に持ち来たし、弾体を右臂の後方に垂下し、これを上方より左手に向い高く振り出さんとする瞬時に、被布を放ち左手の指向する方向に投擲するものなり。

投擲距離を延伸するためには弾を左手にて前方より投げ上げ、右臂の後方に移して垂下せしめ、もって臂および身体右側面の緊縮により生ずる弾撥力を利用し投擲するものとする。

(イ)　被布の握り方

投擲にあたりては被布は弾頭より前臂の長さの位置を食指の側面第一節部と

拇指の頭部とをもって互いに圧止し、他の三指をもって軽く握るものとする。
ただし小指はやや強く握るを要する。
七、不動の姿勢にありては弾体より約一握の位置を持ち、自然に垂れるものとする。
(ロ) 姿勢
八、頭および左側面を目標に対向せしめ、両脚を約半歩踏み開き、両踵の線を目標に通ずる線上にあらしめ、次いで被布を持ち換え、左手は掌を上向きにし拇指を弾体に平行する如くして軽く弾体を握り、両臂は立射の構えの如くなす。(これに対し工兵監部より、両踵を目標に通ずる線上に一致せしむるよりは、両爪先を同線に一致せしむる方が教育上便利なり、との意見があった)
(ハ) 投擲
九、左手にてその持ちたる弾体を上方に押し放ち、これと同時に右臂はこの弾体の受けたる力と右手首および前膊(はく)の肘を中心とせる転回とにより、弾体を目標線に平行なる垂直面内において回転して、右肩後方に静止せしむ。而してこの回転において弾体は右手首前膊右臂全体の回転および腰を屈(かが)め(反身(そりみ))、右膝を屈めて体重を右足にかける調子などにより被布を緊張したまま回転するを得、かつ回転の最終において垂下の位置に静止せしむるを得べし。この静止の位置は瞬時にして次に来らんとする弾撥の力を十分に蘊蓄せる時にして、あたかも圧縮の極限に達せる発条の如し。

次いで右肩をして弾撥の力を弾体に作用せしめて被布を緊張したるまま、円滑に円運動に移らしめ、逐次力を増加して投擲する。

第二　立姿における投擲法

一〇、不動の姿勢にあるとき立姿にて投擲せしむるには次の号令を下す。

「立姿(たちな)投げの構え」

投弾手は頭を正面に保ちたるまま右向をなし、右足を目標に通ずる線上約半歩のところに踏み開き、左手をもって掌を上向にし、弾体を軽く握り両臂は立射の構えの如くなす。
一一、投擲をなさしむるには「投げ」の号令を下す。而してその投擲法は一般要領に示せしものに同じ。

第三　膝姿における投擲法

一二、不動の姿勢にあるとき膝姿にて投擲せしむるには次の号令を下す。
膝投(ひざな)げの構え
投弾手は頭を正面に保ちたるまま右向をなし、その方向に両膝を約半歩に開きて跪(ひざまず)き、両臂は立姿の如く位置す。而してその両膝頭の線はこれを目標線中にあらしむるものとする。

投擲にあたり腰を挙げ、もしくは片足を立つる時は投擲距離を延伸するを得べし。

一三、「投げ」の号令にて投擲する。その要領は一般要領に示せしものに同じ。

第四　伏姿における投擲法

一四、不動の姿勢にあるとき伏姿にて投擲せしむるには次の号令を下す。

「伏(ね)姿投(な)げの構え」

徒手における「伏姿(ふせ)」と同要領にて体の方向を目標に一致せしめて伏臥し、弾体を握る。

一五、「投げ」の号令にて投擲する。その方法は投弾手は左手をもって上体を右側面向に扛起し、同時に右脚を左脚の左側方に移し、かつ弾体を後方に移し、立姿の投擲要領により投擲する。ただしこの際姿勢の関係上右臂をやや伸長するを異なりとする。

第二章　教育指導の要領

第一　一般の要領

一六、平地において兵卒を二歩あるいは一歩間隔（七五センチ）に開き、まず立姿をもって各人につき姿勢、投擲の要領、方向、落角および距離の延伸につき逐次矯正し、特に方向を確実に維持することについては一段の注意を要する。膝姿および伏姿はその概要を示し、数回の投擲にてその要領を会得せしむれば可なり。

(イ)隊形および助手の使用

一七、兵卒を甲、乙二班に分ち、二歩あるいは一歩間隔に開き、七〇メートルを隔て相対向せしめ、対向者をもって夫々その目標となす。

甲、乙各班は約一〇ないし一二名を一組となし、これに助手を付す。助手は右側および後方より修正し、踵（膝、身体）の線は常に目標線中にあることに注意すべし。

(ロ)実施の順序および方法

一八、第一操作、第二操作、第三操作の順序により操作を実施し、右翼より一名ずつ修正する。

列中にある兵卒は常に第一操作を自習するものとする。

最初甲班は各人に一個ずつ手榴弾を持たしめ、而して右翼より逐次相対向する兵卒を目標として投擲せしむ。

甲班全部の投擲終らば乙班は駈歩(かけあし)にて相対せる兵卒の投げたる弾を拾い、旧位置に復す。次いで甲班について示せし如く行い、甲乙両班交互に前方法を繰り返すものとする。

第二　操作の解説

（イ）第一操作

一九、第一操作においては弾、臂、体の相互作用の調和を会得せしむるものにして、この操作をなさしむるには横への姿勢をなさしめたる後、左の号令を下す。

「振り出し始め」

投弾手は左手に持ちたる弾体を押し放ち被布を緩めることなく右前臂および上体の調子により弾体を上方より右臂上膊の後方に移し、垂下して停止するや否や直ちに往路を左手に復す。この操作を反復し、もって被布に緩みなく弾の円運動を作り得る如く習熟せしむ。

この操作を会得せば既に投擲要領の目的の大部を終りたるものにして、この操作の良否によりてその能力を判知し得るものなり。ゆえにこの操作の教育には最も意を用い、また常にこの操作を自習せしむるを要す。
二〇、「止め」の号令にて「立姿投げ構え」の姿勢に復す。
(ロ)第二操作
二一、第二操作においては被布を手より放つ時機の会得を練習せしむるものにして、この操作をなさしむるにはまず弾体を第一操作における垂下の位置を取らしめたる後、「投げ」と号令を下す。
投弾手は第一操作における復路の操作をもって弾体を左手の方向に振出せしめんとしつつ、漸次力を加え、被布のほぼ水平となりたるとき強く力を加えて自然に各指を伸ばし、弾を高く放擲する。
二二、細部に関する注意は左の如し。
(一)この操作は弾を放つ時機および方向の正確を会得せしむるものなれば、投擲の高きを求めることは必要なるも、決して距離の遠大を要求すべからず。
(二)第一操作において弾の後方に垂下せし位置における弾体、臂、体の関係を修正するを要する。
(三)投擲にあたり弾の運動にともない円滑に力を加え、作用せざるべからず。もし急に力を加えまたは被布を緩めるときは速度大なりといえども弾道の低伸を来し、落角の適度なるを期し難し。

（ハ）第三操作

二三、第三操作は第一、第二操作を聯合調和して円滑ならしめる練習なり。

教官は実施法を命令したる後、「投げ」と号令する。

投弾手は第一操作を行う。即ち弾体を左手より押し放ち被布を緩めることなく上方より後方に移して垂下し、停止させることなく直ちに復路に就かんとする際、逐次力を加え第二操作によりて投擲する。右の操作は漸次力を加え遠く投擲する如くす。然れども方向を第一に顧慮し、未だ方向の定まらぬものに対し距離の延伸を望むは害あり。

この操作にありては弾、臂、体の作用は第一操作に述べたると同要領に行うべきも、ややもすれば距離を貪りその作用を害う（そこな）ものあり。またその人の癖により右臂の伸びすぎるものおよび弾体の垂下する位置右側後方に偏するものあり。注意を要する。

（ニ）第四操作

二四、第四操作においては投擲距離の延伸、落角の適度なることおよび方向の修正を自在ならしむるの練習を主とす。

投擲距離を延伸せしむるには弾体を後方に移す際上体を右側方に強く屈し、右前臂の転回をやや大にし、左脚を少しく挙げ、右脚を屈し、弾体の垂下して静止の瞬間に最大の活力を蓄えしめ、次いで投擲の動作に強力を加え、右後方に蓄積せる全力を急激に左前方に移動する心持ちにて投擲するにあり。

この操作を行うため「振り出し」の自習は左脚を少しく上げ、右脚を屈伸してあらかじめその要領を会得すること緊要なり。

二五、落角の修正は一名ずつ距離を延伸して投擲せしめ、側方より観測し「良し」「低し」などの告知により行う。

二六、方向の修正は距離三〇メートルの位置に目標（旗あるいは物体）を置き、これを中央として前後左右各一メートルの方形を画し、これに対して一名ずつ投擲せしめ、ほとんどこの方形内に収容し得らるる如くするを要す。

二七、既に五〇メートル以上投擲し得る技量を有するものは、四〇メートル以内の距離にありては自然に方向、落角および距離を修正し得るものなり。

第三章　弾体を持ち投擲する方法

第一　一般の要領

二八、この操作は全く被布をもって投擲する要領と同一にして、唯弾体を拳の内にあらしむるに過ぎず、ゆえに主として第三操作および第四操作を施行し、その要領を会得せしむれば可なり。

(イ)弾の握り方

二九、食指の第一節を弾の上部にあて、拇指と中指とをもってやや強く、その他の指は軽く握る。このとき被布は食指と中指との間に垂るるを要する。

(ロ)姿勢

三〇、姿勢は全く被布をもってすると同要領とする。

(ハ)投擲

三一、投擲は被布をもってすると略同要領とする。

第二　教育および指導の要領

三二、被布をもってする教育および指導要領に等し。ただし主として第三、第四操作を施行するを異なりとする。

第四章　投擲法の応用

第一　行進間の投擲

三三、速歩および駈歩間投擲するには立姿をもって行う。この際は行進速度を利用して投擲するものにして、行進中に第三操作をなし、投擲時において暫時停止するものとす。

　停止間数歩行進して投擲をなすときは一層距離を延伸することを得るものなり。

第二　地物に応ずる投擲

三四、高き墻壁あるいは物体の背後に拠る敵に対しては物体に斜向する如く高弾道に投擲す。この場合距離三〇メートル内外なるときは被布を弾体に近く握り、あるいは弾体のみを握りて投擲するを要する。

第三　目視し得ざる目標に対する投擲

三五、あらかじめその方向、距離を判断し、地上にその方向を標して投擲の姿勢をとり、投擲距離は練習によりて得たる観念を基礎として投擲す。

　昼間にありて他方より観測し得る場合には観測者の告知「遠し」「近し」「右」「左」などにより修正する。

第四　夜間における投擲

三六、昼間においてあらかじめ標したる投擲方向線上に正しく位置し、立姿投げにて投擲す。而してその距離および落角は観測者の観測により漸次修正を加うるも

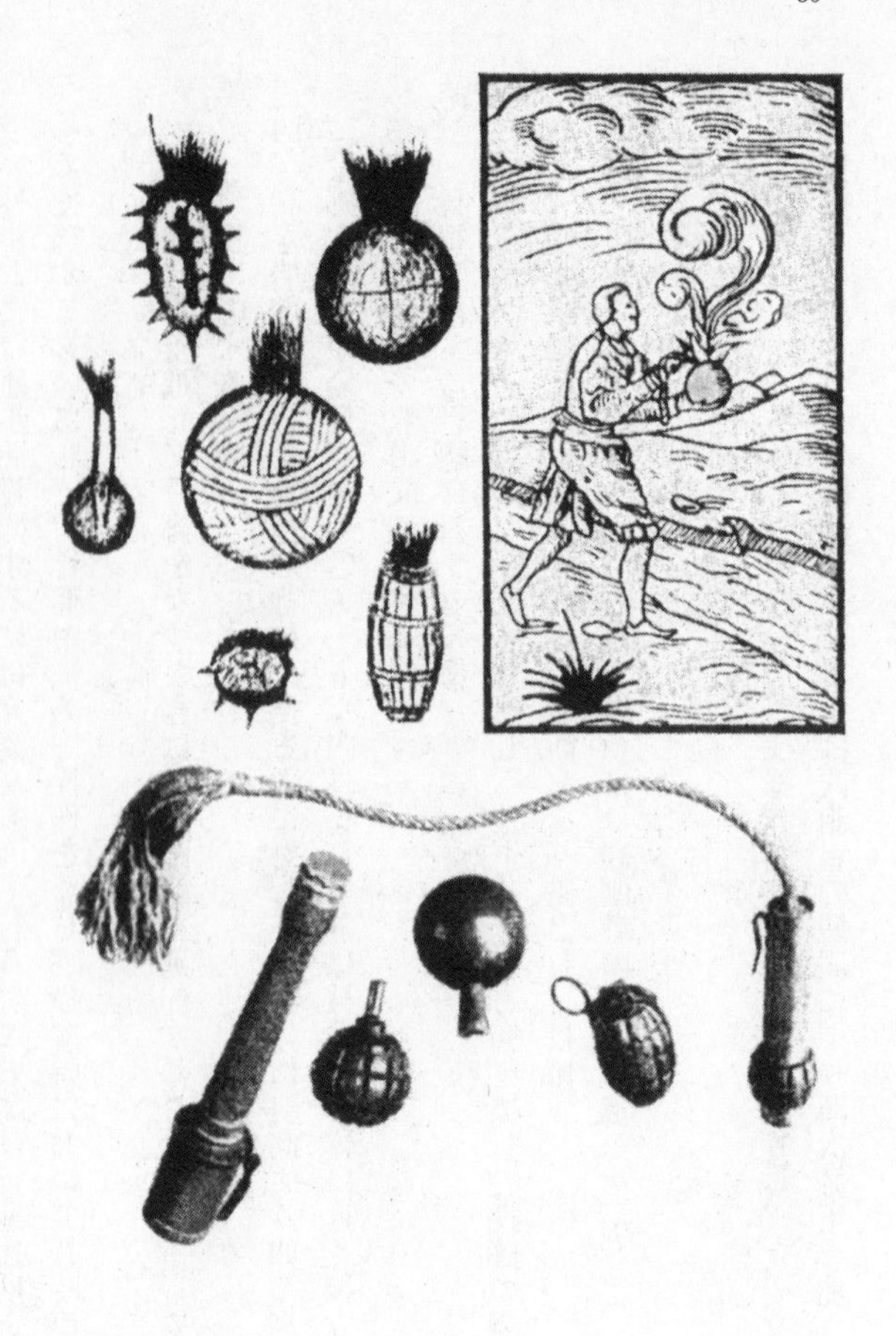

左上：1400年頃の手投弾、右上：1560年頃の手投弾、下：第一次大戦の手榴弾

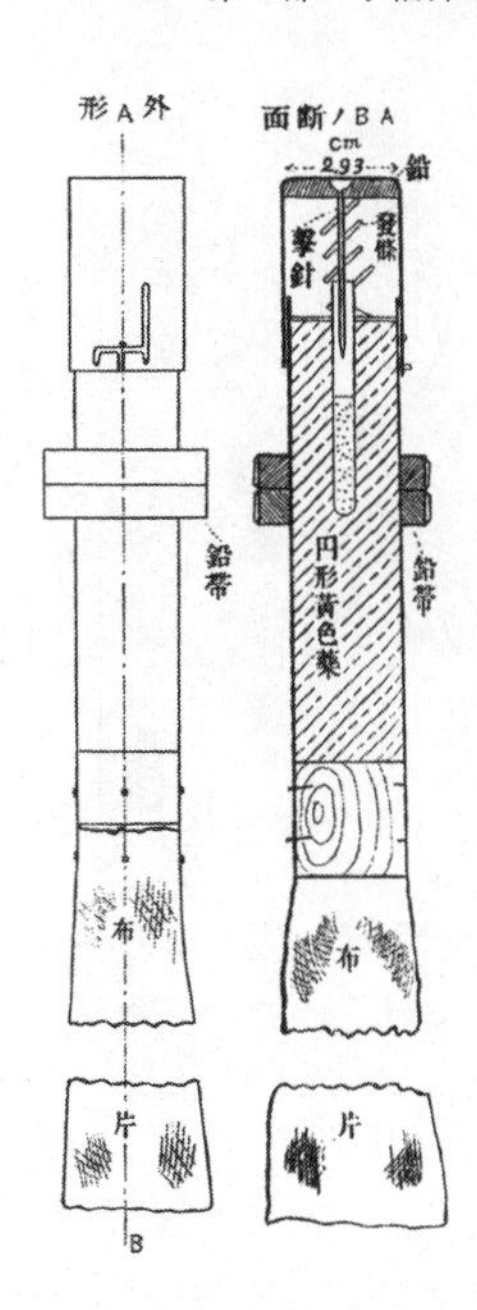

急造手榴弾　明治37年８月23日、日露戦争において旅順盤竜山を奪取した際、露軍は大挙して恢復攻撃をしてきた。このときわが軍は黄色薬に緩燃導火索を付けて来襲する敵に投擲した。これが急造手榴弾の始めとなった。戦術研究の参考　大正３年　陸軍大学校

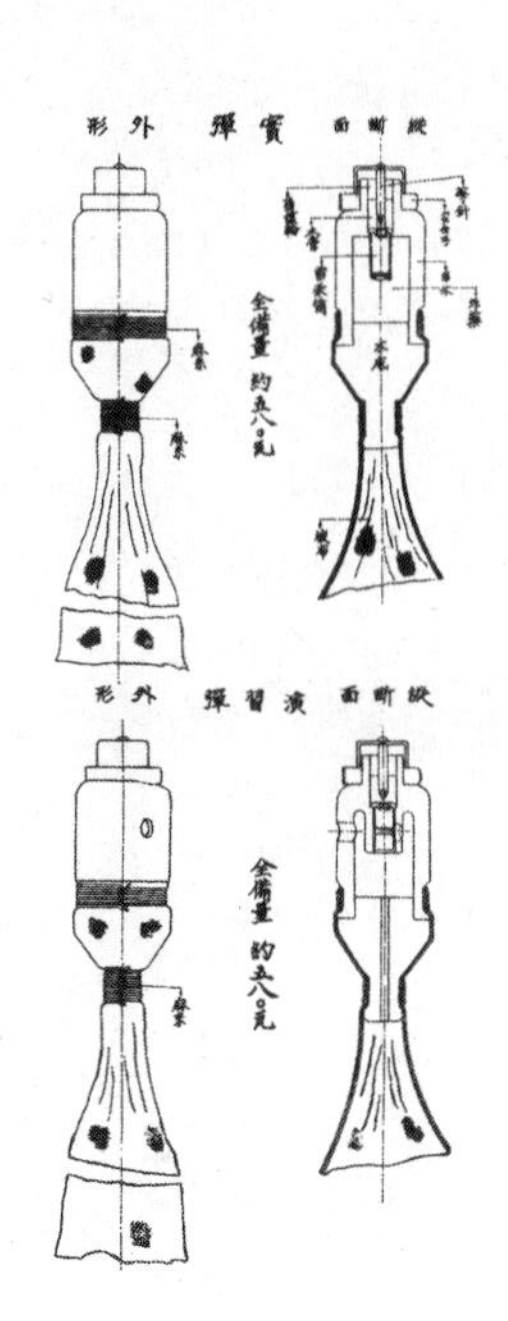

壷形手榴弾　実弾と演習弾

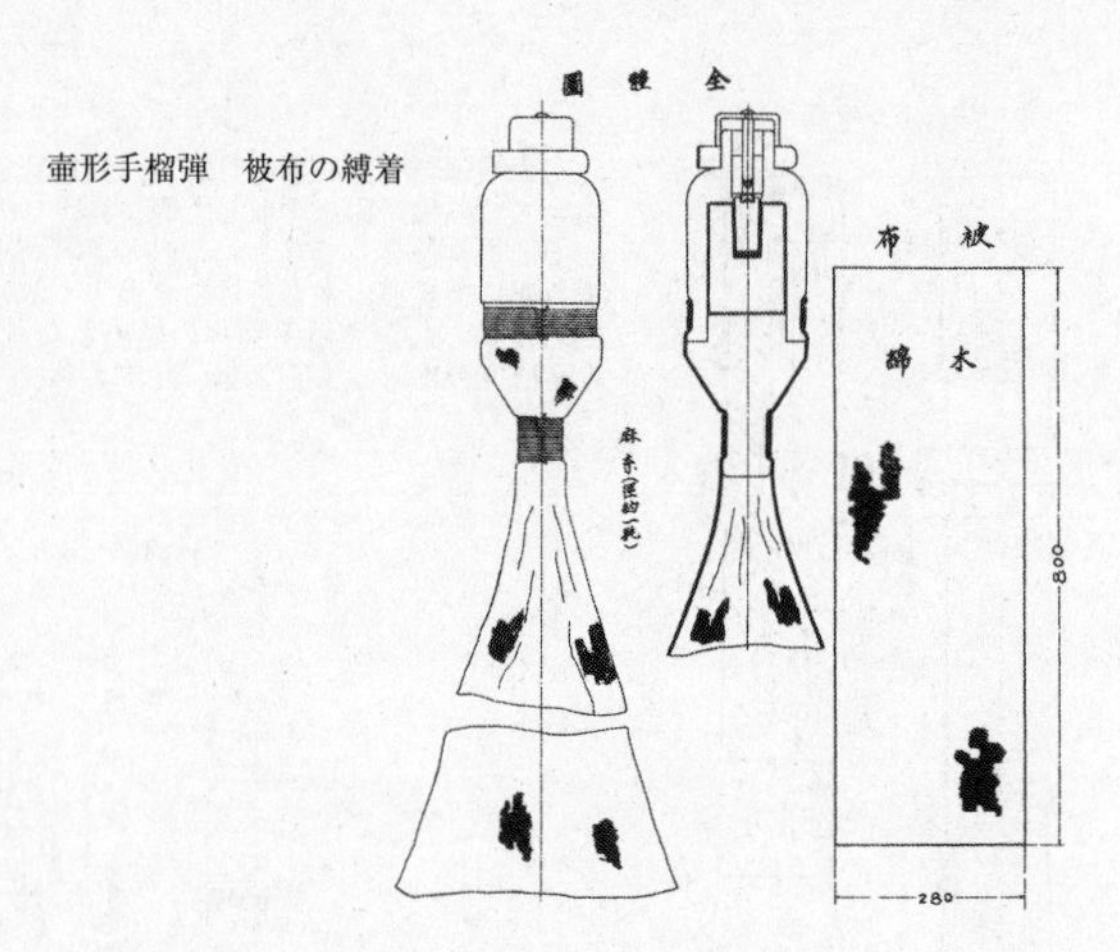

壺形手榴弾　被布の縛着

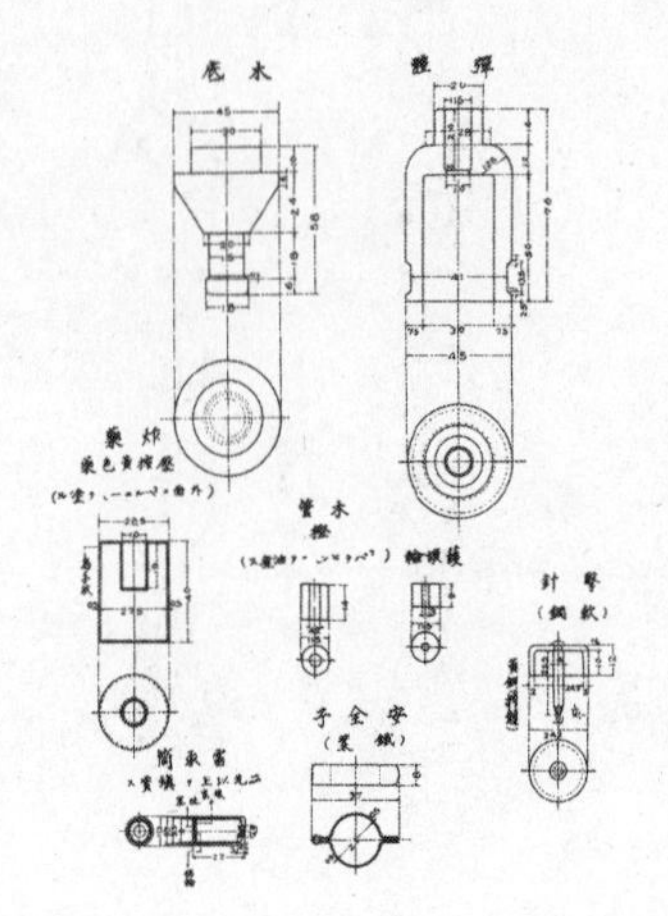

壺形手榴弾　分解部品図

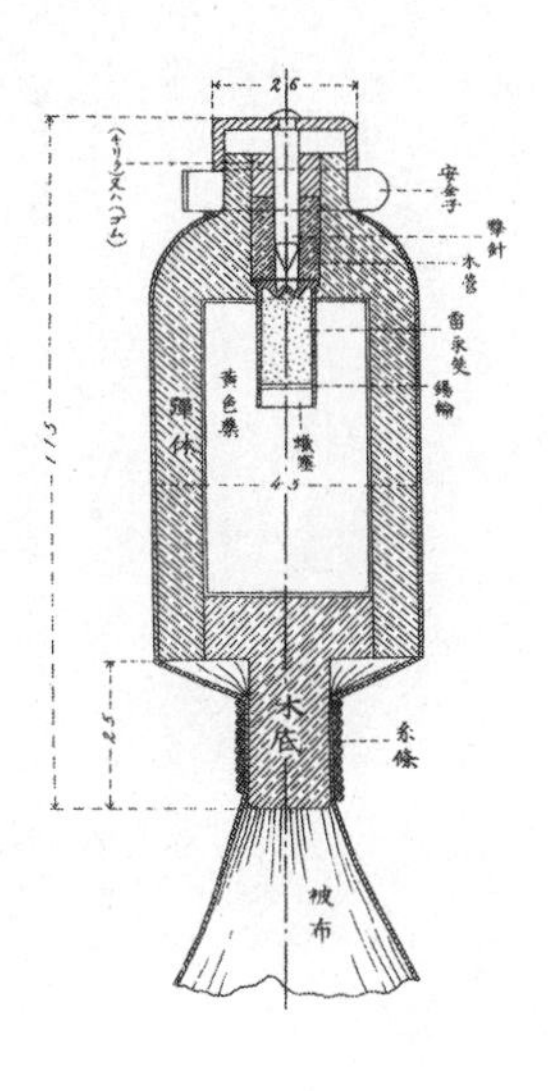

壷形手榴弾　兵器学教程巻二附図
明治41年改訂　陸軍士官学校

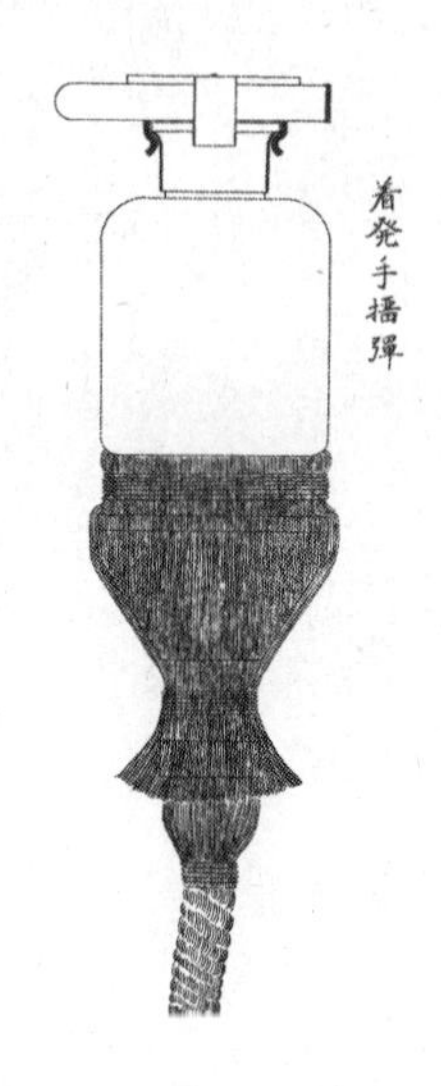

着発手榴弾　全体図
砲術教科書巻之一附図陸戦兵器
昭和12年12月　海軍兵学校

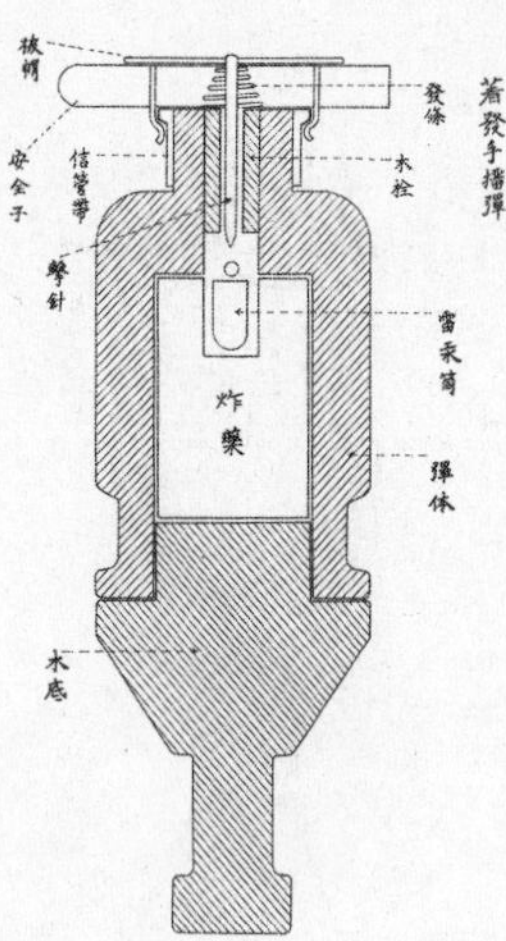

着発手榴弾　断面図
砲術教科書巻之一附図陸戦兵器
昭和12年12月　海軍兵学校

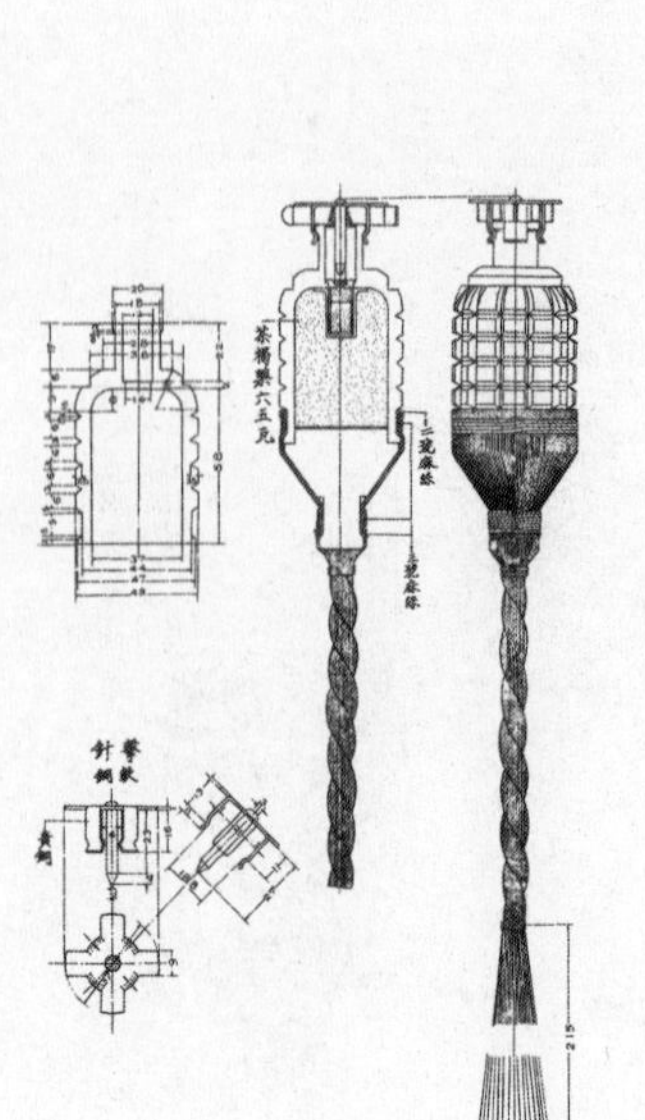

壺形手榴弾（改修型）
全体、弾体、撃針

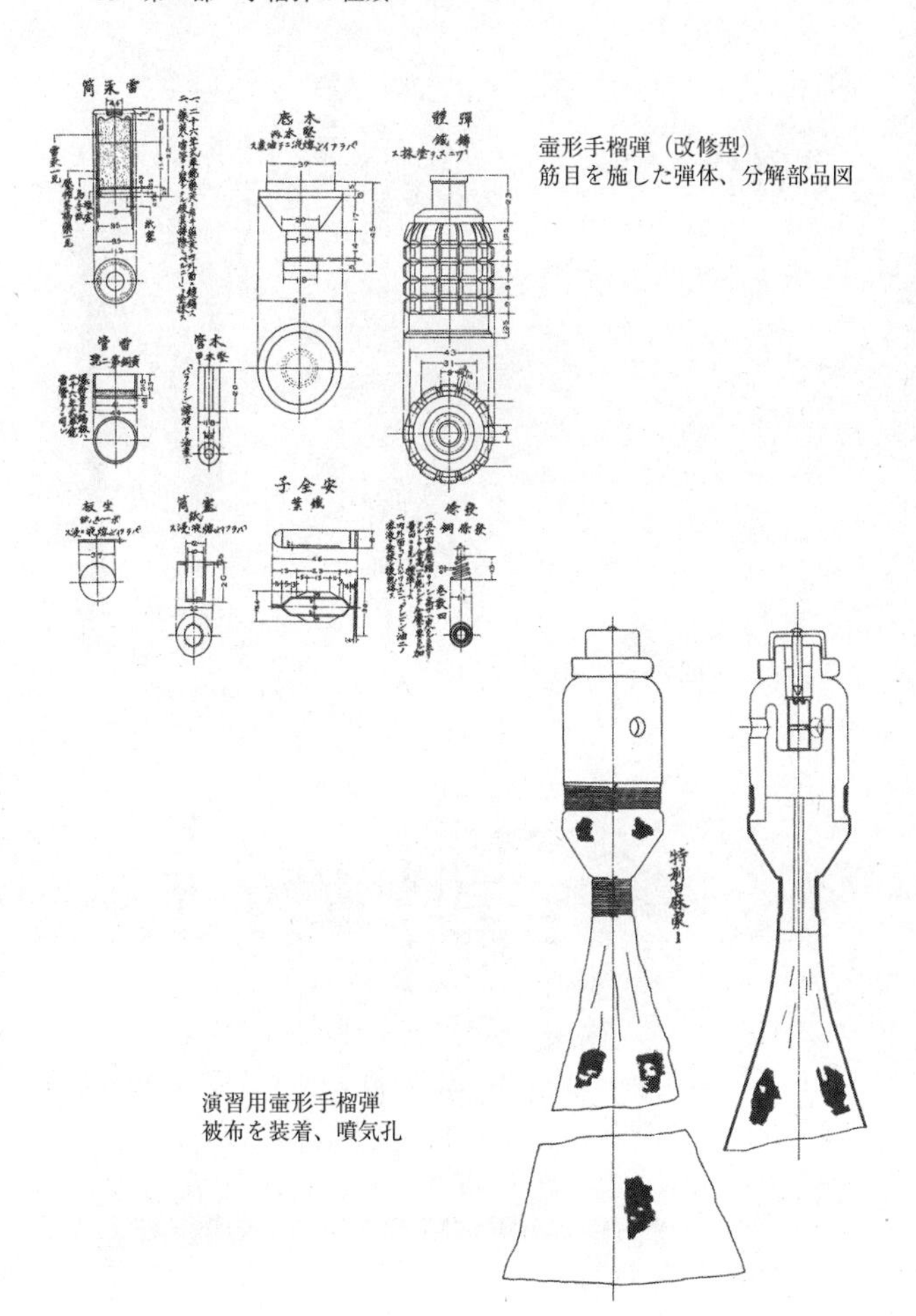

壷形手榴弾（改修型）
筋目を施した弾体、分解部品図

演習用壷形手榴弾
被布を装着、噴気孔

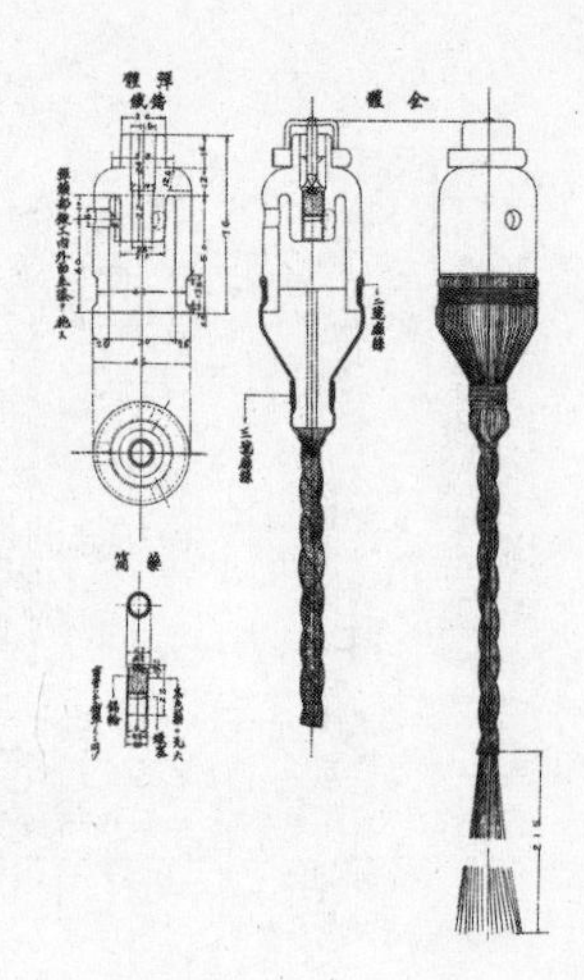

演習用壷形手榴弾
棕櫚縄を装着、噴気孔

演習用壷形手榴弾
弾体、木底、撃針、弾尾

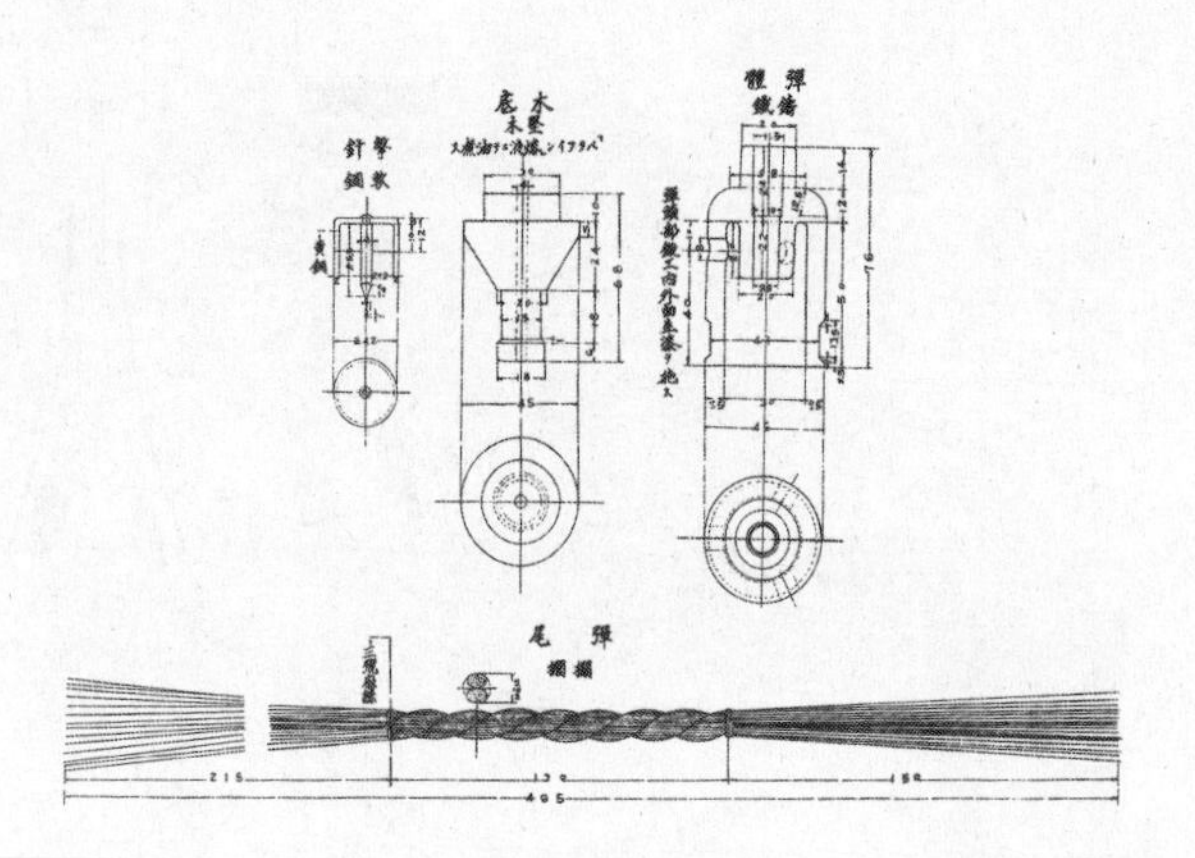

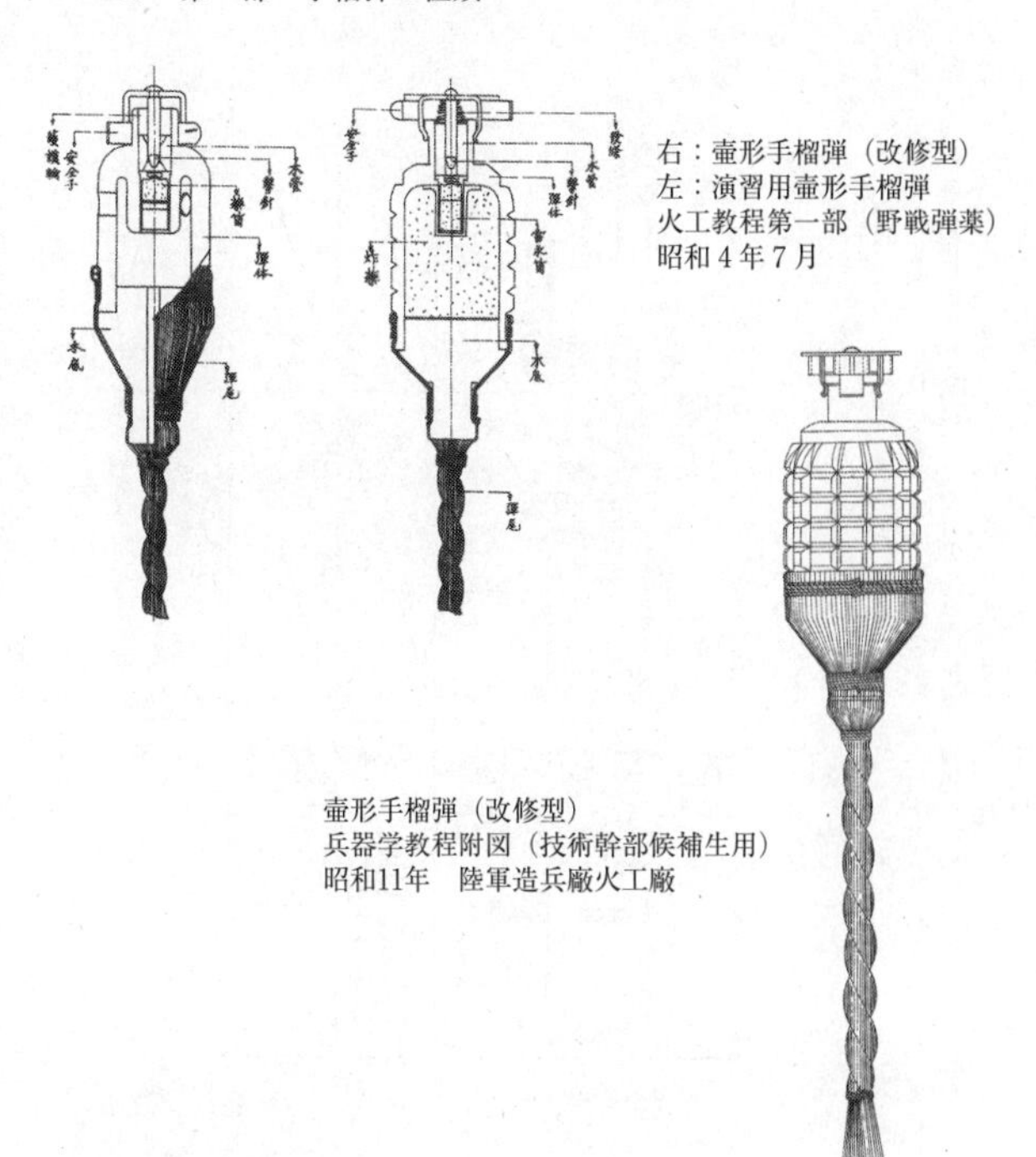

右：壷形手榴弾（改修型）
左：演習用壷形手榴弾
火工教程第一部（野戦弾薬）
昭和４年７月

壷形手榴弾（改修型）
兵器学教程附図（技術幹部候補生用）
昭和11年　陸軍造兵廠火工廠

壷形手榴弾（改修型）
兵器学教程弾丸火具（普通科砲兵用）
大正11年　陸軍砲工学校

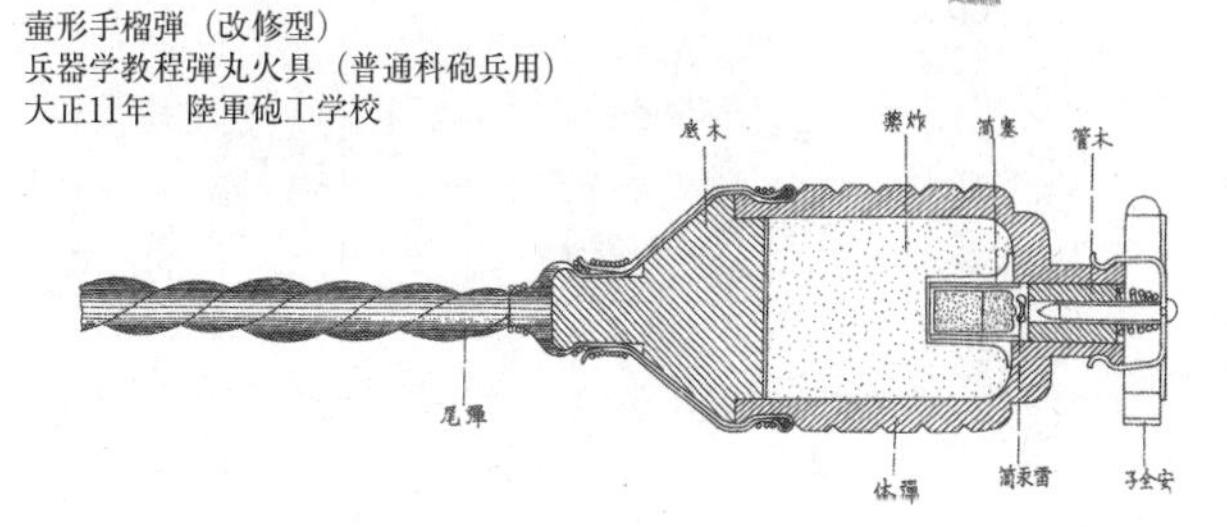

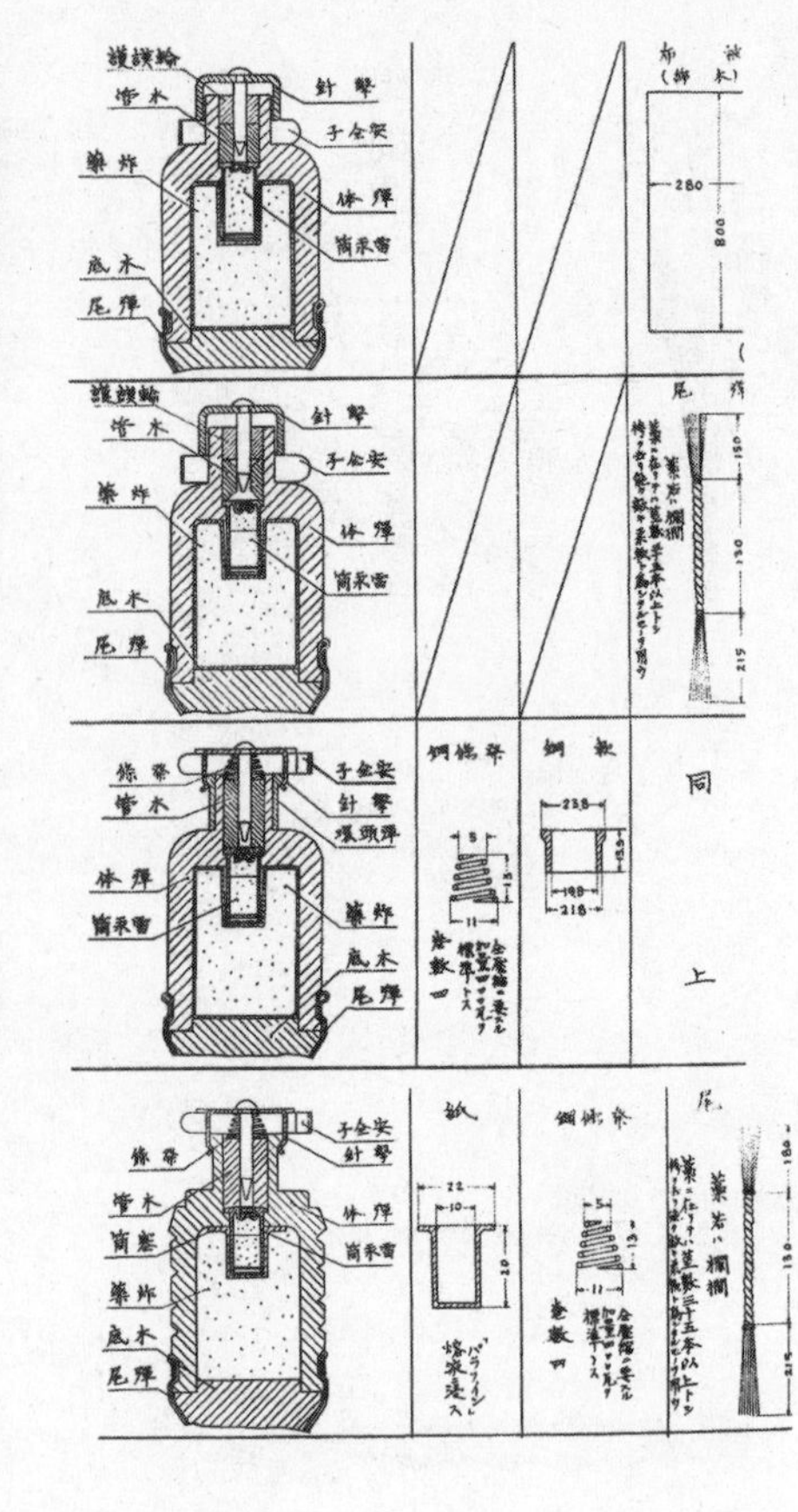

壺形手榴弾制式改正経緯

第1図　制定時の構造、弾尾は木綿製の被布

第2図　弾尾を藁もしくは棕櫚製に改正、藁は茎数35本以上とし、袴を取去り、よくたたいて柔軟にしたものを用いる。

第3図　ゴム輪を廃止し発條とした。安全子の位置を弾頂部とした。弾頭環を装した。

第4図　炸薬室塞筒を紙製とした。弾頭環を廃止した。弾尾を30ミリ長くした。

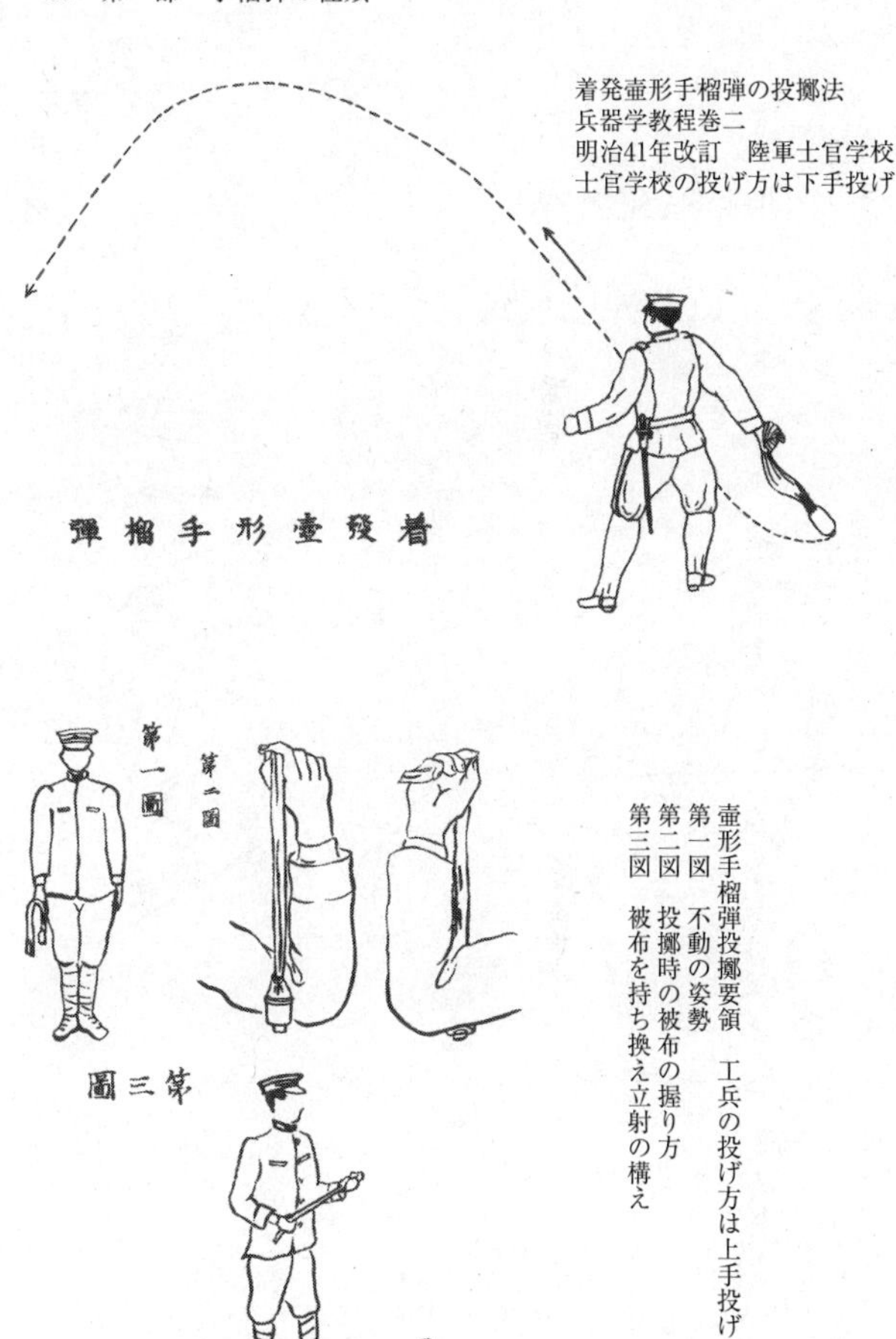

着発壺形手榴弾の投擲法
兵器学教程巻二
明治41年改訂　陸軍士官学校
士官学校の投げ方は下手投げ

壺形手榴弾投擲要領　工兵の投げ方は上手投げ
第一図　不動の姿勢
第二図　投擲時の被布の握り方
第三図　被布を持ち換え立射の構え

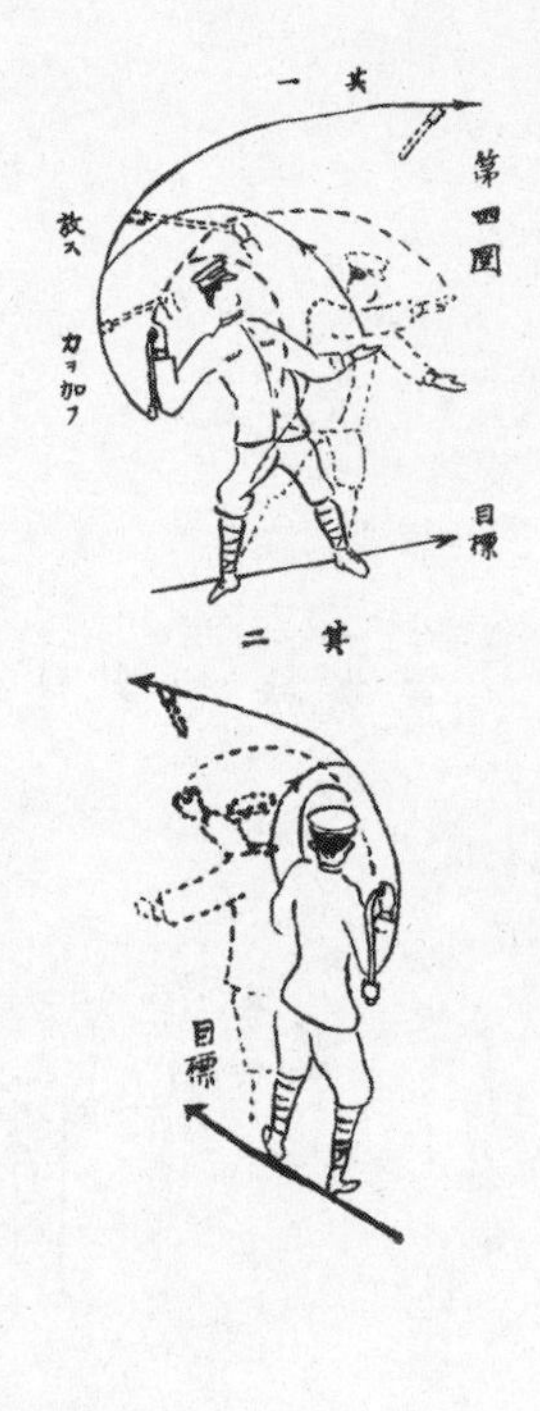

第四図
その一　投擲時の体の動き
その二　投擲直前、手榴弾の垂下

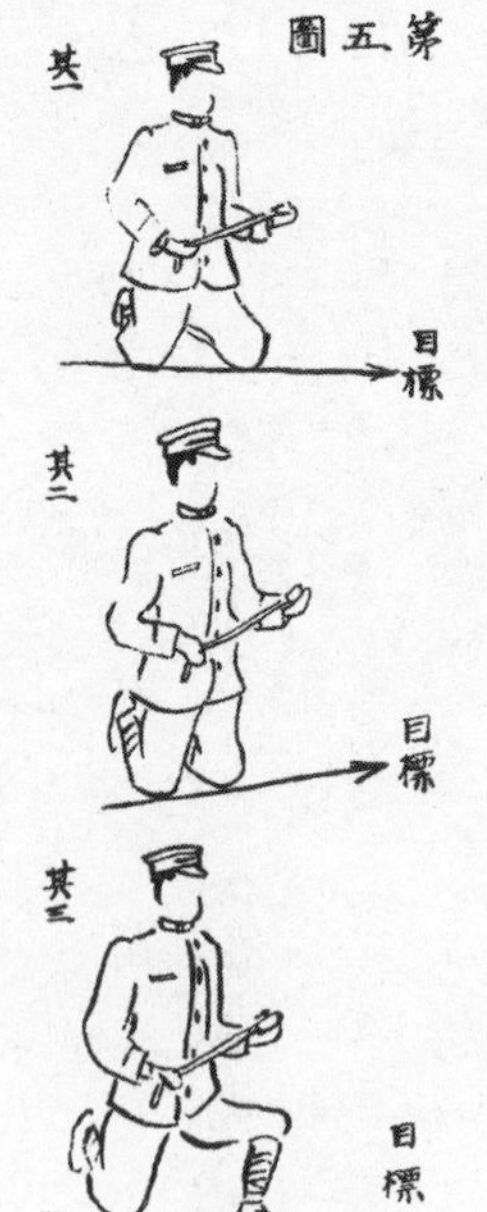

第五図
その一　両膝を着いた膝投の姿勢
その二　腰を上げた膝投の姿勢
その三　片足を立てた膝投の姿勢

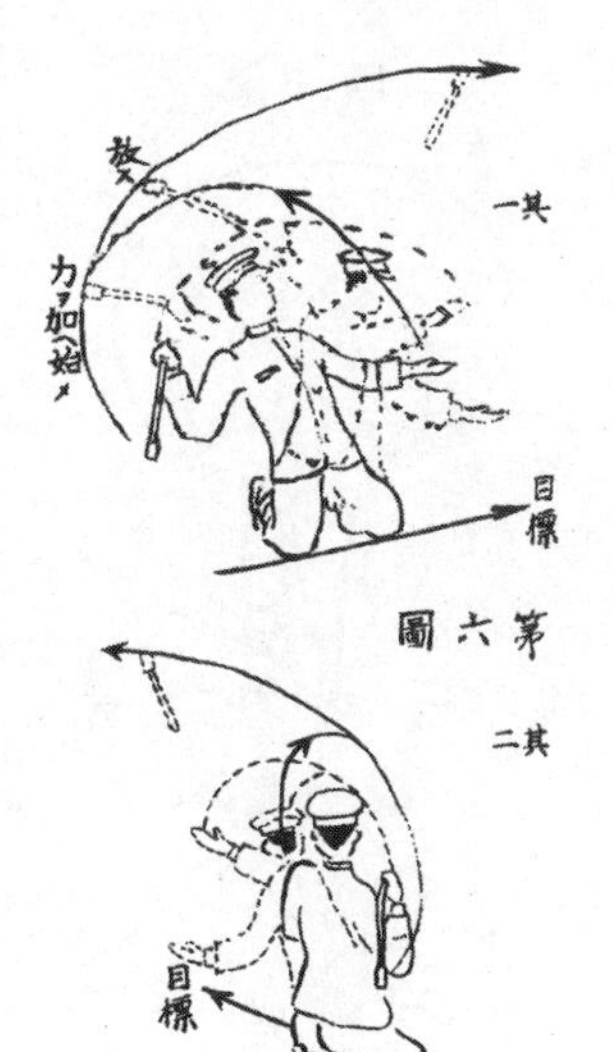

第六図
その一　膝投の体と手榴弾の動き
その二　後方より見た体の動き

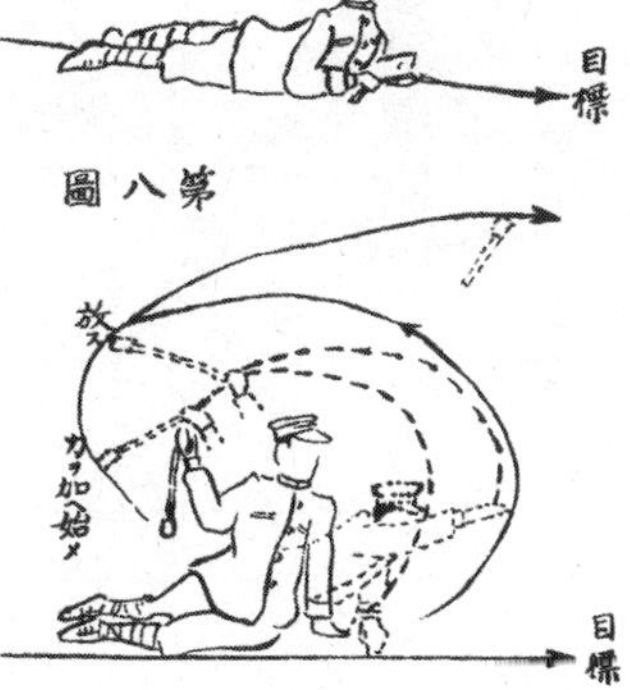

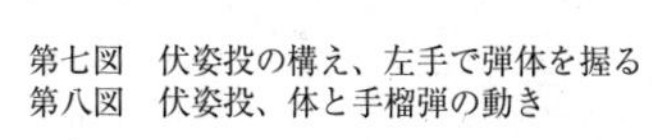
第七図　伏姿投の構え、左手で弾体を握る
第八図　伏姿投、体と手榴弾の動き

第十図　第一操作の振り出し
第十一図　立姿投、第一操作の垂下の位置

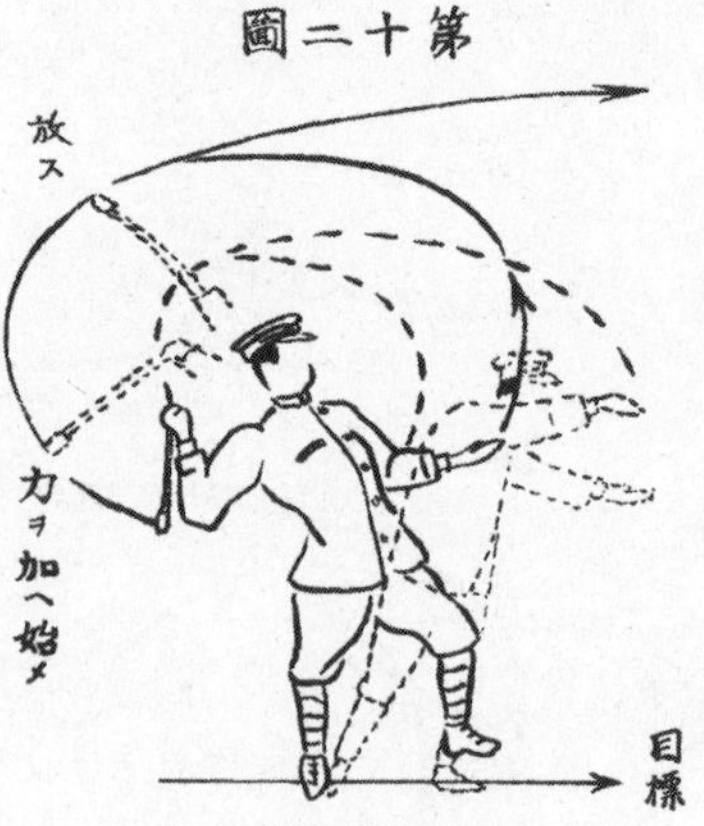

第十二図　左足を浮かし立姿投、体全体と手榴弾の動き

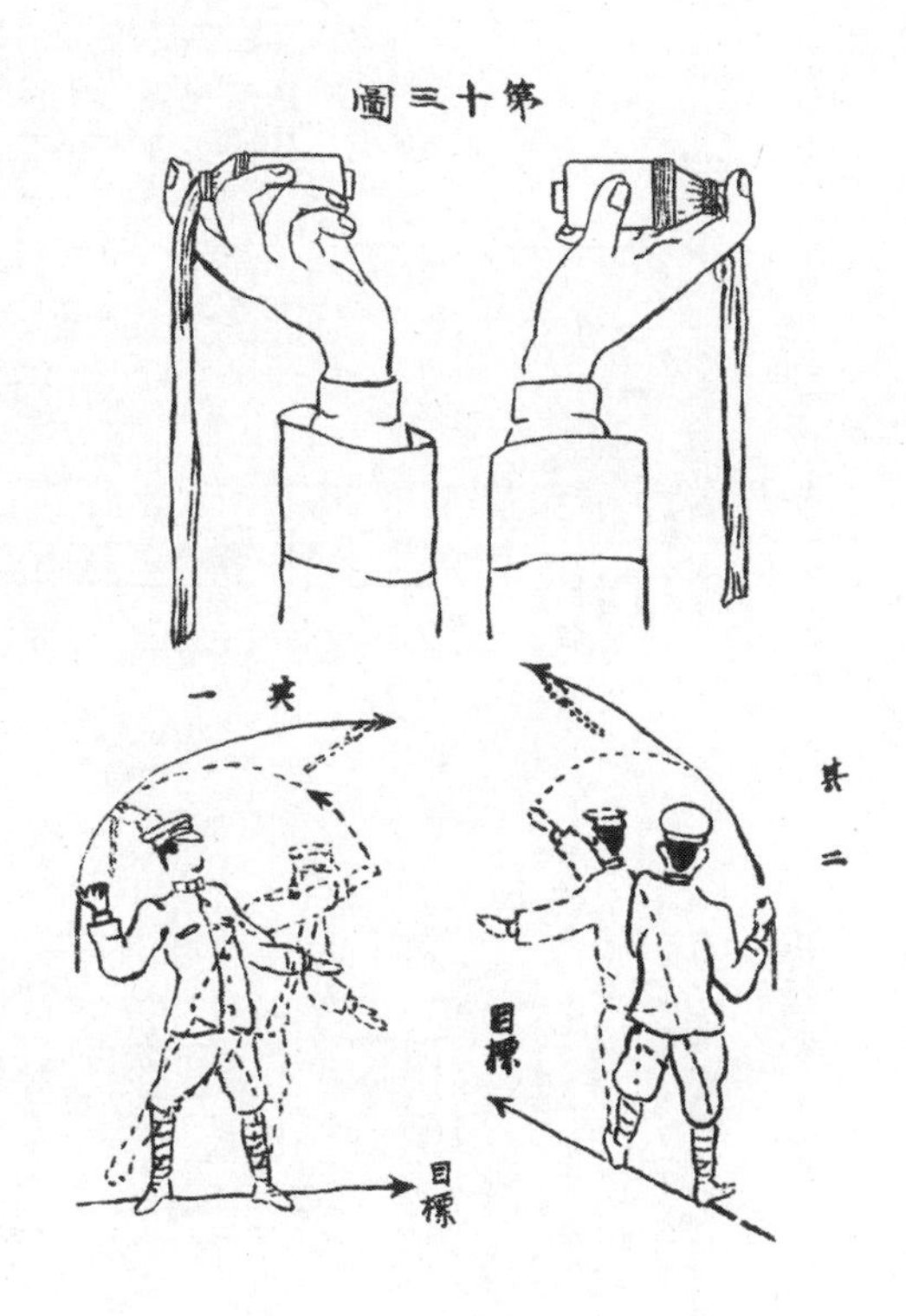

第十三図　手榴弾の握り方
その一　手榴弾を握っての投擲
その二　後方より見た投擲

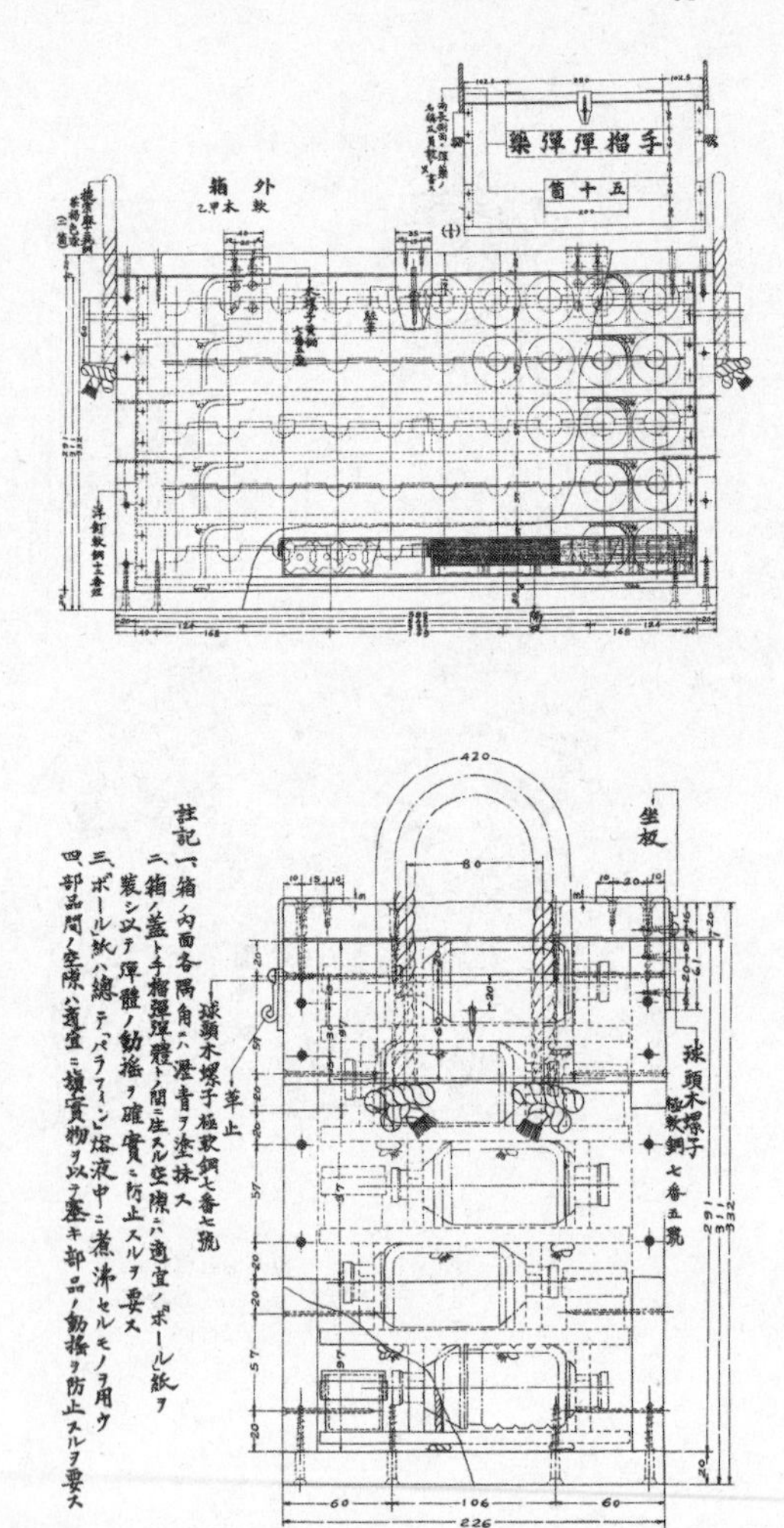

壷形手榴弾素箱　50個入、正面、大正12年7月制定

壷形手榴弾素箱　側面　手榴弾の並べ方

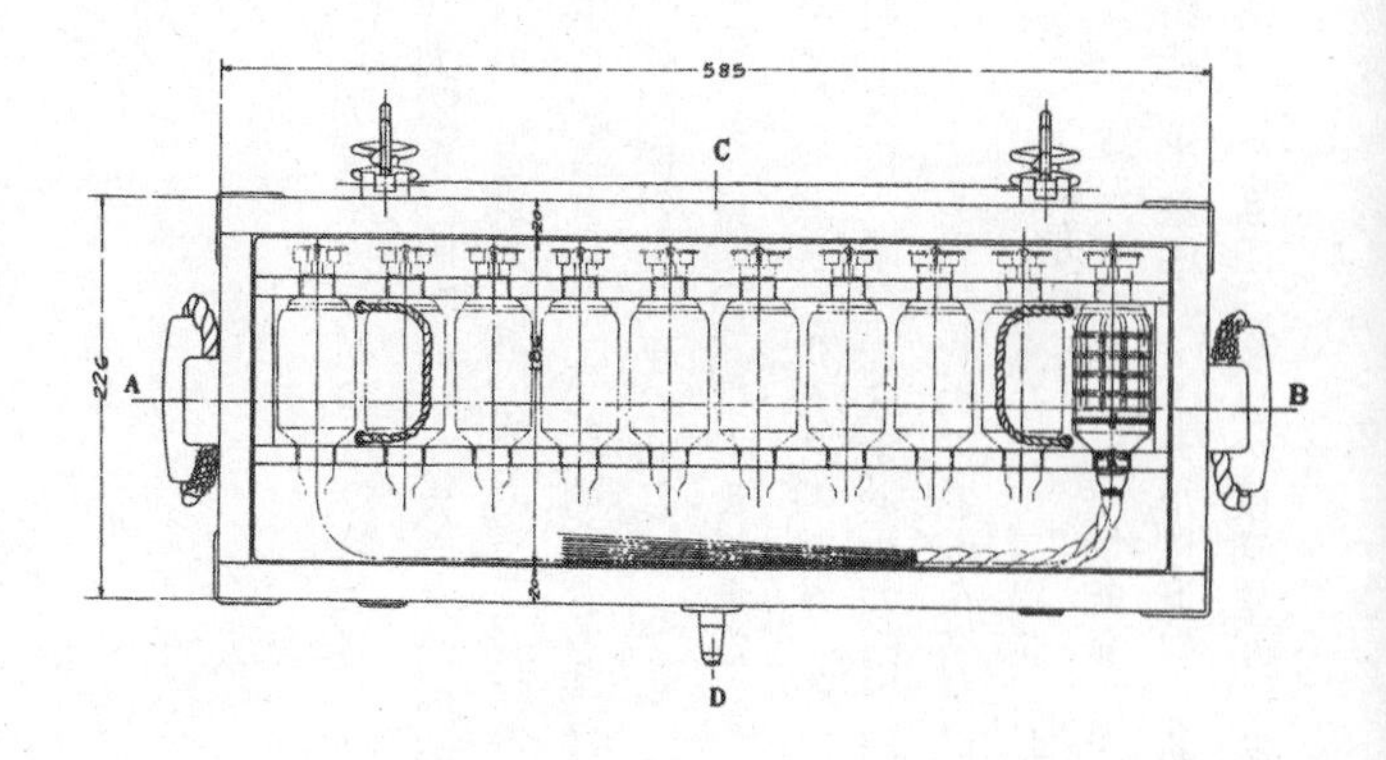

壷形手榴弾素箱　平面　弾尾に癖がつき投擲しにくくなった。

のとする。

付録

本書により教育したる実験の結果

近衛工兵大隊第三中隊初年兵六〇名の内第一期学術科の成績優等者八名（甲班）、最劣等者八名（乙班）、計一六名（一回投擲の要領の教育を受けたるもの）に助手二名（三年兵の上等兵にして二回の教育を受けたるもの）を付し、本教育要領により実施せしに一時間後の成績左の如し。

甲班　距離　全員四〇メートル以上投擲す
　　　落角　全員四〇度以上投擲す
　　　命中成績　半径五メートルの円周内　全員全数投擲
　　　　目標旗の左右前後各二メートルの方形内
　　　　　投擲総数一二〇発、命中八一発（四名は全数を収容す）
　　　　　平均命中　平均五発に対し三発半

乙班　距離　半数四〇メートル以上、一名二九メートル
　　　落角　半数四〇度以上投擲す、一名三〇度内外

命中成績　半径五メートルの円周内
　一名を除くほか全数投擲す、一名は半数を収容す
　目標旗の左右前後各二メートルの方形内
　　投擲弾数一二〇発、命中二九発、一名は全く命中せず
　　平均命中　五発に対し一発半

試製改造手投曳火榴弾

　昭和十二年支那事変勃発後、壷形手榴弾の信管燃焼秒時が長過ぎ実用上不利があったので、信管燃焼秒時を短縮した「試製改造手投曳火榴弾」を試製した。本手榴弾は壷形手榴弾の弾丸に茶褐粉薬三〇グラムを直填圧搾し、これに爆破用雷管の上部に点火剤を付けた曳火信管を装着したもので、使用に際しては摩擦板を点火剤に摺り付けて点火した後投擲する。点火後導火索を介し雷管に点火し炸薬を爆発させる。延期秒時は四〜五秒である。壷形手榴弾現存限りとし、新たに製造はしないことになっていた。

　弾体は鋳鉄製で弾底に木底を装着し、木底には多数弾携行に便利なように吊環を付けている。ゴムテープで弾体と蓋を密閉し防湿を完全にしている。

使用法は右手に弾を握り、左手で封帯ゴムテープを解いて蓋を外し、摩擦板を抜いて摩擦板の塗布面で信管頭部の点火剤を摩擦し、発火を確認したら投擲する。摩擦のとき激しく発火すると延期秒時約四秒となり、静かに発火するときは約五秒に延期する。点火後二秒以内に水中に投入すると不点火を生じることがある。

昭和十二年十月壷形手榴弾二五万発の試製改造手投曳火榴弾への改修が陸軍兵器本廠長へ令達された。費用は一二万五〇〇〇円を目途とし臨時軍事費で支弁することとした。

試製改造手投曳火榴弾主要諸元　全備重量四八〇グラム、弾体径四六・三ミリ、弾体長一三一ミリ。

十年式手投演習用曳火手榴弾

昭和十年五月二日「十年式手投演習用曳火手榴弾」が仮制式制定された。本手榴弾は十年式曳火手榴弾（後述）の使用法を訓練するためのもので手投専用とする。安全栓の抽出および信管発火の操作を演練し、かつ信管発火より弾丸炸裂にいたる時間を感得させ、実弾投擲の際における自信を養成する目的で制定された。弾丸と信管は十年式曳火手榴弾と同じだが炸薬は持たず、爆筒内に小粒薬〇・七グラムを填実している。曳火手榴弾と同一の操作で投擲すれば雷管の火は直ちに火道に点火し、約七秒後伝火薬を経て装薬に移り、その火薬ガスは六個の噴気孔より急激に噴出し爆音を発する。信管と爆筒を交換すれば何回でも使用できる。

十年式手投演習用曳火手榴弾主要諸元　全備重量五四〇グラム、信管は曳火手榴弾十年式信管で信管秒時は七〜八秒、弾体径四九・八ミリ、弾体長一二四・五ミリ、兵器細目表は第四種。

なお、「十年式発射演習用曳火手榴弾」は十年式擲弾筒の射撃操作を演練するために使用するもので大正十四年六月に仮制式制定された。弾体内に砂を填実した擲弾筒専用の演習弾である。

九七式手投榴弾

昭和十二年十一月十七日、手投専用の「九七式手投榴弾」が制定された。本手榴弾は昭和十二年九月十五日兵第七四八号通牒により至急審査を開始したもので、時局の要求に応じるためとりあえず十年式擲弾筒弾薬九一式曳火手榴弾（後述）に改修を加えたもので、機能試験は実施していないが十分実用に適するものと認め、仮制式制定に至った。

本手榴弾は十年式擲弾筒弾薬九一式曳火手榴弾の装薬室を取り除き、かつ信管火道薬の燃焼秒時を短くしたほかはほとんど同手榴弾と構造機能は同じである。信管は曳火手榴弾九七式信管で、曳火手榴弾十年式信管と構造機能はほとんど同じだが火道薬の長さを短縮し、その代わりに管薬を長くした。燃焼秒時は四〜五秒である。信管重量約三六グラム。

九一式曳火手榴弾と識別するため弾体底面に「延期秒時四-五秒」と書いた標識紙を貼付し、曳火手榴弾十年式信管と識別するため被帽の内外面を紫色のセラックワニスで塗染し、火道外面に「四-五秒」と縦に黒書している。十年式擲弾筒弾薬に用いる曳火手榴弾十年式信管は被帽自体の固有色（黄銅色）で燃焼秒時の刻字はない。両者の信管は被帽、火道、管薬を異にする以外は全く同一である。

本手榴弾は箱を開いたとき撃針ねじ回し（手榴弾一〇個に対し一個のねじ回しが付いている）により信管の撃針をねじ込み、緊定して携行する。投擲の際は信管頭を下にして右手で弾体下部を握り、噴気孔（信管の錫紙部）を外に向けて左手で安全栓を抜き取るかあるいは口にくわえて抜き取り、信管頭を小銃の床尾鈑（しょうびはん）または軍靴の踵など平らな堅いものに打ちつけ、雷管が発火したことを噴気孔から出る煙で確認した後、投擲する。被帽には裾部に向けて切り込みが入っているので信管頭を打ちつける際の邪魔にはならない。使用を中止した場合は直ちに安全栓を信管に挿入し、その末端を内方約一二〇度に折り曲げておく。

九七式手投榴弾主要諸元　全備重量四四五グラム、茶褐薬六五グラム、弾体径四九・八ミリ、弾体長九八ミリ、威力半径約七メートル（歩兵弾薬参考書には約八メートルとある）、兵器細目表区分は第三種。価格は昭和十七年の兵器臨時価格表で一発一円九〇銭となっている。

九七式手投榴弾の特種海洋輸送は木製六角型容器に七個ずつターポリン紙に包んだまま収容し、紐で縛着したもの四個を一括しゴム袋に収容し密閉した後麻袋に収納する。二八発入り重量一五・五キロ。

試製九八式柄付手榴弾（甲）、（乙）

「試製九八式柄付手榴弾（甲）」および「試製九八式柄付手榴弾（乙）」は投擲しやすいよう弾丸に柄を付けた。甲は新たに弾丸を制定し、乙は壺形手榴弾の弾丸を使用した。

本手榴弾の弾体は鋳鉄製で信管は木製の柄に門管および起爆筒を付け、柄のねじ部にワセリンを塗抹し、座板を装する蓋を柄にねじ込み密閉する。

弾頭部には使用法を書いた紙が貼ってある。使用法は柄を右手に握り、柄の端にある蓋を左手で外し、穴の中にある環を出して右手の指に嵌め、投げると環は指に残り、弾だけが飛行するので点火剤が摩擦剤で摩擦されて発火し、導火線を経て約四秒で起爆筒を発火させ炸薬に点火する。環を強く引き過ぎるとその場で発火するおそれがある。

試製九八式柄付手榴弾（甲）主要諸元　全備重量五六〇グラム、信管は曳火式で信管秒時は四秒、被包式圧搾黄色薬七八グラム、弾体径五〇ミリ、弾体長二〇一・九ミリ、威力半径約七メートル。平壌兵器製造所が昭和十三年に三四万発、十四年に六〇万発製造した。

試製九八式柄付手榴弾（乙）主要諸元　全備重量五三〇グラム、信管は曳火式で信管秒時は四秒、被包式圧搾黄色薬三〇グラム、弾体径四五ミリ、弾体長二〇七・四ミリ、威力半径約三メートル、弾体に筋目はない。壷形手榴弾現存限りとし、新たに製造はしない。

近接戦闘兵器研究委員会の第一回報告によると昭和十三年六月十日に歩兵学校で実施した各種手榴弾の試験の結果、九七式手榴弾および柄付手榴弾には形状に基づく投擲、携行の難易、保存の良否などに各利害があるが、両者ともにとりあえず大量整備することとし、爾後のためには両者の長所のみを有する手榴弾を研究するを要する。なお攻撃用手榴弾は重量約三〇〇グラム以内を適当とする、と結論している。

第一回近接戦闘兵器研究委員会の仮決議事項の一つに、九七式手榴弾は攻撃歩兵に使用させ、柄付手榴弾は防御用または後方部隊用として使用させるのが適当とする意見があるが、なお各種の状況下において徹底的試験の後決定するものとし、速やかに所要数を歩兵学校に実用試験を委託して試験のうえ決定する。手榴弾の重量をどうするかに関しては技術本部、歩兵学校において速やかに連繫研究することになった。

昭和十三年十月下旬本手榴弾一〇〇〇発を支那駐屯歩兵第三聯隊に交付したが、同隊はそのうち三〇〇発を携行し、残余は九江（きゅうこう）野戦砲兵廠に後送した。

昭和十三年十二月近接戦闘兵器研究委員中支派遣者報告によると試製九八式柄付手榴弾は軽量手榴弾に比べると携行に不便で攻撃用としては不利であるため、制式採用する必要はないものと認める、としている。

試製九八式柄付手榴弾保存性試験要報

昭和十七年二月　陸軍技術本部第一研究所

一、試験の目的

マッチ式発火装置を有する試製九八式柄付手榴弾は貯蔵中に発火機能が衰損する傾向があるので、補給廠在庫品の全口につき機能試験を実施し、既製品の処置ならびにこの種発火装置を有する制式および試験弾薬改廃に関する資料を得る。

二、判決

（一）試製九八式柄付手榴弾は製造後約二年を経過したときは摩擦剤を塗布した部分の引索の抗張力低下のため、発火機能に悪影響を及ぼす傾向を生じるが、昭和十四年九月以降製作の東京補給廠在庫品はまだ発火機能に大きな影響はなく、実用に差支えない。

（二）昭和十四年八月以前の既製品は不良見込みの弾薬とし、弾薬取扱細則第一九八条に準じ発火試験を実施しその良否を決定する。

（三）現制式九九式手榴弾（乙）および目下研究中の試製四種打上阻塞弾はその発火機構を改正するかまたはこれを廃止する。

三、試験成績の概要

（一）弾薬箱の外箱および鍍錫軟鋼板（ブリキ）製内缶には異状を認めないが、収容した手榴弾弾体はやや発錆したもの、木製の柄にかびを生じたもの、門管の環に発錆したものが若干混在していた。しかし外貌により発火機能の良否は判定できない程度であった。

(二)発火試験後調査した結果、摩擦剤を塗抹した部分の引索が衰損のため切断したと判定されたものがあった。

(三)不発は摩擦剤の塗抹が確実でないもの、引索の引抜抗力が過大のため途中で切断したものなど、製造技術によると認められるものが多いが、一般に製造年月の古いものに多い感があった。しかし昭和十四年九月以降製造のものはまだ実用上差支えない程度であった。

不発比率の多いもの　昭和十五年十月製造一五パーセント、同三月製造一〇パーセント

兵器学教程弾丸火具補遺(手榴弾)

昭和十五年八月　陸軍兵器学校　用済後焼却

手榴弾制式について

一、手榴弾制式の初期は弾丸に木底(木製の蓋)を装し、これに弾尾(晒木綿布普通手拭の二つ折位)を装し、弾丸および木底に麻糸をもって縛着し、使用に際し

弾尾を握り投擲す。弾丸は落下と同時に地物に撃突し爆発する装置（着発式）にして、落下角度または沼地などにありては往々不発を生起せり。次に弾尾の布を藁または棕櫚製とし、撃発装置を一部修正せり。
二、大正十年五月擲弾筒を使用し遠距離に投擲かつ手投両用のもの制定せらる。而して曳火式とし、手投に際し信管頭部を堅き物体に打ちつけ発火せし後投擲するごとくせられたり。これ即ち十年式曳火手榴弾にして信管燃焼秒時は約七秒にして爆発するものとす。
三、昭和七年五月に至り十年式曳火手榴弾々丸を改造し、九一式曳火手榴弾を制定せられたり。而して改造の要点は次の如し。
(一) 腔発を予防するため弾丸下部を閉塞し、発射におけるガスの侵入を防止す。
(二) 炸薬填実作業を容易ならしむる如く填実口を大にし、蓋螺（がいら）を設けたり。
四、昭和十二年度支那事変勃発後信管燃焼秒時長きに失し、実用上不利あるをもってさらに信管秒時を短縮せる試製改造手投曳火榴弾を試製せられたり。該手榴弾は旧式手榴弾々丸を使用し、茶褐粉薬三〇グラムを填実し、これに爆破用雷管の上部に点火剤を装着したる信管を装し、使用にあたりマッチヘッドをもって摺り付け点火の後投擲する如くなし、而して点火後四～五秒にして爆発す。

五、昭和十二年十一月手投専用の九七式手投榴弾制定せらる。本弾は手投榴弾九七式信管を装し燃焼秒時四〜五秒とす。

六、最近柄付手榴弾「甲」、「乙」を試製せらる。弾丸に柄を付し投擲に便なる如くなしたるものにして、投擲に際し紐にて摩子（まし）を引く装置となし、投擲と同時に発火し四〜五秒にて爆発するものとす。「乙」は壷形手榴弾々丸を使用し、「甲」は新たに弾丸を制定せられたり。

七、完成弾は五個を一括包となし四括包を一箱とし（二〇個入り）、一箱の重量約一九キロとす。柄付手榴弾にありては内缶に収容し、防湿のため鑞着（ろうちゃく）す。

八、箱の外部は戦場において目標たるを避けるため草色にカムフラージュをなしあり。

各種手榴弾収容区分表

壷形手榴弾　一箱入数四〇、一箱重量三一キロ、一箱容積〇・〇五二立方メートル、
箱外部着色素箱のまま

九七式手投榴弾　一箱入数二〇、一箱重量一八キロ、一箱容積〇・〇三六立方メートル、箱外部草色にカムフラージュ、括包式

試製改造手投曳火榴弾　一箱入数二〇、一箱重量二〇キロ、一箱容積〇・〇三三立方メートル、箱外部草色にカムフラージュ、現在品限り、将来調整せざるものとす
試製柄付手榴弾「甲」　一箱入数二〇、一箱重量一八・五キロ、一箱容積〇・〇三六立方メートル、箱外部草色にカムフラージュ
試製柄付手榴弾「乙」　一箱入数二〇、一箱重量一八・五キロ、一箱容積〇・〇三六立方メートル、箱外部草色にカムフラージュ、弾丸現在品限り、将来調整せず
十年式曳火手榴弾　一箱入数四〇、一箱重量三一キロ、一箱容積〇・〇五二立方メートル、箱外部着色素箱のまま、将来製作せざるものとす
九一式曳火手榴弾　一箱入数二〇、一箱重量一九・四キロ、一箱容積〇・〇三六立方メートル、箱外部着色草色にカムフラージュ、括包式

取扱上の注意

壷形手榴弾

一、本弾薬は近距離の敵に対し手投弾として使用す。

二、本弾薬は運搬中撃発具は装着せざるものとす（危険のため）。
三、使用部隊に交付にあたり撃発具を装す。
四、使用にあたりては安全子を取り、弾尾を持って投擲す。
五、使用残りのものは必ず安全子を確実に装し置くべし。これがため安全子の若干個は保持すべし。
六、本手榴弾は取扱上の不注意により事故を生起せる実例あるをもって、特に取扱に注意を要すべきものとす。

九七式手投榴弾

一、本弾薬は箱を開きたる際撃針ねじ廻しをもって信管の撃針をねじ込み、緊定したる後携行するものとす。
二、手投の場合は弾丸を握りたるまま安全栓を脱し、信管頭を平で堅きものに打付け雷管発火を確認したる後投げる。
三、雷管発火後爆発までの時間は四秒ないし五秒なり。
四、使用を中止したる弾丸の信管には直ちに安全栓を挿入し、その末端を内方約一二〇度に折曲げ置くべし。このため抽出したる安全栓の若干個は常に保存し置くこと必要なり。
五、威力半径約七メートル。

試製改造手投曳火榴弾説明書

第一　用途
近距離の敵に対し手投弾として使用す。

第二　構造及機能
弾体は鋳鉄製にして炸薬として粉状茶褐薬三〇グラムを填実し、弾底に木底、弾頭に曳火信管を装し、摩擦鈑を嵌め、蓋を装し、ゴムテープをもって密閉の防湿を完全ならしむ。木底には吊環を付し、多数弾を携行するに便す。信管は点火剤の摩擦により発火し、導火索を介し四秒ないし五秒延期秒時を経て雷管に点火し、炸薬を爆発せしむ。全備弾量は約四八〇グラム。

第三　使用法
(一)　右手に弾を握り
(二)　左手で封帯を解き、摩擦板を抜き
(三)　摩擦板の塗剤面をもって信管の点火剤を摩擦発火せしめ、点火を確認し

(四) 敵に投擲す

第四　取扱上の注意

(一) 蓋は使用直前に脱するものにして携行中は必ずこれを冠装し置き、信管の点火剤を保護すべし。

(二) 摩擦発火に際し小爆音を発し激しく発火するときは延期秒時約四秒となり、静かに発火するときは約五秒に延期す。

(三) 点火後二秒以内に水中に投入するときは不点火を生ずることあるべし。

(四) 使用を中止したるものは必ず摩擦板および蓋を装し、ゴムテープをもって密閉し置くべし。

(五) 投擲後は弾丸炸裂しその破片を被ることあるをもって伏姿などの姿勢をなしてこれを避けるを要す。

試製九八式柄付手榴弾(甲)説明書

第一　用途

至近距離の敵に対し人馬殺傷用として使用す。

第二　構造及機能

本弾薬は弾体信管および炸薬よりなり、弾体は鋳鉄製、信管は木製の柄に門管および起爆筒を付し、炸薬は黄色粉薬の被包圧填にしてその量約七八グラムなり。柄のねじ部にワセリンを塗抹し座板を装せる蓋を柄にねじ込み密閉す。門管の環を右手の指に嵌め投擲するときは環および引索は指に残り、弾丸は飛行するをもって点火剤は摩擦剤にて摩擦せられ発火し、導火線を経て約四秒にして起爆筒を発火せしめ炸薬を発火せしむ。全備重量約五六〇グラムとす。

第三　使用法

（一）柄を右手に握り

（二）柄の端にある蓋を左手にて脱し

（三）穴にある環を出し右手の指に嵌め

（四）敵に投げるべし

（五）環は指に残り弾丸だけ飛ぶ

第四　取扱上の注意

（一）蓋は安全および防湿のため設けあるものなれば使用直前に於いて脱すべし。ただし使用を中止したるものは直ちに蓋を装し密閉し置くべし。蓋を脱したるまま運搬するは極めて危険なり。特に注意すべし。

（二）環を引出すときは静かに柄の穴に滞りたる索を伸ばすに止むべし。強く引くときは発火するをもって特に注意すべし。

（三）威力半径約七メートル

試製九八式柄付手榴弾（乙）説明書

第一　用途

至近距離の敵に対し人馬殺傷用として使用す。

第二　構造及機能

弾丸は鋳鉄製弾体に木製の柄を付し炸薬として黄色粉薬約三〇グラムを被包圧填し、柄に門管および雷管を装す。

柄のねじ部にワセリンを塗抹し座板を装せる蓋を柄にねじ込み密閉す。

門管の環を右手の指に嵌め投擲するときは環および引索は指に残り、弾丸は飛行するをもって点火剤は摩擦せられ発火し、導火線を経て約四秒にして雷管を発火せしめ炸薬を爆発せしむ。

第三　使用法

（一）柄を右手に握り

(二) 蓋を脱す
(三) 環を静かに引出し右手の指に嵌め
(四) 敵に向い投擲す

第四 取扱上の注意

(一) 蓋は安全および防湿のため設けあるものなれば使用直前において脱すべし。ただし使用を中止したるものは直ちに蓋を装し封帯をもって密閉し置くべし。蓋を脱したるまま運搬するは極めて危険なり。特に注意すべし。環を引出すときは静かに柄の穴に滞りたる索を伸ばすに止むべし。強く引くときは発火するをもって特に注意すべし。
(二) 威力半径約三メートル

演習用手榴弾説明

一、手榴弾手投訓練用に供し取扱に関する事項をも教育するものとす。
二、薬筒を交換せば何回も使用し得るものとす。
三、撃針、安全子、木管はそのまま使用するものとす。
四、本弾丸は演習用専用とす。

十年式演習用曳火手榴弾説明

一、十年式曳火手榴弾の使用法を訓練するに用うるものにして手投専用のものとす。
二、信管および爆筒を交換せば何回も使用し得るものとす。
三、信管は十年式曳火手榴弾用のものにして燃焼時間約七秒とす。

十年式曳火手榴弾取扱上の注意

一、撃針は絶対安全位置として螺入しあらざるをもって、使用部隊に交付するにあたりては十分螺入緊定し、信管の発火準備を完了するものとす。
螺入に使用する螺廻は弾丸一〇個につき一個の割合に同梱しあり。
二、手榴弾として使用する方法次の如し。
（一）右手に弾丸を握り信管噴気孔を左方（安全栓に装着せる索は噴気孔の方側と一致しあるをもって安全栓の索の方向を左方にすれば可なり）にし、かつ噴気孔より噴出する噴煙のため指を吹かれざるごとく注意すべし。
左手をもって安全栓の索を摘みこれを強く引きて安全栓を側方に抽出す。抽出したる安全栓の内若干はこれを保存し置くべし。

(二)弾丸を握りたるままその信管頭を強く平に堅硬物に打付け、雷管を発火せしむ。発火を確認したる後投擲す。雷管発火すれば弾丸は約七秒の後において爆発す。

(三)威力半径約五メートル。

九一式曳火手榴弾取扱上の注意

一、本弾薬は箱を開きたる際撃針ねじ廻しをもって信管の撃針をねじ込み、緊定したる後携行するものとす。

二、発射の場合は安全栓を脱し擲弾筒に装填す。この際弾丸を逆に装填せざるよう、装薬室を下方にし、かつ二重装填をなさざるごとく特に注意を要す。

三、手投の場合は弾丸を握りたるまま安全栓を脱し、信管頭を強く平に堅き物に打付け、雷管発火を確認したる後投げる。

四、雷管発火後爆発までの時間は七秒ないし八秒なり。

五、使用を中止したる弾丸の信管には直ちに安全栓を挿入し、その端末を内方約一二〇度に折曲げ置くべし。これがため抽出したる安全栓の若干個は常に保存し置くこと必要なり。

六、威力半径約七メートル。

九一式発射演習用曳火手榴弾説明

一、本弾は九一式曳火手榴弾を擲弾筒をもって発射する要領を訓練するに用うるものとす。

二、弾丸および装薬筒は実物なるも信管は仮信管を使用す。

三、装薬筒を交換せば何回も使用することを得。

四、炸薬の代用として砂とパラフィンとの混合物を填実す。

九九式手榴弾（甲）

「九九式手榴弾（甲）」は投擲距離を増大するため弾量を軽減したもので、手投もしくは一〇〇式擲弾器により発射する。昭和十三年四月近接戦闘兵器研究委員会の研究方針にもとづき研究を開始し、同年八月富津射場において第一回試験を実施した。その後弾体を鋳鉄製に改め、形状を卵型に変更し、また信管様式を修正するなど数次の試験を経過したが、卵型は炸薬資源の関係上採用困難であったので、最後は円筒型で実用価値十分と認められた。昭和十五年八月十七日陸普第五七〇四号により制式制定された。

信管は九九式手榴弾(甲)用信管で曳火手榴弾九七式信管と構造機能はほとんど同じだが撃針を固定式として安全栓の効力を増大し、被帽の型式を修正し止めねじにより信管体からの脱落を防止した。また信管発火後噴気孔からの火焔防止のためガス受を付けた。手投の場合の使用法は九七式手投曳火榴弾と同じである。擲弾器による発射の場合は安全栓を離脱し、信管を上方にして装塡する。銃の実包が発射されるとそのガス圧を弾底面に受け弾丸は発射される。この際信管の撃針は慣性により雷管を衝撃し火道に点火する。ゆえに弾丸は曳火しつつ弾道を描き弾着の直前もしくは弾着後爆発する。擲弾器による射距離は概ね一〇〇メートル以内である。

昭和十三年十二月近接戦闘兵器研究委員中支派遣者報告によると「試製軽量手榴弾」は甲、乙ともに軽量で携行ならびに投擲に便利で、特に攻撃用として価値がある。ただし次の欠陥は速やかに改善を要する、としている。

一、支那駐屯歩兵第一、第二両聯隊に各二〇〇発ずつ支給したが、兵はいずれも携行に便利であるから有効にこれを使用した。ただし甲では信管頭部および発条などの離脱があった。また夜間は発火後噴気孔より出る火光のため破裂する前に敵に逃げられるおそれがある(現制九一式も同じ欠陥がある)。乙では投擲にあたり糸が切断するものおよび環が指から抜けるものがあった。重要な時機に携行数が少ないこれら手榴弾の不発は兵に対して著しく失望の念を抱かせるものである。

二、投擲時以後に発火する機構でなければ安全感を阻害するような懸念はほとんどなく、また強いて片手のみで操作する必要はない。重要なことは不発の欠陥を修正し、発火容易かつ確実なものとすることにある。

大阪陸軍造兵廠が昭和二十年度に信管三四万発を製造する計画があった。小倉陸軍造兵廠も昭和十九年度に二四万三〇〇〇発、二十年度に一万四〇〇〇発余り製造した。

九九式手榴弾（甲）主要諸元　全備重量約三〇〇グラム、空弾量約一九五グラム、被包式圧搾黄色薬五八グラム、信管量四五グラム、弾体径四四・八ミリ、弾体長八七・二ミリ、信管燃焼秒時四～五秒。弾体表面に使用法を書いた紙が貼ってある。炸薬は黄色薬代用としてカーリット、灰色薬、硝宇薬および茶褐薬を使用することができる。価格は昭和十七年の兵器臨時価格表で一発二円九〇銭となっている。

昭和十六年七月九九式手榴弾弾入（たまいれ）が仮制式制定された。この弾入は九九式手榴弾（甲）または（乙）各二個を収容し、革帯などの適宜の場所に装着し携行の用に供する。蓋、袋、止金、吊紐よりなる。重量約一五〇グラム。

九九式手榴弾の海洋および鉄道輸送は〇・〇三一立方メートルの箱に防湿筒入り二

〇発を収容し、重量一九キロである。八九式重擲弾筒八九式榴弾は木製六角型容器に七個ずつターポリン紙に包んだまま信管とともに収容したもの三個を一括しゴム袋に収容し密閉する。最後に麻袋に収納し縄掛けする。二一発入り重量二二キロ。

小銃用擲弾器は小銃の尖端に着け、小銃実包または空包の力によって手榴弾、発煙弾、その他各種の特殊弾を投擲する。擲弾器には米国のように直上式のものと、わが国の一〇〇式擲弾器のように側方式のものがあるが、両者にはそれぞれ得失がある。直上式では擲弾器の筒を重心軸線上に直接置くので、空包を使用しなければならない。側方式では実包をそのまま利用することができ、戦場での実用に適する。直上式でも実包を使用するものがあるが、それには中央に小銃実包が通過する孔を空けた特殊弾丸を使用しなければならない不便がある。

九九式手榴弾（甲）挺進用

昭和十九年十月五日、「九九式手榴弾（甲）挺進用」が仮制式制定された。九九式手榴弾（甲）の信管に保護帽を被せたもので、手投、擲弾筒発射兼用である。

挺進奇襲部隊は火砲などの重火器を残置し、目的に応じ小銃、機関銃、自動小銃、手榴弾、火焔瓶などを増備することになっていた。

九九式手榴弾（乙）

「九九式手榴弾（乙）」は昭和十三年四月近接戦闘兵器研究委員会の研究方針にもとづき研究を開始し、門管式発火装置については陸軍造兵廠東京研究所に研究を委託した。同年八月富津射場において第一回試験を実施したが、門管式信管の発火機能は十分ではなかったので、若干の修正を施しこれを中支に派遣された近接戦闘兵器研究委員会委員に携行させ、第一線部隊の実用に供した。その結果携行、投擲ともに容易で曳火秒時も適当であるから攻撃用として実用価値があるが、投擲にあたり引索が切断し、環が指から離脱したことによる不発があったとの判決を得た。爾後数次の試験により門管の薬剤の改正、引索の抗力増加および環の形状修正並びに延期薬を改正し起爆の確実を図り、耐水性を補強するなどにより概ね実用に適するものを得たので、昭和十四年十一月陸軍歩兵学校に実用試験を委託し、その実用価値十分と認められた。昭和十五年八月十七日制式制定された。

本手榴弾は投擲距離を増大するため弾量を軽減し、投擲にあたっては弾丸が手を離れると門管式作用により信管が発火し、一定秒時後に炸裂する。弾丸は鋳鉄製の円筒型で弾頭内部に信管を装着するねじ部があり、これに信管を装着することにより完成する。本手榴弾は九九式手榴弾（甲）に比べて信管の構造が簡易で製造に設備を要せず、かつ廉価で擲弾器による発射兼用ではないので炸薬安全度に関する要求が軽減され、したがって代用炸薬が利用できる点が特長であった。

本手榴弾は手投専用で投擲に際しては弾丸を手に持ち、蓋を脱し、引索に付いている環を右手（左手）の指にはめ、門管の頭部が小指の方向にあるように弾丸を握り、投擲すると環と引索は手に残り、弾丸だけが飛ぶ。この際引索の摩擦剤により点火剤が発火し火道に点火する。火道は燃焼しつつ飛行し、門管発火後約四秒で弾丸は炸裂する。なおこの手榴弾は所望の場所に固定し、綱により遠方から引索を牽引するなどの方法により地雷として使用することができる。地上静止破裂において一弾による人馬殺傷の効力がある破片の密度一となる半径は約五メートルである。

九九式手榴弾（乙）主要諸元　全備重量約二七三グラム、炸薬被包式圧搾黄色薬五五グラム、門管式信管、弾体径四四・〇ミリ、弾体長七八・五ミリ。弾体表面に使用法を書いた紙が貼ってある。炸薬は黄色薬の代用としてカーリット、灰色薬、硝宇薬および茶褐薬を使用することができる。価格は昭和十七年の兵器臨時価格表で一発二円六五銭となっている。

諸剤配合表

火道薬　硝石、茶褐薬、木炭、硫黄、油煙　延期秒時約四秒
点火剤　塩素酸カリ、硫化亜鉛末、三硫化アンチモン、亜鉛華、結合剤　〇・二グラム
摩擦剤　赤燐、三硫化アンチモン、金剛砂B、結合剤　若干
以上が手投専用もしくは擲弾筒・擲弾器発射兼用弾薬で、以下は発射専用弾薬である。

十年式曳火手榴弾

第一次世界大戦が終結するとフランスからV・B擲弾の売り込みがあった。これは円形擲弾の中心部に貫通孔をあけ、この孔を通して普通実包を使用するもので、発射するとこの実包が信管系列に関連する突起部を打って信管に点火し、約八秒後に高性能炸薬に点火する。射距離は約二〇〇メートルである。当時わが国では後述する独特の案について審査が進んでいたので、この売り込みには応じなかったが、アメリカはこれを採用した。
大正八年頃わが国でも第一次大戦型の各種の新兵器や器材を自ら設計製造すること

になり、特別兵器研究費を組んだ中に曳火手榴弾と擲弾筒があった。その理由として当時砲兵は第一線歩兵の前方二〇〇メートル以遠なら彼我を区別して射撃できるが、敵が二〇〇メートル以内に接近してくると彼我を撃ち分けることは難しい。したがって前方二〇〇メートル以内は歩兵自ら射撃し得る火力を持つ必要があるが、小銃と機関銃だけでは心細いから、この間を歩兵自ら発射できる擲弾が欲しい。しかもそのために銃数を減らしたくないから、擲弾器は軽量で背嚢に縛着して携行し得るもの、という要求であった。

大正十年五月擲弾筒を使用し遠距離に投擲し、かつ手投もできるものを制定した。これが「十年式曳火手榴弾」で手投に際しては信管頭部を銃床などの堅い物体に打ち付けて発火させた後投擲する。擲弾筒で発射する場合は安全栓を抜いた状態で擲弾筒に装填する。引鉄を引けば撃針は装薬筒の雷管を発火して装薬が燃焼し、手榴弾は擲弾となって発射される。発射の衝力で撃針は慣性の法則で元の位置を保っているところへ雷管が激突して発火し火道に点火、約七秒で爆発する。これは最大射程二二〇メートルの経過秒時である。

弾体は外面に筋目を施し、炸裂すると適当な大きさの有効破片を多数生じる。金質は鋳鉄であるから戦時多数製作のためには民間の鋳工所も利用できる。炸薬は当初わが国で豊富に産出する塩酸カリを主剤とする塩斗薬を用いていたが、後に茶褐薬とした。信管は頭部に発火装置、中部に火道、下部に起爆筒を有する。発火装置は打撃もしくは発射の衝撃（擲弾筒による発射の場合）によって発火し、火道に点火する。火道が燃焼を終えると起爆筒が発火し炸裂する。

装薬室は弾底に螺着する鋼製の壷で内部に無煙拳銃薬一・一グラムを収容し、底の中央に雷管を付けている。装薬室は薬筒の用をなすもので、擲弾筒で発射する場合には必要だが、手投の場合には必要ない。安全装置は絶対安全装置と普通安全装置の二種があり、絶対安全装置は撃針を退却して発火装置を全く無効とするもので、主として長途の運搬に対して安全を期す。普通安全装置は安全栓の挿入により撃針の運動を阻止するもので、使用の際における安全を期すものとする。

使用法は近い敵に対しては手で投擲し、遠い敵に対しては擲弾筒で発射する。手榴弾として使用する方法は、右手に弾丸を握り、信管噴気孔を左方（安全栓の紐は噴気孔の方側と一致しているので、安全栓の紐の方向を左にすればよい）にし、かつ噴気孔から噴出する噴煙のため指を吹かれないよう注意する。左手で安全栓の索をつまみ、これを強く引いて安全栓を側方に抽出する。弾丸を握ったまま信管頭を平らな堅硬物に強く打ちつけ雷管を発火する。雷管の発火を確認したら投擲する。

擲弾筒で発射する場合は最大射程二二〇メートル、最小射程は手投距離以内とする。ゆえに擲弾筒で本手榴弾を発射すれば友軍砲兵の掩護射撃を期待できない近距離で、しかも手投では到達できない距離の敵に対し歩兵の独力によりこれを火制できる。擲弾筒は軽量小型で膝姿もしくは伏姿のどちらでも射撃容易であるから、擲弾筒による本手榴弾の射撃は陣地戦のみならず野戦においても有効である。

擲弾筒で発射する場合は平均弾道を目標に導いたとき効力最大となる。また回転筒の下方分画を使用し地上着達射撃を行う場合は弾着点土質の状況により著しく効力に差異がある。即ち柔軟地は効力が少なく、堅硬地は効力が大きい。ゆえに柔軟地に対して射撃を行う場合には上方分画を使用して曳火低破裂射撃を行い、効力を大きくする。

擲弾筒により地上着達射撃を行った場合における曳火手榴弾の効力は、射距離一六〇メートルで平坦な堅硬地に弾着する場合、破片命中密度が一平方メートルあたり貫通三・五発、不貫通四四・五発となる。

曳火手榴弾として投擲する場合における効力は破裂点から五メートル離れた地点における厚さ二二ミリの松板標的に対する破片命中密度が一平方メートルあたり貫通〇・三発、不貫通三・六発、合計三・九発である。

撃針は絶対安全位置として螺入していないので、使用部隊に交付するときは十分螺入緊定し信管の発火準備を完了するものとする。螺入に使用するねじ回しは弾丸一〇個に付き一個の割合で同梱してある。

十年式曳火手榴弾の外見は九一式曳火手榴弾と概ね同じである。

弾体外面には黒ワニスを塗抹する。また完成弾の各ねじ部には戻り回転を防ぎかつ防湿のため黒ワニスを塗抹してねじ込むものとする。ねじ込後さらに接際部に黒ワニスを塗抹する。

装薬室および装薬室底螺には燐酸塩皮膜を施す。

十年式曳火手榴弾主要諸元　全備重量五三〇グラム、空弾量三三五グラム、信管は曳火手榴弾十年式信管で信管秒時七〜八秒、信管量四〇グラム、炸薬茶褐薬六五グラム、弾体径四九・八ミリ、弾体長一二四・五ミリ、威力半径約五メートル、炸薬室塗料黒ワニス、装薬筒量八六グラム、装薬量一・一グラム、装薬種類〇・五ミリ方形薬、点火薬量〇・一グラム、点火薬種類小粒薬、雷汞起爆筒量四グラム、兵器細目表第二種。

九一式曳火手榴弾

昭和七年五月二十八日十年式曳火手榴弾を改造した「九一式曳火手榴弾」を制定した。改造の要点は次のとおり。

一、腔発を予防するため弾丸下部を閉塞し、発射におけるガスの進入を防止した。

二、炸薬填実作業を容易にするため填実口を大きくし蓋螺を設けた。

手投の手順は十年式曳火手榴弾と同様である。発射の場合は安全栓を脱し擲弾筒に装填する。このとき弾丸を逆に装填しないよう装薬室を下方にし、かつ二重装填をしないよう特に注意を要する。

平壌兵器製造所が昭和八年以降製造を続け、十五年には七〇万発製造した。

九一式曳火手榴弾主要諸元　全備重量五二〇グラム、空弾量三二五グラム、信管は曳火手榴弾十年式信管で信管秒時は七〜八秒、装薬筒量八六グラム、茶褐薬六五グラム、雷汞起爆筒量四グラム、弾体径四九・八ミリ、弾体長一二三・五ミリ、威力半径約七メートル（歩兵弾薬参考書には約八メートルとある）、兵器細目表は第一種。価格は昭和十七年の兵器臨時価格表で一発二円五〇銭となっている。

九一式曳火手榴弾および九七式手投榴弾は完成弾五個を括包とし、括包四個を一箱（二〇個入り）とした。一箱の重量は約一九キロ。柄付手榴弾は内缶に収容し防湿のため鑞着した。戦用手榴弾の箱の外部は戦場において目標となるのを避けるため草色にカムフラージュした。演習用手榴弾は応用箱を利用し素箱のままで着色しない。

九二式あか曳火手榴弾

昭和九年十二月四日「十年式擲弾筒弾薬九二式あか曳火手榴弾」が陸密第七一四号により制定された。本弾は十年式擲弾筒をもって放射し、填実した毒物および弾丸破片の飛散により敵を殺傷することを目的とするもので、近距離の敵に対しては手力をもって投擲することができる。

本弾は弾丸、炸薬、起爆筒、信管よりなり、内部に填実物を収容し全備弾量約五九〇グラムである。弾体の経始は上面に環溝を設けるほかは九一式曳火手榴弾と同じである。信管は曳火手榴弾十年式信管で蓋螺に螺着する。

填実毒物はあか一号四〇グラムで弾腔容積に対し所要の空積を残す。

九一式曳火手榴弾と全く同じ要領により投擲または十年式擲弾筒をもって発射する。

炸裂時におけるガス有効界の径約五メートル、高さ約三メートルで、風速一ないし二メートルで好適なときは風下約七五〇平方メートルの地域に対し効力を及ぼす。

本毒物が形成するガス雲は咽喉、鼻などの粘膜を刺激し、濃度が濃いときは強烈な刺戟作用を呈するとともに頭痛嘔吐を催させる。防毒面を透過する特性がある。
有効破片の威力半径は約五メートルである。

九二式みどり曳火手榴弾

昭和九年十二月四日「十年式擲弾筒弾薬九二式みどり曳火手榴弾」が陸密第七一四号により制定された。本弾は十年式擲弾筒をもって放射し、填実した毒物および弾丸破片の飛散により敵を殺傷することを目的とするもので、近距離の敵に対しては手力をもって投擲することができる。

本弾の構造および機能は填実物を異にするほか「九二式あか曳火手榴弾」と同一で全備弾量は約五八七グラムである。填実毒物はみどり一号とみどり二号との等重量混合剤三七グラムで弾腔容積に対し所要の空積を残す。

本弾は炸裂すると多数の破片を生じるとともに填実した毒物の大部はガス化され大気中に浮遊し、地上特に凹所に低迷しつつ風に伴われて移動し遂に拡散消失する。炸裂瞬時におけるガス有効界の径約五メートル、高さ約三メートルで、風速一ないし二メートルで好適なときは風下約七五〇平方メートルの地域に対し効力を及ぼす。本毒物の形成するガス雲に触れるときは強烈に眼を刺戟され、濃度が大きいときは一時視力を失うことがある。
破片による威力半径は約五メートルである。

九一式発射演習用曳火手榴弾

昭和十年五月二日「九一式発射演習用曳火手榴弾」が仮制式制定された。本手榴弾は手投には用いず発射専用である。擬製信管のほかは九一式曳火手榴弾の外観に同じ。

九一式発射演習用曳火手榴弾主要諸元　全備重量五二〇グラム、炸薬の代わりにパラ砂（パラフィンと砂を混合したもの）を填実、弾体径四九・八ミリ、弾体長一二三・五ミリ、兵器細目表は第四種。価格は一発一円八〇銭。

本弾は十年式発射演習用曳火手榴弾が打揚弾拾得後直ちに再利用できないので、教育上往々にして不便があったために、この不便をなくすことを目的として開発したもので、打揚弾は拾得後装薬室を抜出して中から打殻薬莢を取出し、弾丸外部および装薬筒内外面の手入点検後、新たに薬筒を装して直ちに使用することができる。装薬は一・一グラムで装填、発射、弾道性は九一式曳火手榴弾と略同じである。

仮称手榴弾四型

昭和十九年七月陸軍兵器行政本部は弾薬等緊急増産措置要領を決定した。これは戦局に即応する弾薬などの緊急増産を迅速に実現するための決定で、弾薬類仕上程度の低下、規格の低下、構造簡易化および代制の検討などの項目がある。代制とは代用制式兵器（代制兵器）の略語で昭和十八年頃から資材の枯渇にともない検討が始まっていた。その一つとして鋳鉄製の手榴弾を陶製とした代制手榴弾が大量に製作された。昭和二十年の三月に発行された米軍の情報誌には鹵獲されたCeramic Hand Grenadeが掲載されていることから、既に実戦に投入されていたことがうかがえる。

雑誌偕行に掲載された元陸軍省兵器局銃砲課員の手記によると、昭和二十年に名古屋に新設された第十三方面軍参謀に転出したが、司令官が相模造兵廠長を勤めた岡田資閣下で兵器の整備には極めて熱心だった。先ず竹槍を国民に持たせて何になるということから、東海北陸六県の国民義勇隊は槍と手榴弾装備を考え、刈谷のトヨタ車体の工場から自動車に用いるスプリング鋼の不合格品を集めて名古屋造兵廠で槍先を作らせ、手榴弾は幸い名古屋近郊には瀬戸多治見と陶器の産地を控え、また岡崎地区は昔から三河煙火と称して煙火工場が数多くあり、黒色火薬の詰め込みには慣れていた。

さて試作品が出来上がり伊良湖半島の先端に第一陸技研の試射場があるので、ここで陶製手榴弾の破裂試験を行うため五メートル、一〇メートル半径に犬をつないで破裂させてみたところ、大きな音はしたが犬は平然として傷一つなく、即ち手榴弾は弾体の破片に殺傷効力があることをつくづく知らされた。そこで今度は本体内に鉄片を詰め込んでどうにか手榴弾らしいものを作り、支給できるまでになったが大して出来上がらぬうちに終戦になった。

仮称手榴弾四型主要諸元　全備重量四五〇グラム、信管は摩擦式で信管秒時は四〜五秒、弾体径七六ミリ。

一九四五年一月にアメリカ海軍が刊行したJAPANESE EXPLOSIVE ORDNANCEの改訂版にPottery Hand Grenadeが初めて掲載された。一九四四年の四月に刊行された同書の初版本には掲載されていない。続いて一九四五年八月に刊行されたHANDBOOK OF JAPANESE EXPLOSIVE ORDNANCEにも同じ写真が掲載されたが、ここで初めて型式をType4と表記した。一九四六年六月に刊行されたJAPANESE EXPLOSIVE ORDNANCE　Vol.1には、この手榴弾に使用している炸薬は海軍が九九式手榴弾に使用した九九式爆薬と同じであることから、この手榴弾を海軍用と推定している。日本の資料にはこの手榴弾を四式とする裏づけはなく、本手榴弾は代用兵器であること、代用兵器を制式制定する例はないこと、および以下の資料などから本手榴弾の名称としては「仮称手榴弾四型」とするのが妥当であろう。

終戦時に横須賀鎮守府第四特別陸戦隊が製作した引渡兵器一覧表には九九式手榴弾、九一式曳火手榴弾、九八式柄付手榴弾のほかに手榴弾四型二七九個を引渡している。昭和二十年八月三十一日付南京警備隊の現有品目録にも手榴弾四型七〇〇〇個在庫とある。支那方面艦隊の同年十月八日付武器目録には四型手榴弾二万三四五〇個を砲建十番庫に保管とある。また砲洞十番庫には四型手榴弾三万四三四〇個、砲洞十一番庫には手榴弾四型信管三万六三二八個と手榴弾四型二万七〇三〇個保管とある。鈴鹿基地隊にも手榴弾四型が四八〇個配給されているので、一部は部隊に支給されたようだ。ほかの多くの資料にも手榴弾四型の在庫が一〇〇〇個以上または万単位で記載されている。また函館地区隧道倉庫に仮称手榴弾四型七五個、瀬谷地帯第二火薬庫には仮称手榴弾四型五九〇個とある。仮称でないものに仮称とはつけないであろうから、結論としては仮称手榴弾四型という仮の名称がつけられていたと推定される。

本土決戦に備え大阪造兵廠は兵庫県三田の北方相野（あいの）と藍本（あいもと）の山中に半地下工場の建設を企て、手榴弾などの製造設備をここに移転する計画で工場は一部出来上がり、機械も既に若干移転した頃、終戦を迎えた。

昭和十六年四月関東軍野戦兵器廠が作成した関東軍保管主要兵器集積現況調査表によると九七式曳火手榴弾の所要数一八五万四〇〇〇発に対し現在数は一八八万五九四八発であった。ほかに九一式曳火手榴弾を一三万二七四〇発保有していた。

昭和十九年トラック島に残存していた手榴弾は九一式曳火手榴弾一二七二発、九七式手投曳火榴弾六万三九〇〇発、九九式手榴弾（甲）六万二七六三発であった。

第百四十五師団の戦史資料によると終戦時に保有していた手榴弾は現地自活兵器の簡易手榴弾一万五三〇〇発で、兵員一人に対し平均一〇発を目標として師団内においてさらに三万発の製作を継続していたほか、軍より九万発の補給が予定されていた。

習志野に駐屯していた戦車第三十聯隊が終戦時に保有していた手榴弾は九一式曳火手榴弾が六五発と九七式手投曳火榴弾が七〇〇発であった。

海軍の陸戦用手投兵器

海軍は陸戦用手投兵器に手投円錐弾、手投円錐弾大型、手投火炎瓶などを保有していたほか通常手榴弾として手投・発射兼用の十年式曳火手榴弾、九一式曳火手榴弾、九九式手榴弾（甲）を、また手投専用の壷形手榴弾、九七式手投曳火榴弾を保有していた。

海軍資料「陸戦火工兵器」から九九式手榴弾の項を要約する。陸軍とは一部名称、用語が異なる。

一、要目

名称	完備重量	炸薬量（八八式爆薬）	高さ	径
一型（鋳物製）	約三〇〇g	約五五g	五八㎜	四四・八㎜
二型（鉄薬莢廃材利用）	約五〇〇g	約五五g	六五㎜	四八・〇㎜

二、用途

人馬殺傷用

三、構造

一型、二型ともに弾体内部の八八式爆薬を上から叩いて発火させる方式の信管がついている。信管は安全栓を取去ると切断線一本で打針が支えられている。この切断線は内針の頭を手にて硬いものに叩きつけると切断して打針は雷管を叩き発火させる。すると雷管の下のある遅動薬の上面に着火し四～六秒間に遅動薬は燃え終わり、黒色火薬に点火しその火勢で起爆筒が爆発し、続いて炸薬が爆発し弾体は細片となり四方に飛散する。

四、性能

（一）一型、二型とも危害半径は約五メートルで投擲距離は、

最小　最大

立投　約二五メートル　四〇メートル

伏投　約一五メートル　三〇メートル

（二）打針を叩き雷管を発火させてから四～六秒後に発火する。

五、使用法

（一）安全栓を抜き、打針の頭を靴の裏とか地面に強く叩きつけ、雷管を発火させてから直ぐ投擲し、ほぼ弾着時に炸裂する。

（二）人馬などを殺傷するには極めて有効であるが、戦車に対しては無力であるから戦車を攻撃する場合には静止している戦車に登り内部に投げ込むとか、砲身の中に入れるとかしない以上絶対に使用してはいけない。

（三）取扱中落下したり激動を与えると安全栓が切れ、雷管が発火し不慮の災害を起こすからあまり乱暴に取扱ってはいけない。

（四）保存するには、雷管とか遅動薬は湿気の多いところでは変質しやすいから、

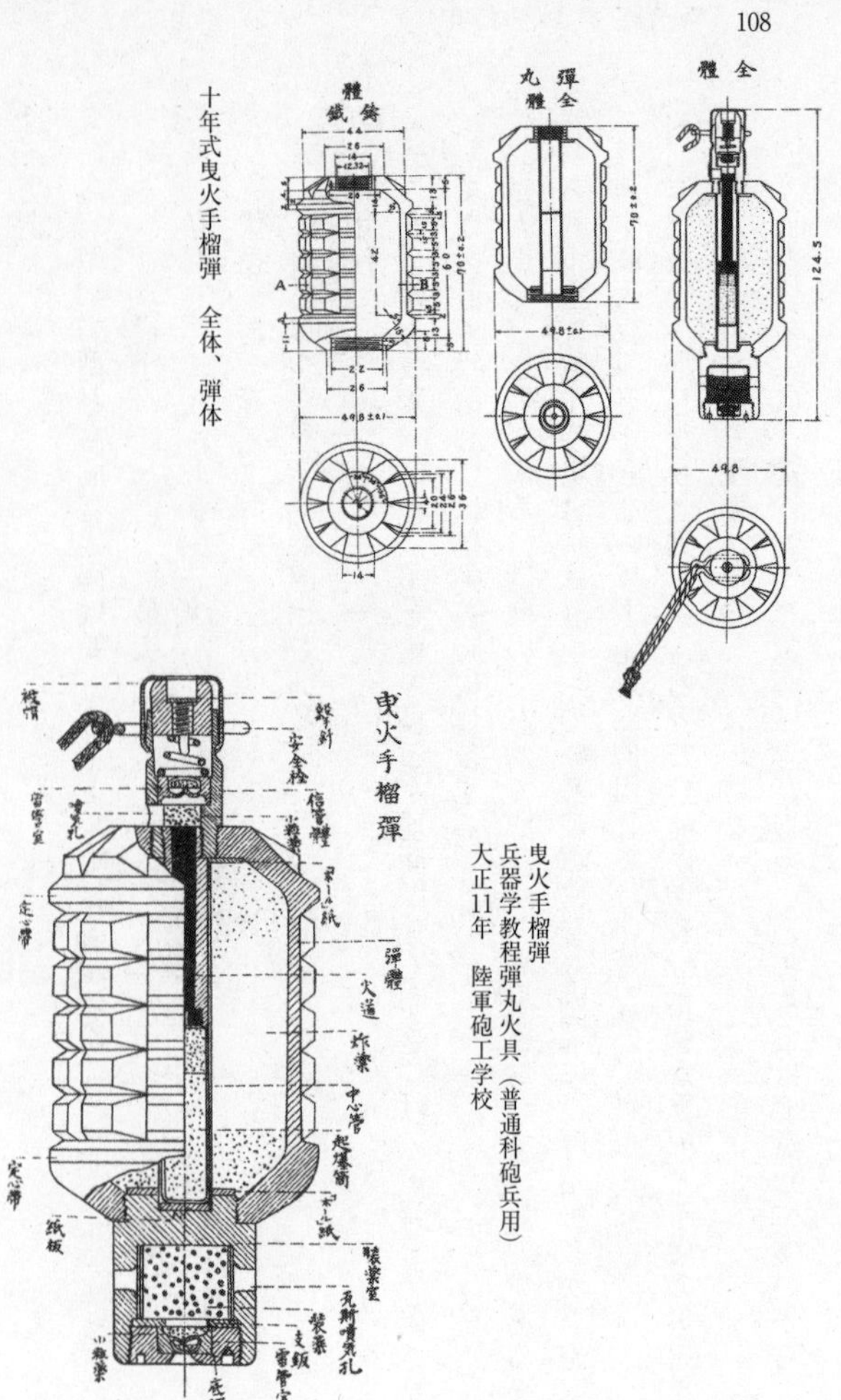

十年式曳火手榴弾　全体、弾体

曳火手榴弾
兵器学教程弾丸火具（普通科砲兵用）
大正11年　陸軍砲工学校

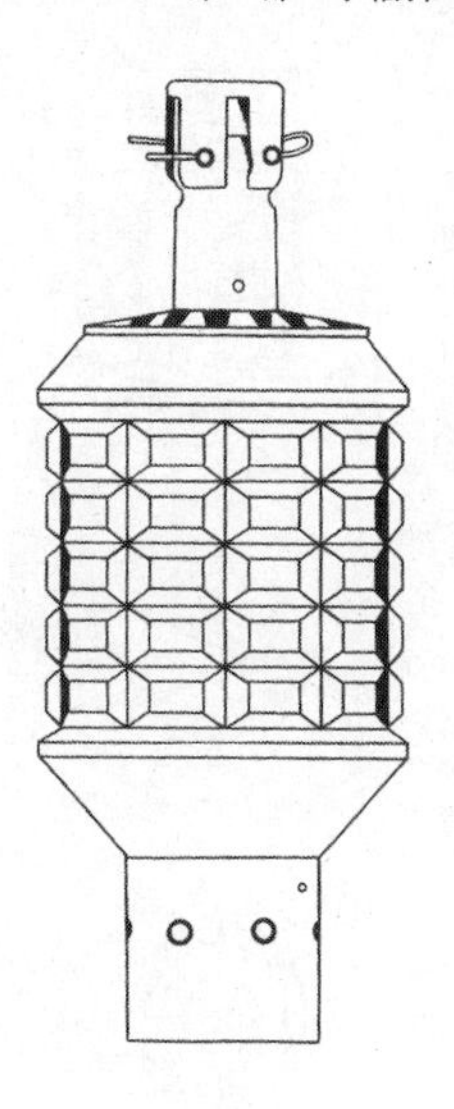

十年式曳火手播弾

十年式曳火手榴弾全体
砲術教科書巻之一附図陸戦兵器
昭和12年12月　海軍兵学校

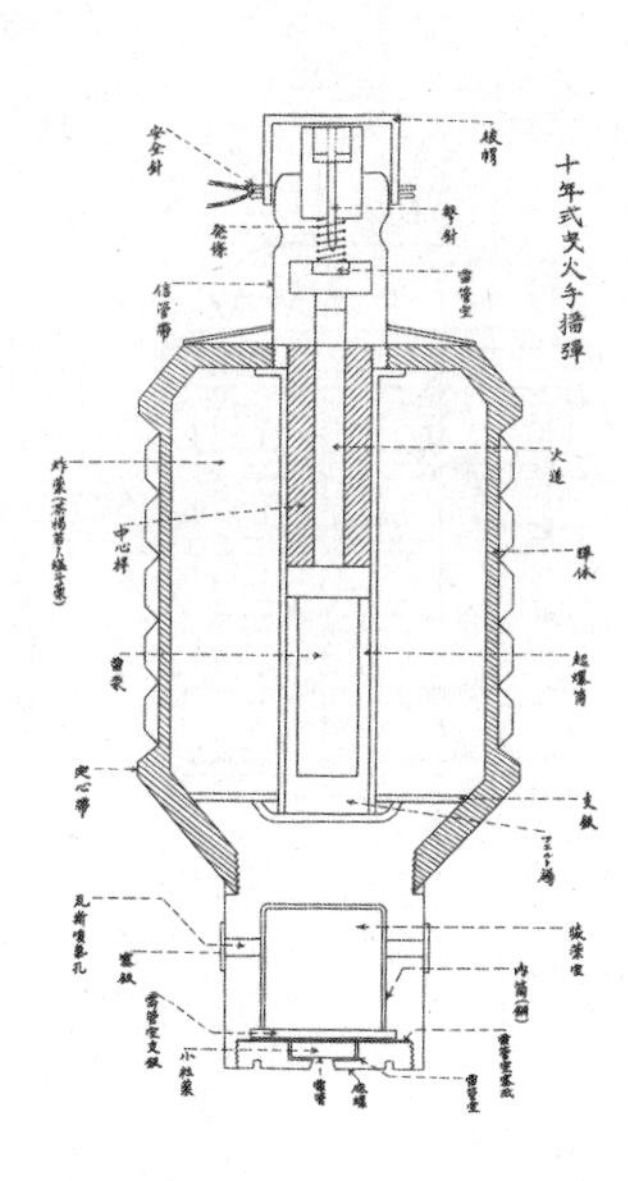

十年式曳火手榴弾断面
砲術教科書巻之一附図陸戦兵器
昭和12年12月　海軍兵学校

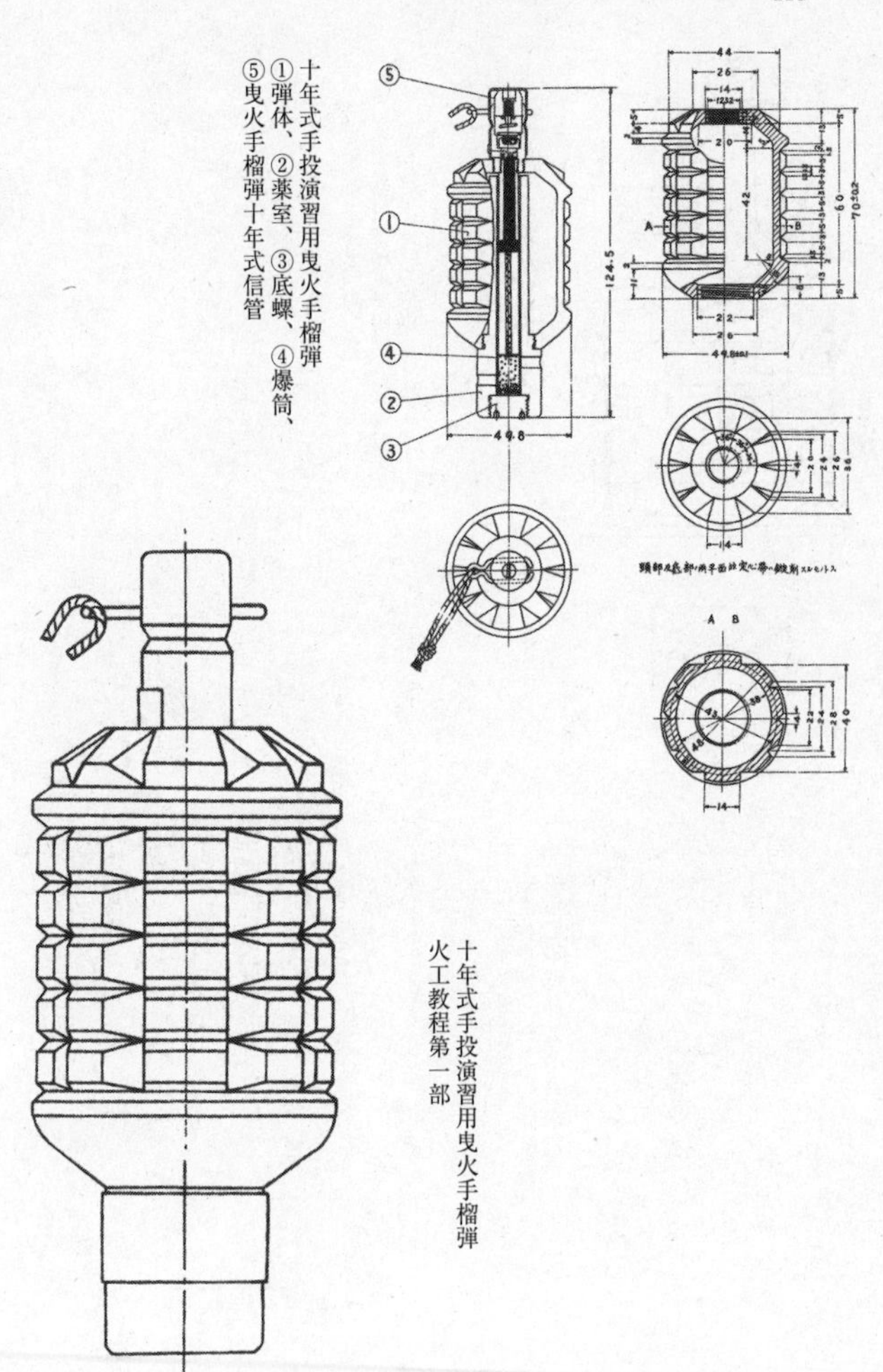

十年式手投演習用曳火手榴弾
火工教程第一部

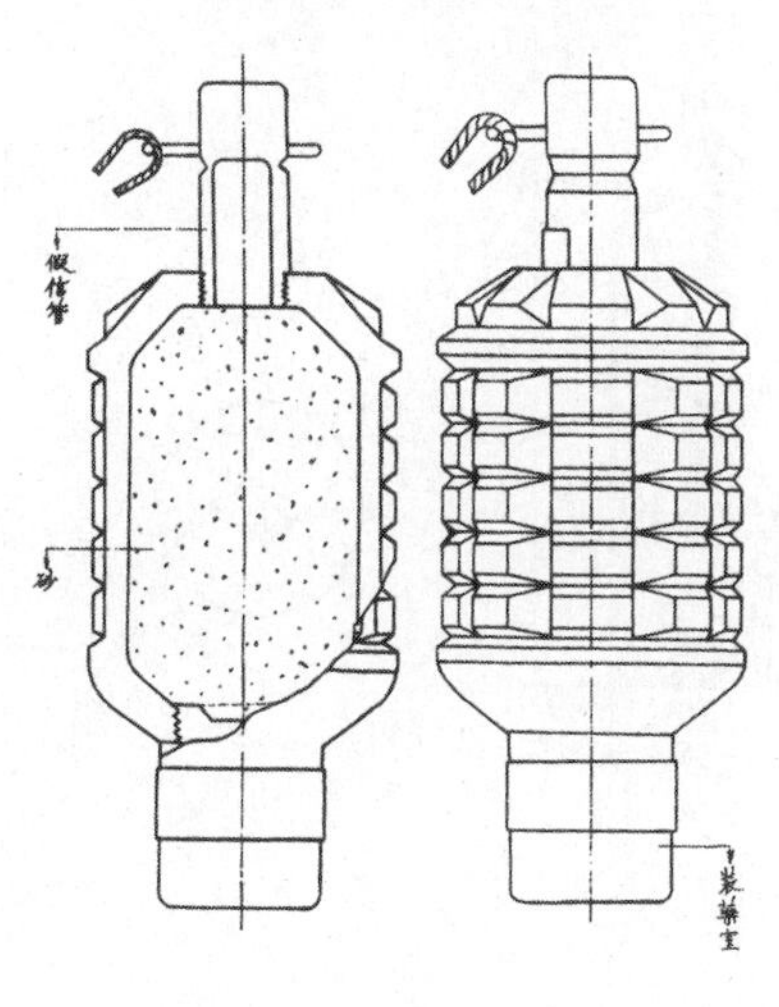

右：十年式曳火手榴弾　装薬室
左：十年式発射演習用曳火手榴弾　仮信管、砂
火工教程第一部

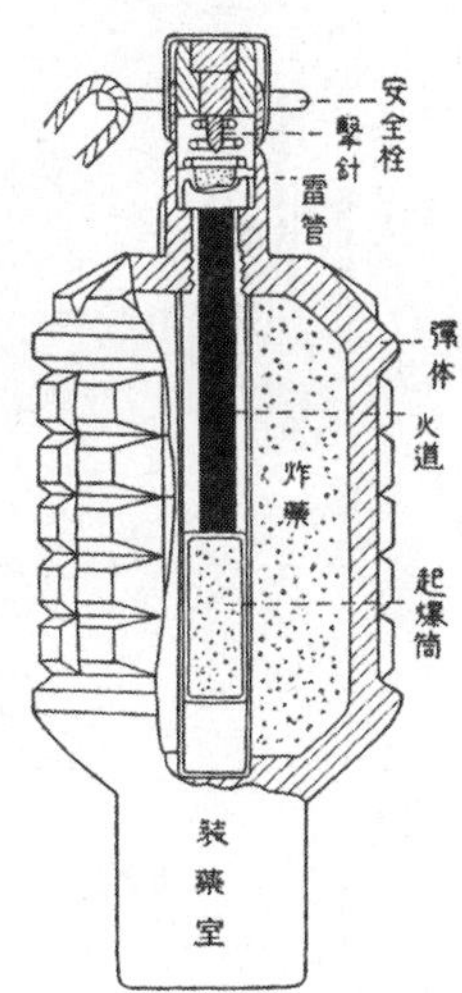

曳火手榴弾　兵器学教程巻一
昭和9年改訂　陸軍士官学校
曳火手榴弾の説明図として、
この後長く用いられた模範図

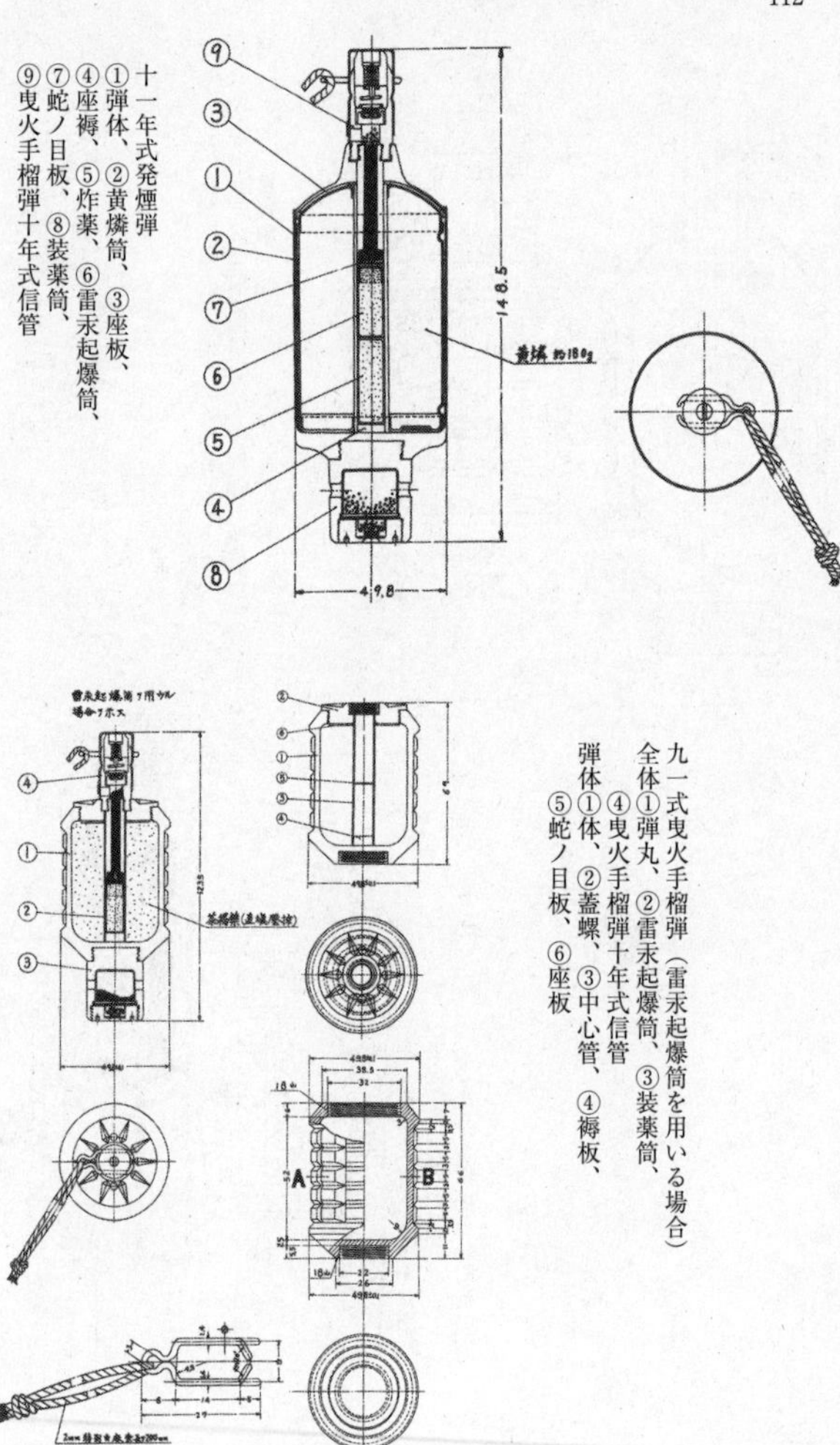

十一年式発煙弾
①弾体、②黄燐筒、③座板、
④座褥、⑤炸薬、⑥雷汞起爆筒、
⑦蛇ノ目板、⑧装薬筒、
⑨曳火手榴弾十年式信管

九一式曳火手榴弾（雷汞起爆筒を用いる場合）
全体①弾丸、②雷汞起爆筒、③装薬筒、
④曳火手榴弾十年式信管
弾体①体、②蓋螺、③中心管、④褥板、
⑤蛇ノ目板、⑥座板

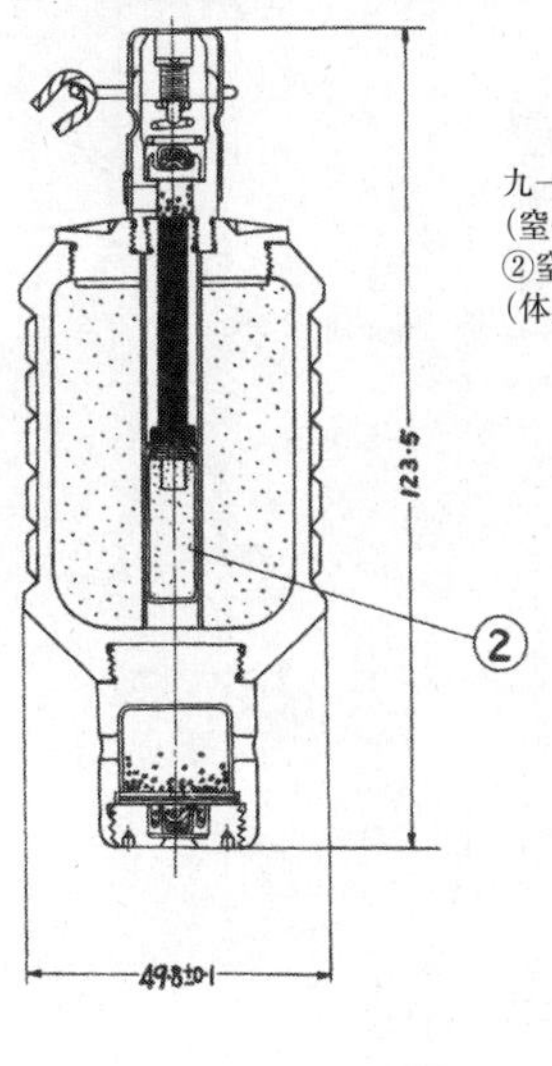

九一式曳火手榴弾
(窒化鉛起爆筒を用いる場合)
②窒化鉛起爆筒
(体、窒化鉛、錫板、絨輪、銅板)

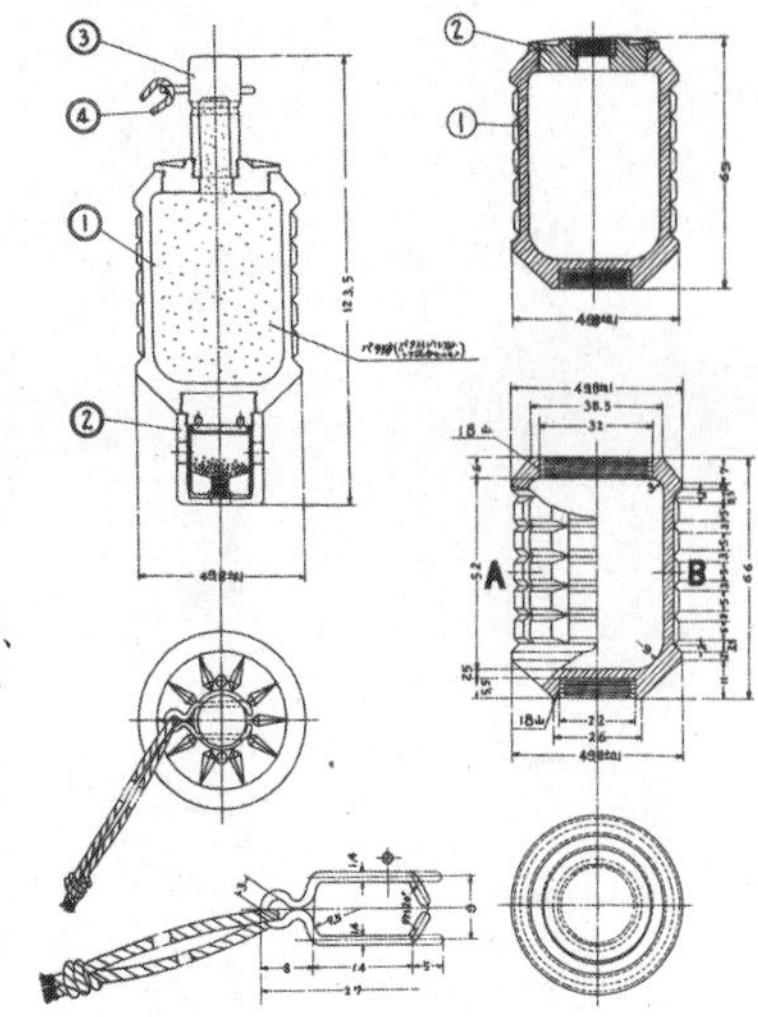

九一式発射演習用曳火手榴弾
全体①弾丸、②装薬筒、③仮信管、
④安全栓　弾体①体、②蓋螺

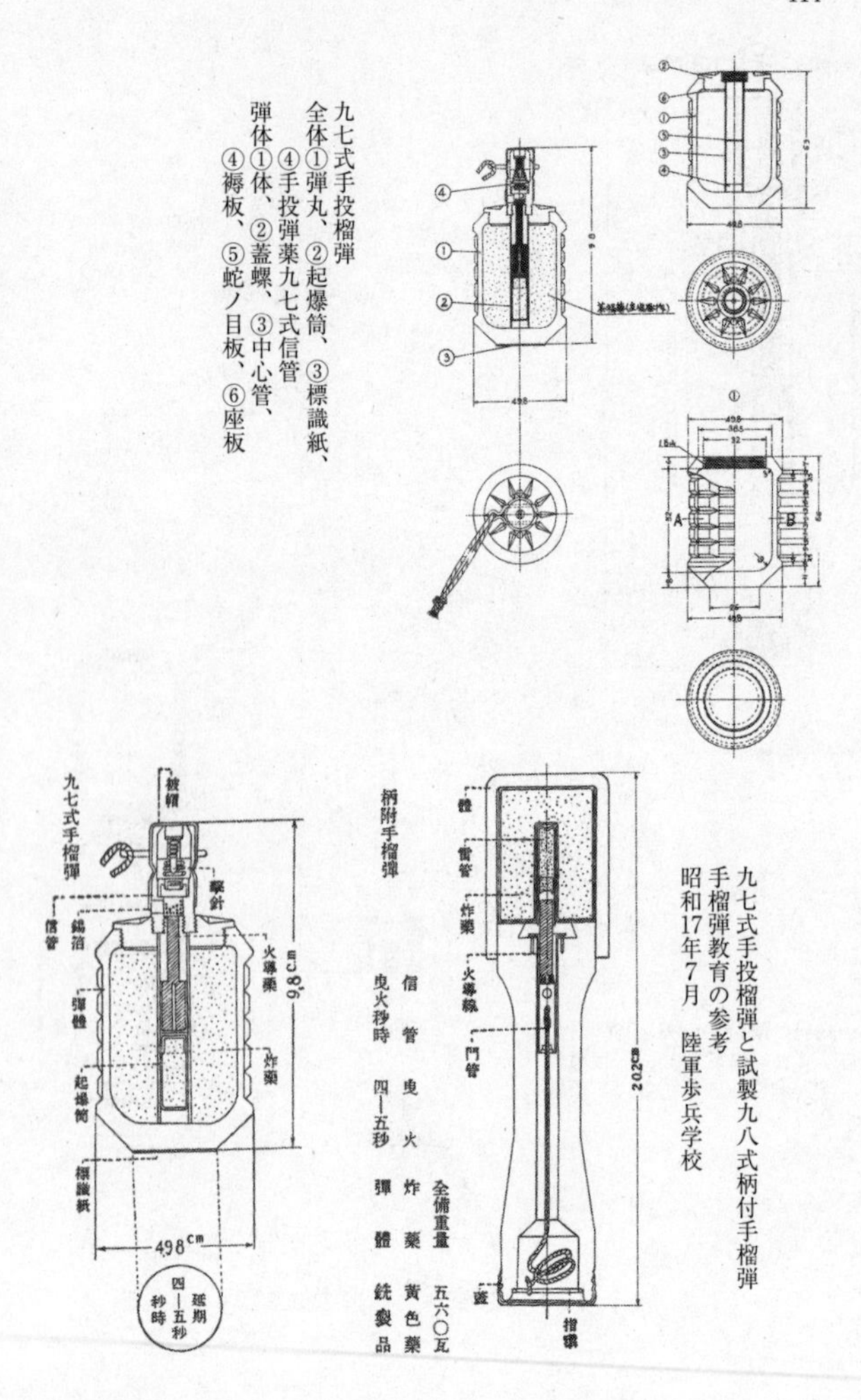

九七式手投榴弾
全体①弾丸、②起爆筒、③標識紙、④手投弾薬九七式信管
弾体①体、②蓋螺、③中心管、④褥板、⑤蛇ノ目板、⑥座板

九七式手投榴弾と試製九八式柄付手榴弾
手榴弾教育の参考
昭和17年7月　陸軍歩兵学校

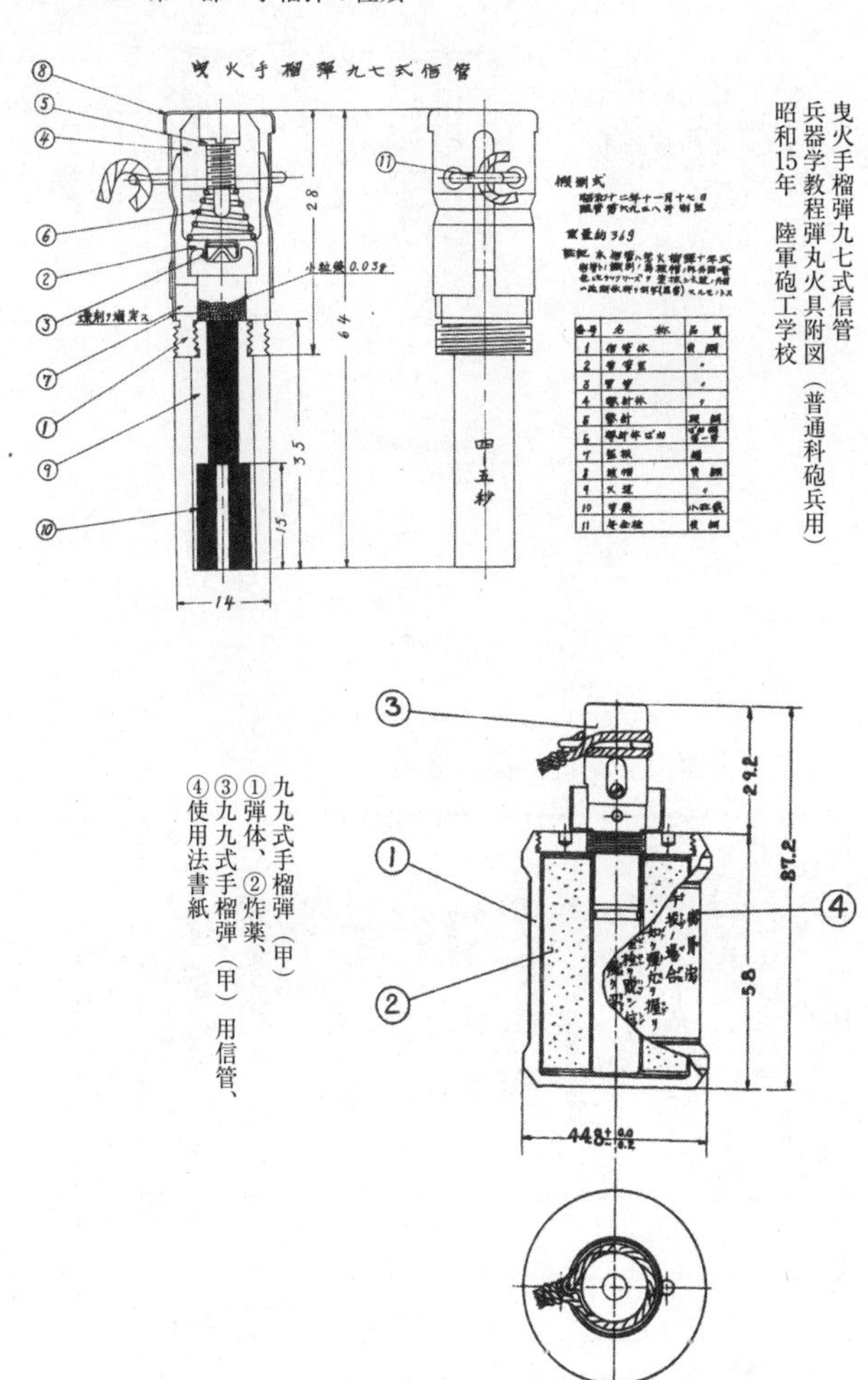

曳火手榴弾九七式信管
兵器学教程弾丸火具附図（普通科砲兵用）
昭和15年　陸軍砲工学校

九九式手榴弾（甲）
①弾体、②炸薬、
③九九式手榴弾（甲）用信管、
④使用法書紙

九九式手榴弾（乙）
全体①弾体、②炸薬、③信管、④使用法書紙
信管①体、②褥輪、③蓋、④門管、⑤火道、⑥起爆筒、⑦褥板、⑧履筒、⑨緊定螺
門管①体、②錫箔、③引索、④座板、⑤紙管、⑥塞紙、⑦環

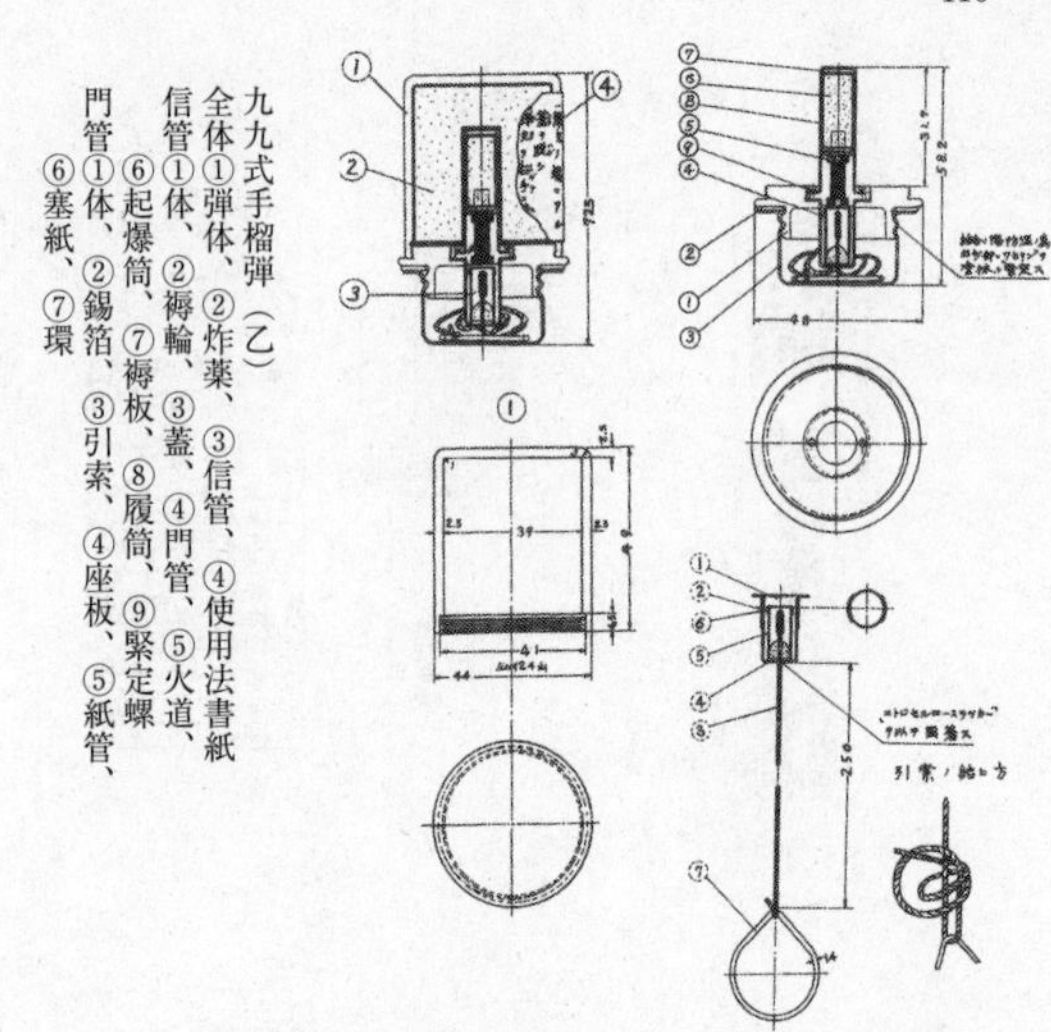

九九式手榴弾（乙）使用法書紙（美濃紙）

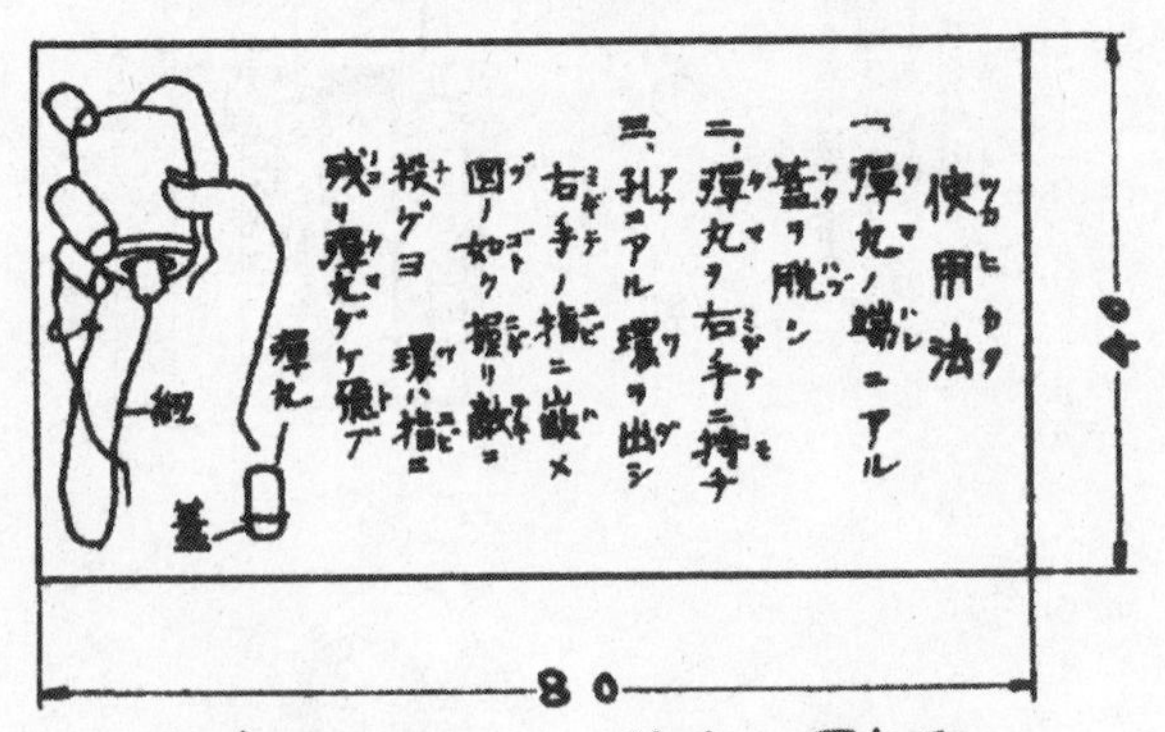

使用法
一、弾丸ノ端ニアル
蓋ヲ脱シ
二、弾丸ヲ右手ニ持チ
三、孔ニアル環ヲ出シ
右手ノ指ニ嵌メ
図ノ如ク握リ敵ニ
投ゲヨ　環ハ指ニ
残リ弾丸ダケ飛デ

1. 文字ノ位置及大サハ適宜トシ黒色刷トス
2. 特殊糊ヲ以テ①ニ貼附ス

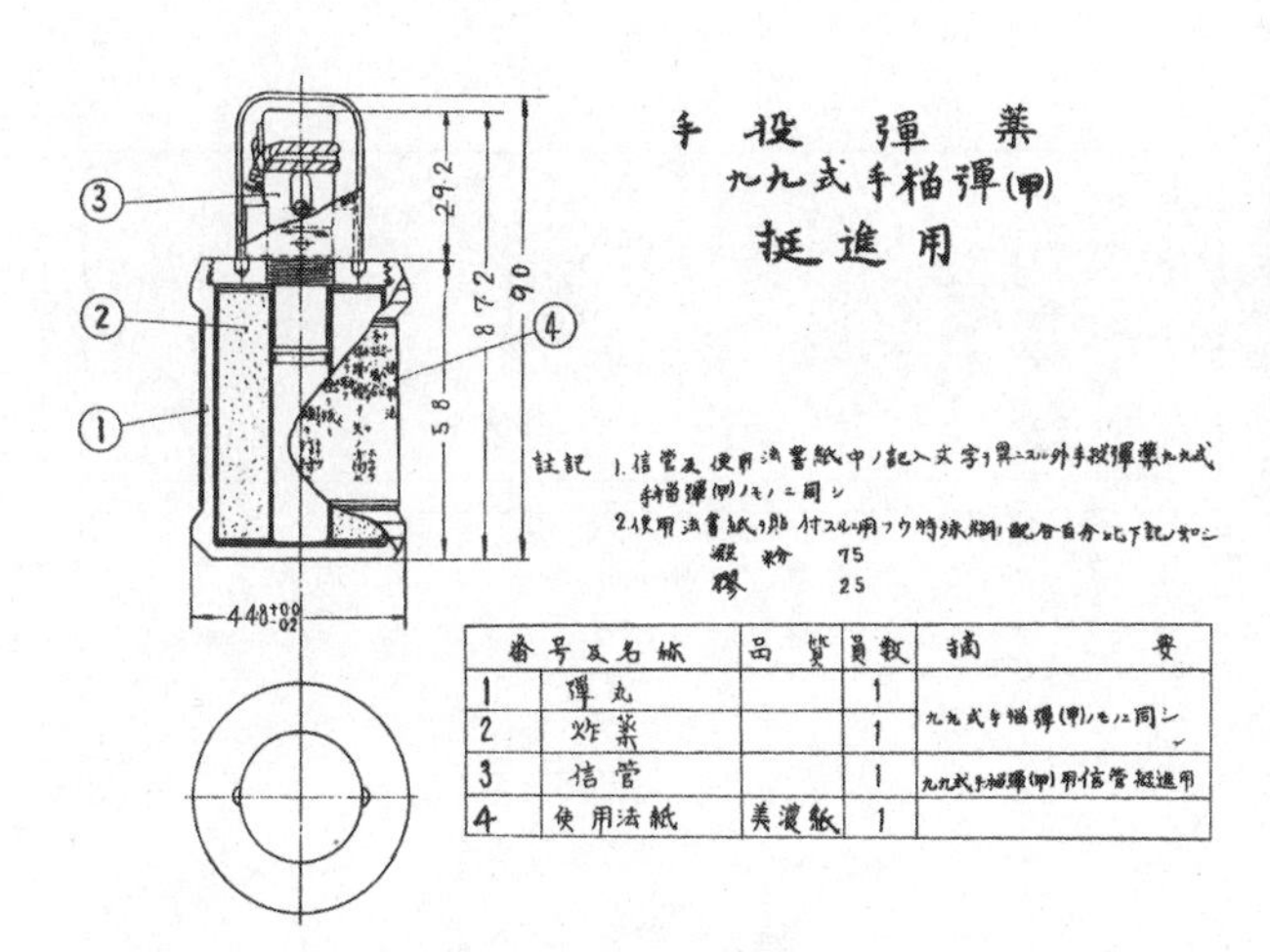

番号及名称		品質	員数	摘要
1	彈丸		1	九九式手榴彈(甲)ノモノニ同シ
2	炸薬		1	
3	信管		1	九九式手榴彈(甲)用信管挺進用
4	使用法紙	美濃紙	1	

九九式手榴弾（甲）挺進用
弾丸、炸薬は九九式手榴弾（甲）に同じ、
信管は九九式手榴弾（甲）用信管挺進用、整備区分第一種

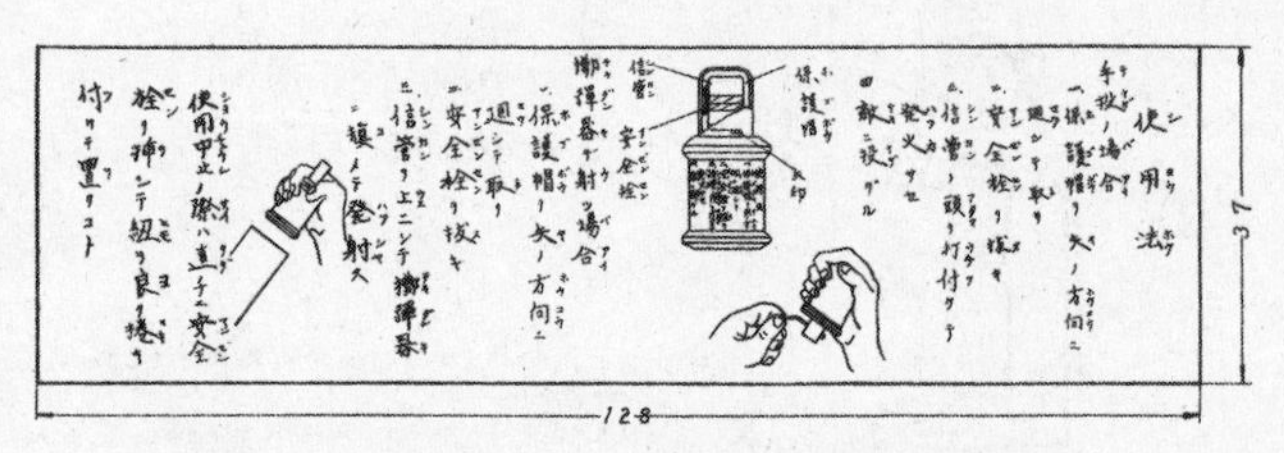

九九式手榴弾（甲）挺進用に貼付した使用法書紙

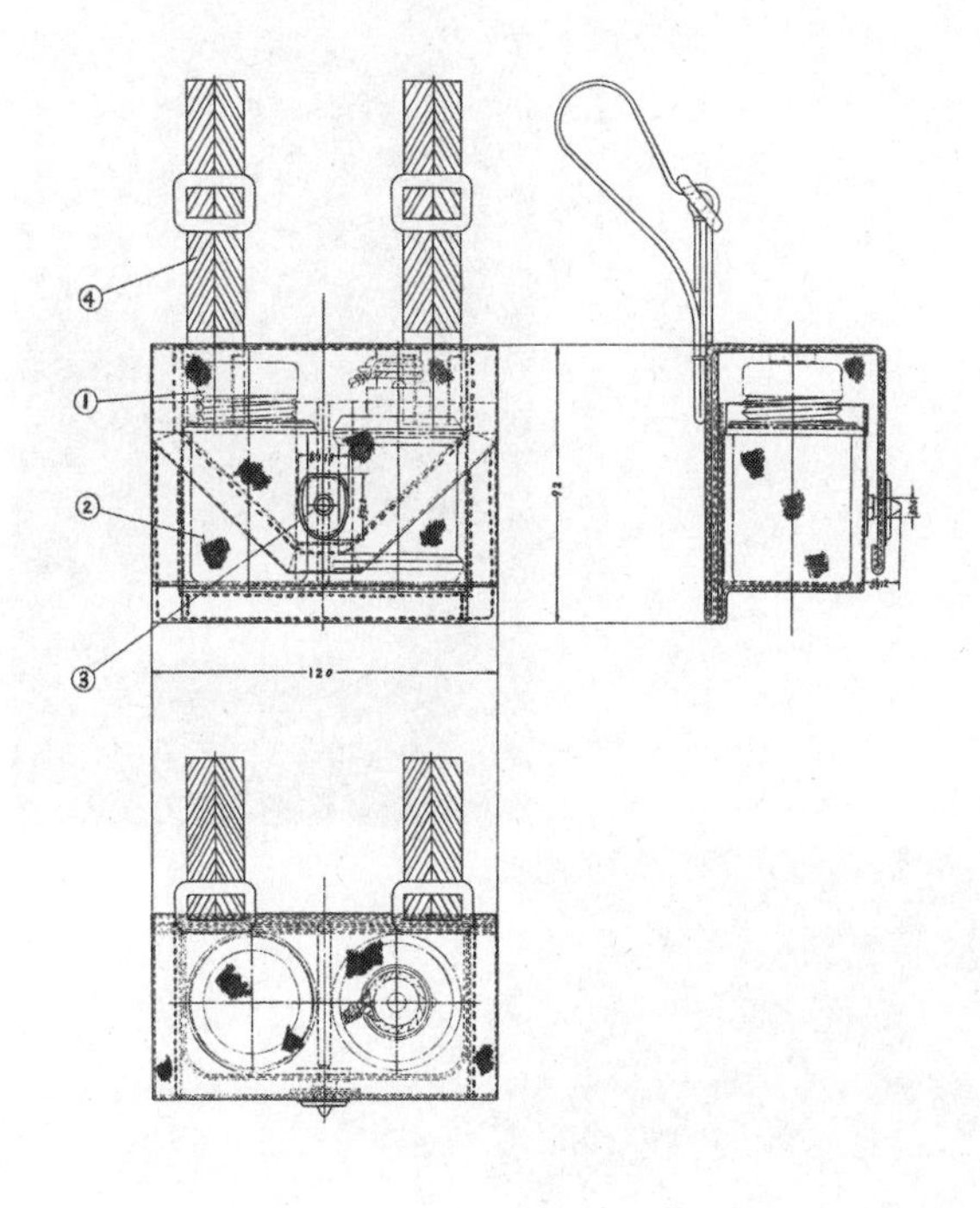

九九式手榴弾弾入　①蓋、②袋、③止金、④吊り紐

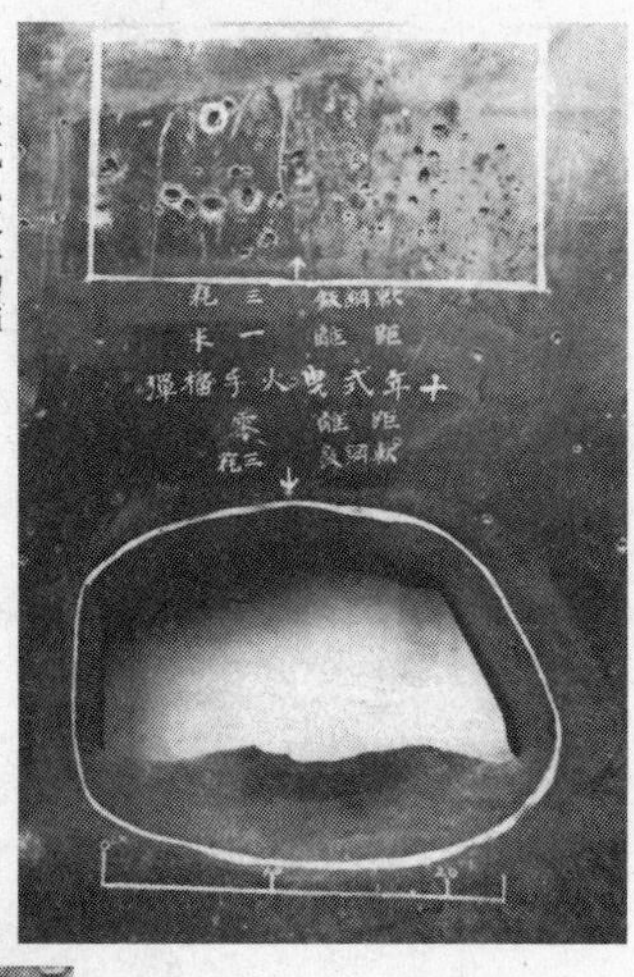

十年式曳火手榴弾
軟鋼板（厚さ3ミリ）に対する破裂試験
上：距離1メートル、多数の破片痕、
下：距離0メートル、約23センチの破片孔

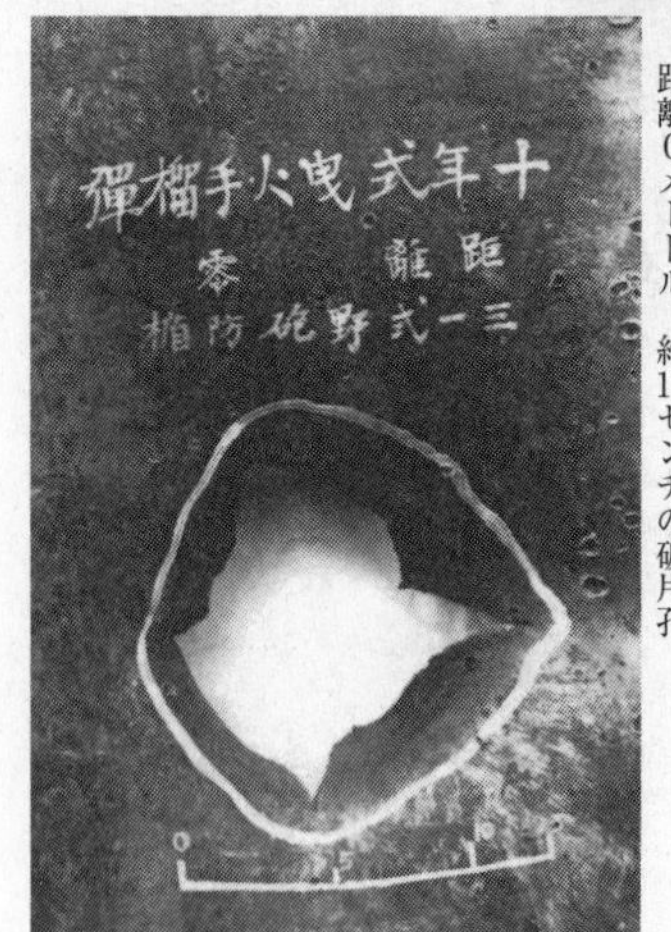

十年式曳火手榴弾
三十一年式速射野砲防楯に対する破裂試験
距離0メートル、約13センチの破片孔

手榴弾箱収容状況

〈上・下〉九一式曳火手榴弾

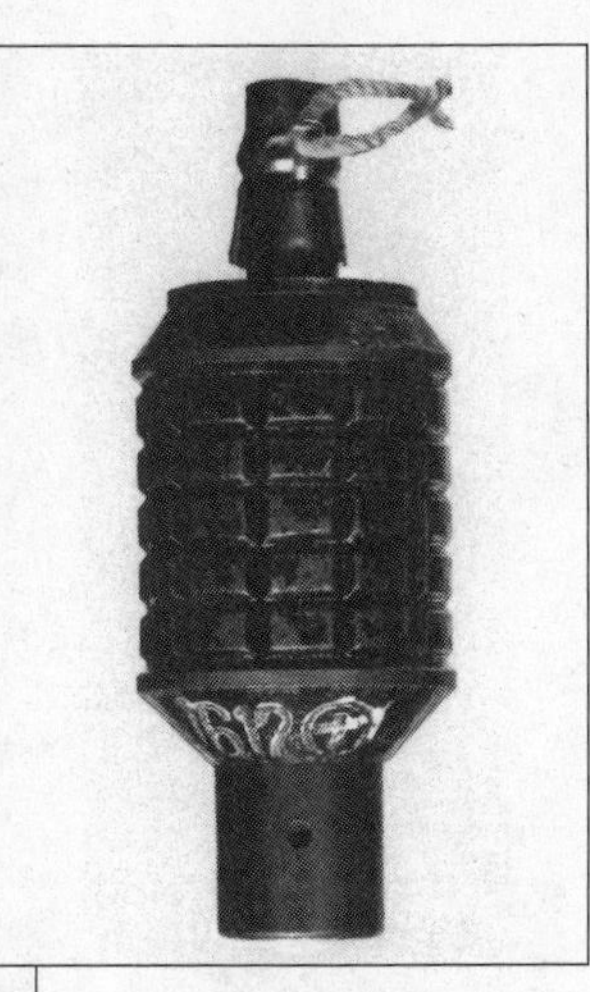

手投弾薬　　十年式擲弾筒弾薬

九七式手投曳火榴弾　　九一式曳火手榴弾

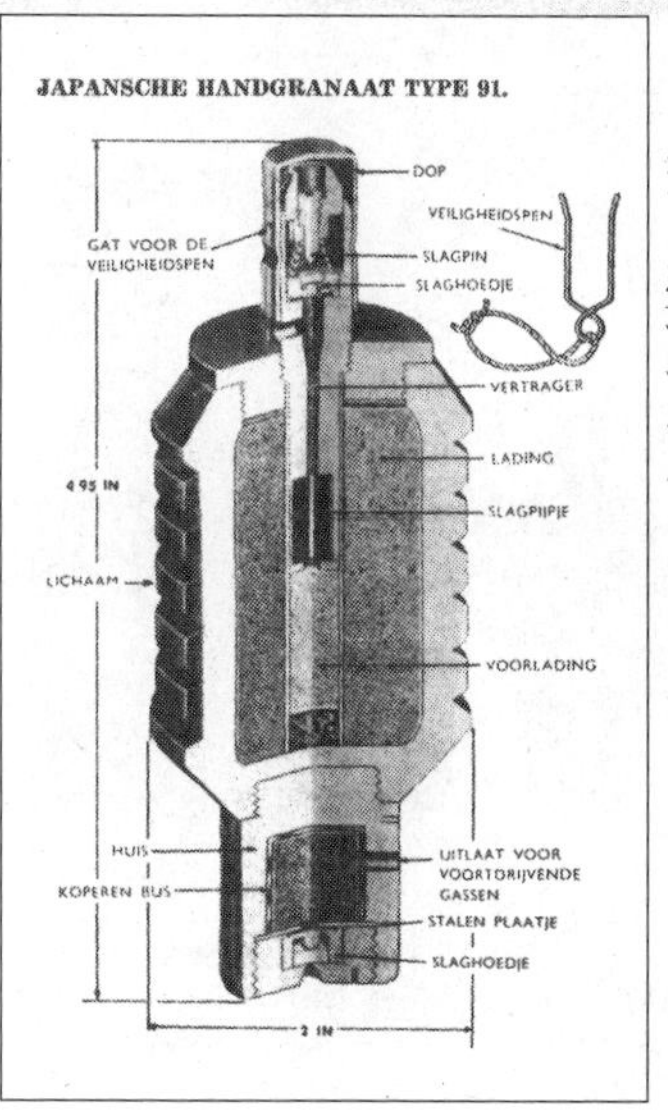

〈上〉教育用掛図
手投弾薬九七式手投榴弾と
十年式擲弾筒弾薬九一式曳火手榴弾
〈下〉九一式曳火手榴弾断面図
オランダ軍マニュアル

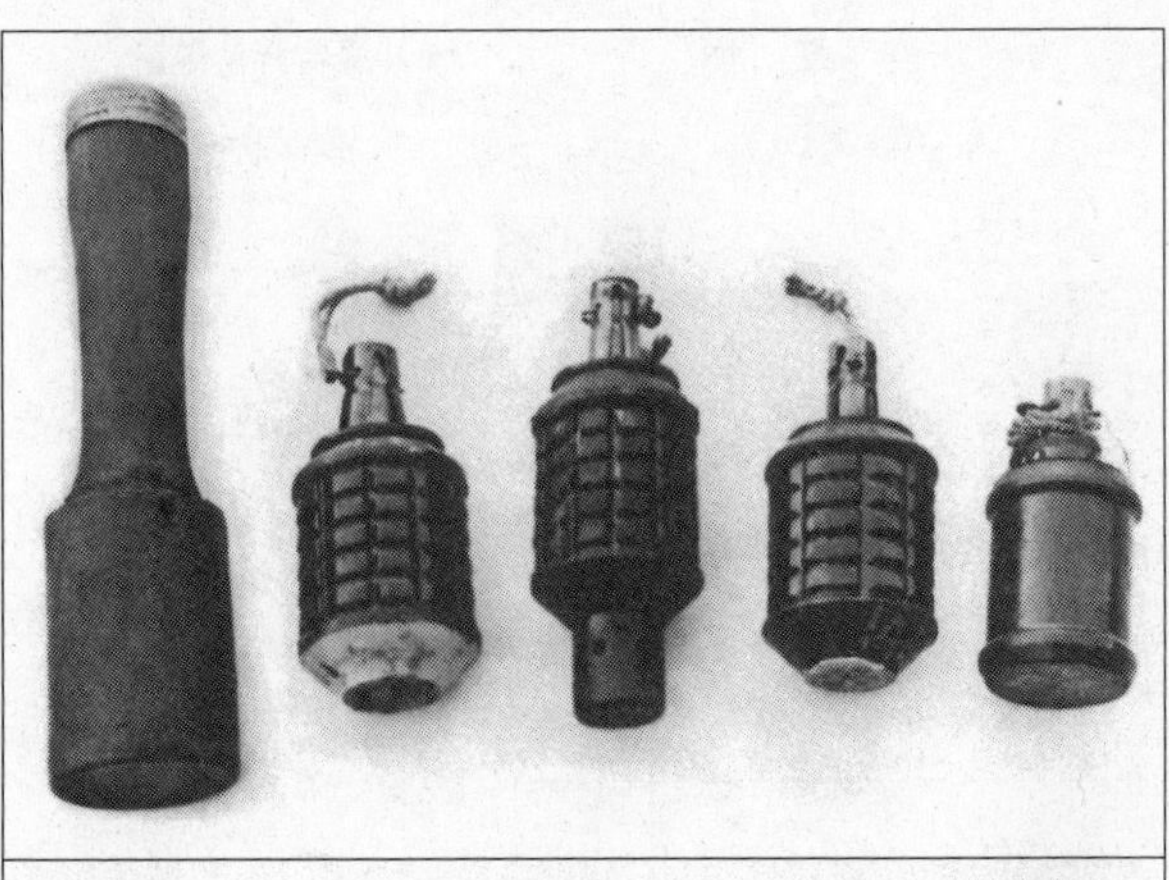

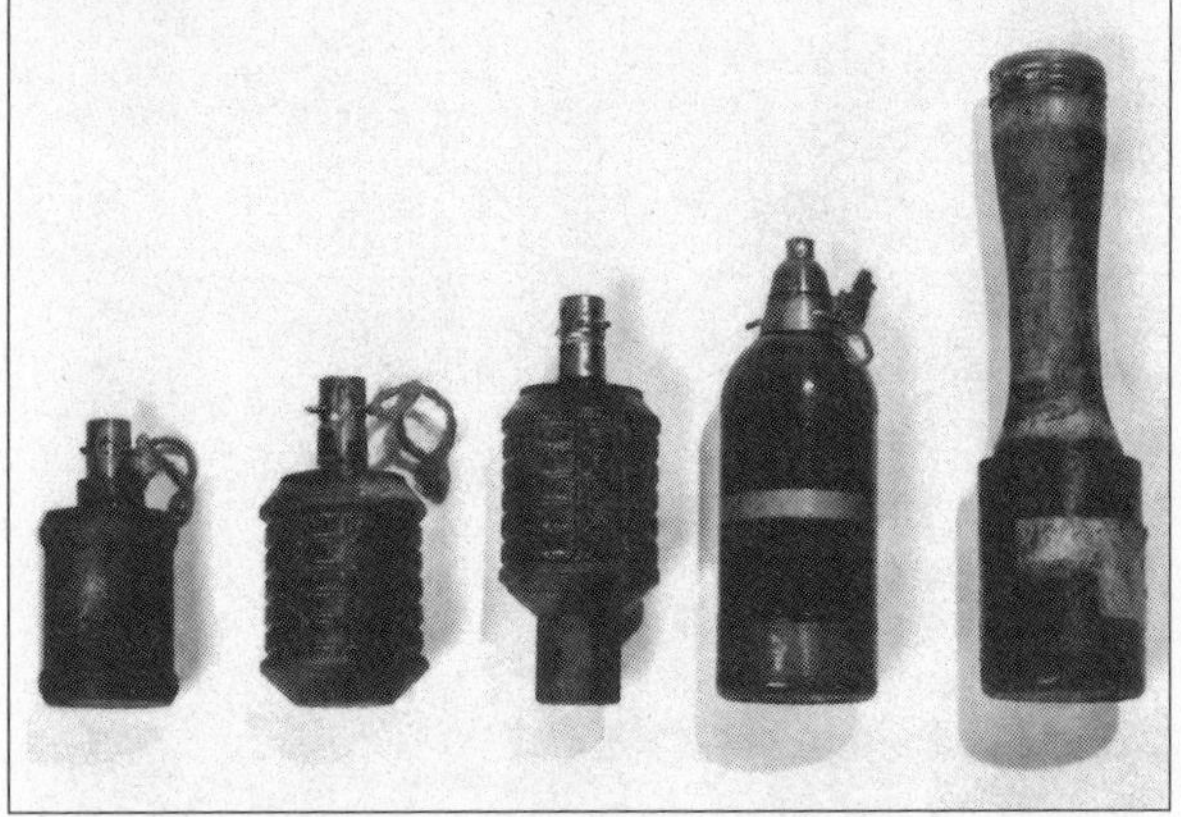

〈上〉試製九八式柄付手榴弾（甲）、装薬筒を取外した九一式曳火手榴弾、九一式曳火手榴弾、九七式手投榴弾、九九式手榴弾（甲）。〈下〉九九式手榴弾（甲）、九七式手投榴弾、九一式曳火手榴弾、八九式重擲弾筒八九式榴弾、試製九八式柄付手榴弾（甲）

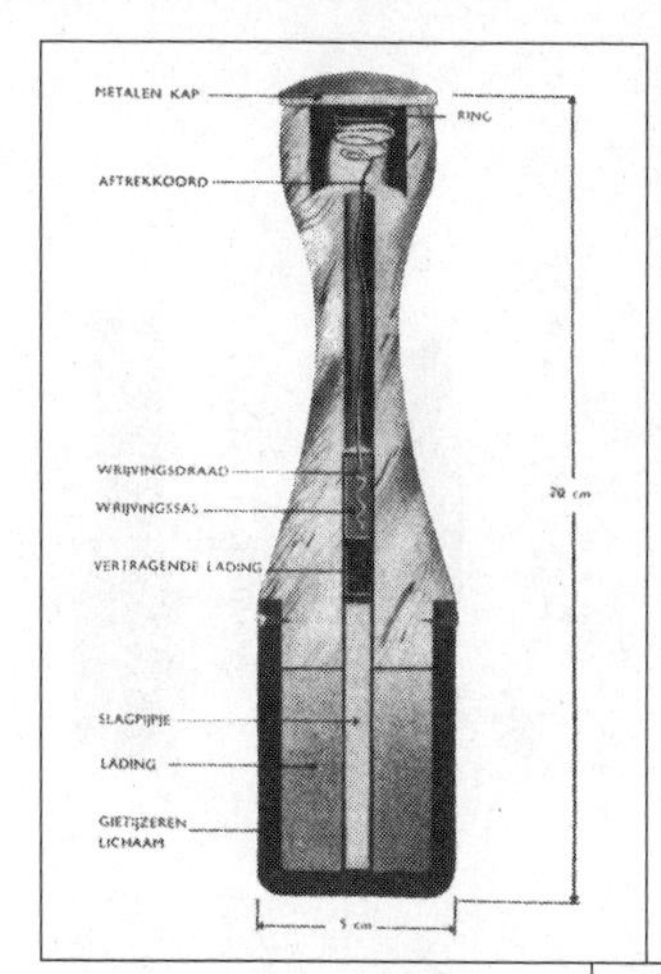

試製九八式柄付手榴弾（甲）
仕掛地雷（ブービートラップ）として使用、
オランダ軍マニュアル

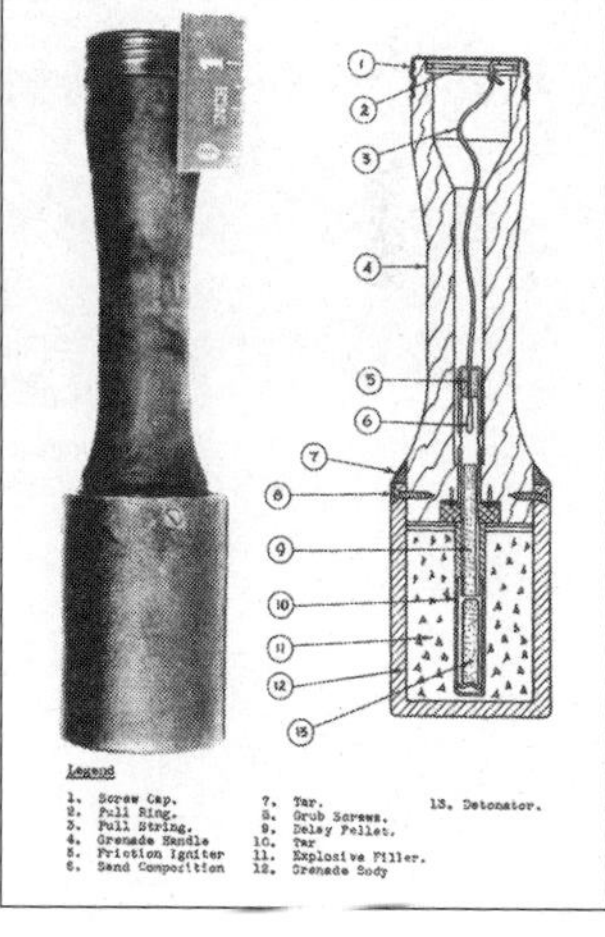

試製九八式柄付手榴弾（甲）
JAPANESE STICK GRENADE

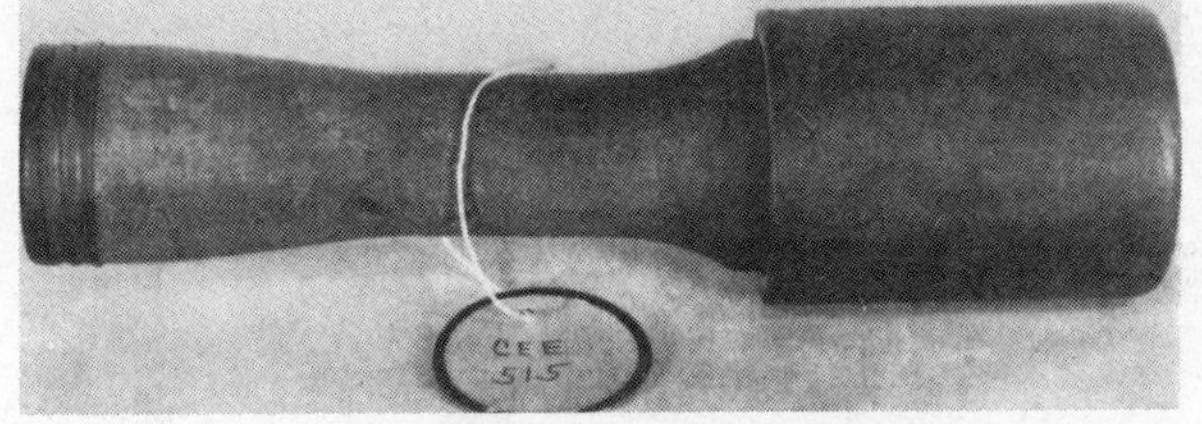

〈上〉試製九八式柄付手榴弾（甲）と試製発射発煙筒
〈下〉試製九八式柄付手榴弾（甲）

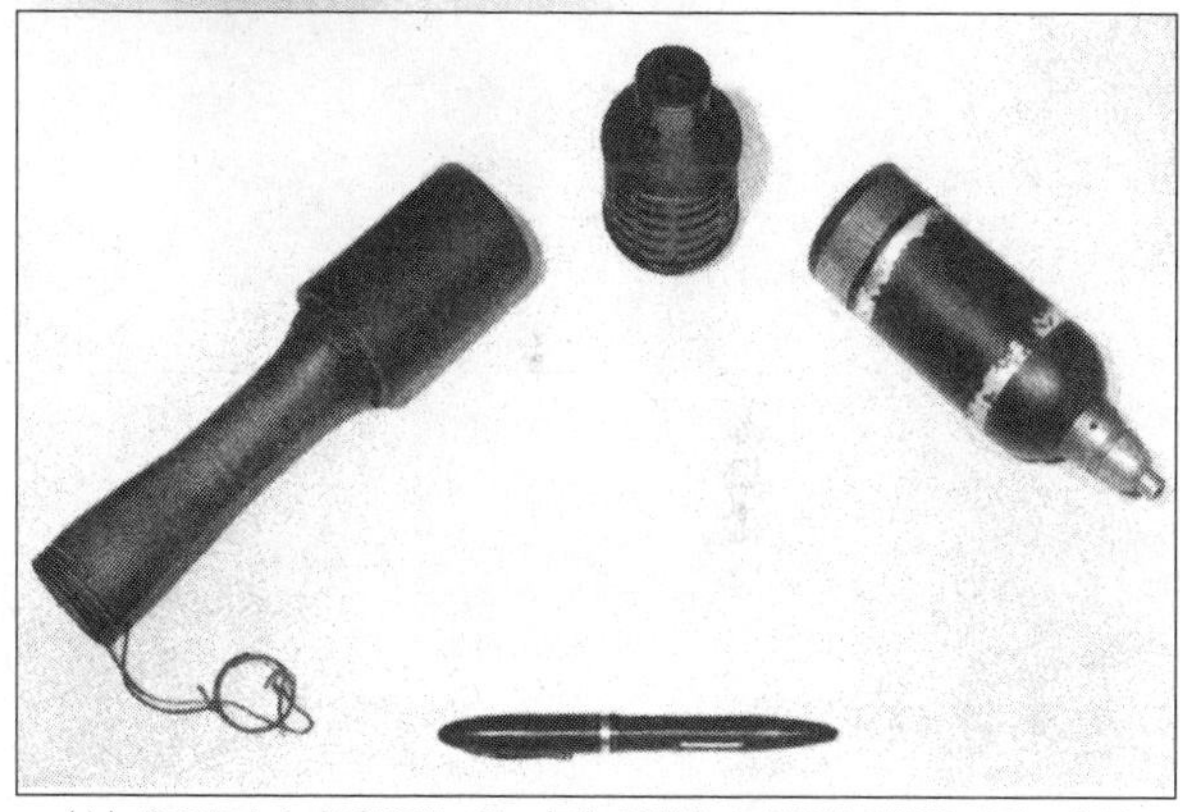

〈上〉海軍用九九式手榴弾一型。〈下〉試製九八式柄付手榴弾（甲）、海軍用九九式手榴弾一型、八九式重擲弾筒八九式榴弾

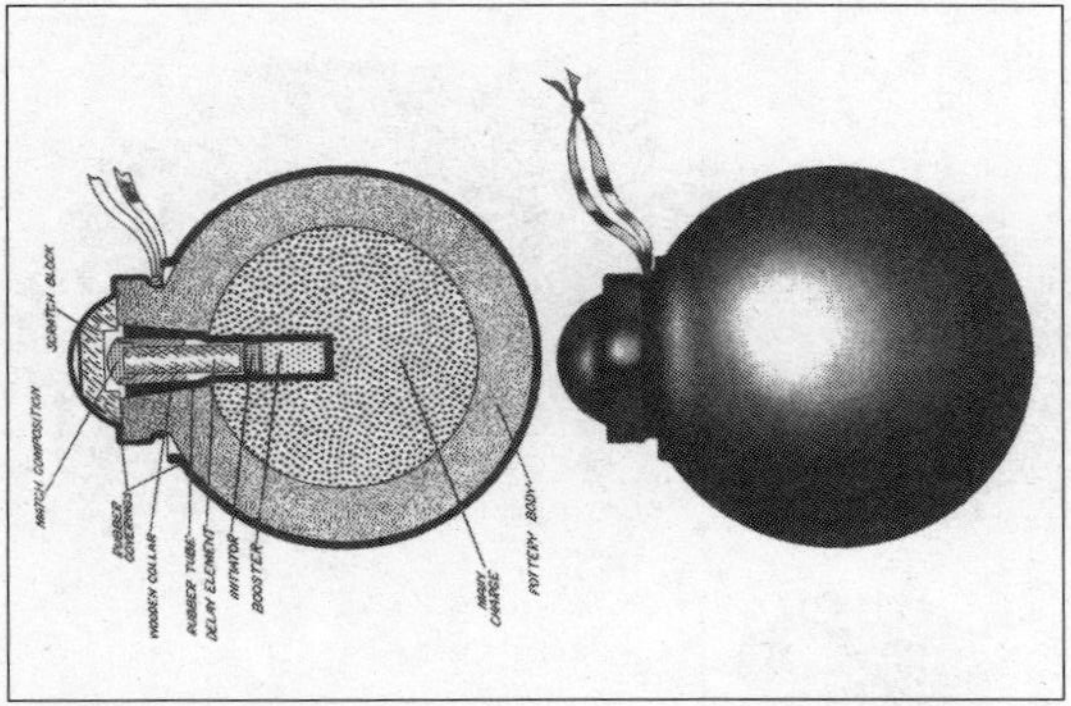

仮称手榴弾四型
JAPANESE POTTERY HAND GRENADE　Feb.1945

〈上・下〉仮称手榴弾四型

湿気の多いところは極力避けねばならない。

海軍の陸戦兵器は外国から購入するか陸軍の制式兵器を譲り受けて装備していたが、太平洋戦争に入ると簡易な兵器は海軍自ら製造するようになった。海軍の九九式手榴弾一型、二型は陸軍の九九式手榴弾（甲）（乙）と全く同じものではなく、陸軍の図面をもとに海軍が自ら製造したものであることが諸元の相違から推察される。

海軍の九九式手榴弾は外形が判然としないが、これが海軍の九九式手榴弾一型ではないかと思われる写真を掲載する。ただし断定はできないので以下は推論である。

この写真は米軍が日本軍から押収した手榴弾であるが、全体的にこぢんまりとした印象で、弾体肩部が平らであるところは他の手榴弾には見られない九九式の特徴といえよう。しかし弾体に陸軍の九九式にはない筋目が施してあるので印象が異なる。陸軍は資源の関係上円筒型にしたが、海軍は鋳型に筋目を入れ、その形状は横に長く溝が浅い。しかも六段あるから九一式、九七式とは違う設計である。信管筒の外形や割りピン状の安全栓、引き紐の材質も陸軍とは異なる。これだけでは根拠に乏しいが、ほかに該当する可能性のあるものといえば「試製手榴弾乙」がある。これは試製のみに終ったので戦地で米軍に押収されるはずはないが、戦後直ぐ進駐してきた米軍によって工廠から持ち去られた可能性もある。

手投弾薬

「弾薬交付ノ参考」昭和十八年一月　陸軍輜重兵学校研究部　その他資料参照
手榴弾以外の手投弾薬には以下のものがあった。

十年式手投照明弾

大正十一年十一月陸普二八三号仮制式制定。照明剤としてアルミ粉三、またはマグネシウムを主剤とし、これに硝石六、硫黄二、粉火薬一などの酸化剤を混合したもの。使用法は右手で底部を保持し、左手で安全栓を抜き、撃針頭を堅硬物に打付け、発火を確認して投擲する。撃針を打撃後約五秒で発光する。重量三二〇グラム、照明時間二五秒以上、照明半径約一五〇メートル。

十年式地上信号弾（白）、（赤）、（緑）

航空機に対し対空通信所もしくは地上部隊の位置を標示し、あるいは布板（ふばん）とともに簡単な信号に使用するもの。中径約五〇ミリ、長さ約一〇〇ミリ、内部に光剤を装置し摩子により発火し、約三〇秒間燃焼する。通信距離昼間三〇〇〇メートル、夜間八〇〇〇メートル。重量白一九〇グラム、赤・緑各二三〇グラム。大正八年以来航空学校の実用試験に供し、大正十年度特別大演習に使用して成績良好と認められた。

使用上の注意

一、包装紙を脱した後弾頭を斜め前方に向けるよう左手に信号弾を把持し、その端面の指環に食指を入れて一気にこれを後方に引いて発火させ、弾頭を上にして静かに地上に置く。

二、暗夜にあっては手探りで弾頭の小円孔の数を数え、弾種を区別する。

小円孔の数　白四、赤八、緑三

光剤配合　白　硝石四七、硫黄一五、三硫化アンチモン八、アルミ粉二二、粉薬八

赤　過塩素酸カリ六〇、硫黄一六、炭酸ストロンチウム二四

緑　塩素酸バリウム五五、硝酸バリウム三五、セラック一〇

十一年式発煙弾

十年式発煙筒をもって発射し煙幕の構成に使用する。本弾丸は必要に際して十

年式曳火手榴弾と同じ方法により手をもって投擲することができる。

黄燐は空気に触れれば燃焼かつ吸湿し、白色濃厚な煙となる。この煙は多少毒性がある。風速概ね六メートル以下の場合における本発煙弾一弾より生じる有効煙の幅は概ね一二メートルで、持続時間は概ね三〇秒である。

空弾量一六四グラム、炸薬量（黄色薬または茶褐薬）一・六グラム、黄燐筒量二七〇グラム、装薬筒量八六グラム、雷汞起爆筒量四グラム、信管量四〇グラム、全備弾量五六六グラム。

催涙筒甲　昭和二年九月　催涙筒説明書　陸軍科学研究所

本催涙筒は缶、擦板（すりいた）、蓋、催涙剤、点火薬よりなり、これに防湿帯および封切糸を付属し、その全備重量は約一二五グラムである。催涙剤は塩化アセトフェノン一二グラム、セルロイド三八グラム。催涙ガスの噴出継続時間は概ね三〇秒ないし一分とする。有効界は風速により変化するが、風速三メートルのとき平均幅七メートル、長さ二〇〇メートルを標準とする。濃厚なガスは効力が相当激烈であるので、風上二〇メートルの地点において点火しガスを発生するのを適当とする。本催涙筒より発するガスは眼に作用する時間中催涙効力を呈するが、その他は人畜に対し無害である。

催涙筒乙　昭和二年九月　催涙筒説明書　陸軍科学研究所

本催涙筒は筒、火道、炸薬室などよりなり、一端は球状をなす円筒体で、擦板とともに外筒に収容する。その全備重量は約二五〇グラムである。催涙剤は臭化ベンジール三〇グラム、四塩化炭素一六〇グラムである。有効界は風速により変化するが、風速三メートルのとき平均幅一〇メートル、長さ三〇メートルを標準とする。時間の経過とともに長さを減少し、長時間有効なのは爆発地点の周囲一〇メートル以内とする。本催涙筒は爆発するものであるから、人とは常に二〇メートル以上離隔し、近接して使用しないこと。夜間は使用してはならない。本催涙筒より発するガスは眼に作用する時間中催涙効力を呈するが、その他は人畜に対し無害である。

八八式発煙筒

本発煙筒は兵卒に携行させ、なんらの危険なく随所に煙幕を構成するのに用いる。全備重量約一キロ、点火後五秒で有効な発煙を開始し、約二分間継続する。

煙の下縁は概ね地面に沿って移動する。人畜に対し無害だが濃厚な煙は咳を催すに至る。保存期限二年。昭和三年六月仮制式制定。昭和九年十二月制式削除。

八九式催涙筒甲

　警務用として暴徒の駆逐または演習に際し一時性ガスあるいは持久性ガスの現示（展開）に使用するもので、催涙剤（塩化アセトフェノン、臭化ベンジール）をセルロイド屑などと捏和（こねまぜ）し、あるいは溶剤と混合し、これを筒中に填実し、所要の点火装置を施したもので、使用に際しては摩擦板で摩擦剤を摩擦して発火させ、投擲すれば火道薬を経て点火剤に点火し、ガスを揮散させ、あるいは爆発してガスを飛散し、効力を呈する。点火後約四秒でガスを発生する。有効期限製造後一年、爾後は半年毎の検査の結果による。重量二一五グラム。催涙剤は一〇〇グラムを用いる。八九式甲催涙筒と記す資料もある。

八九式催涙筒乙

　点火後約六・五秒で爆発、液体を撒布する。重量三九〇グラム。

八九式催涙筒丙

点火後約六・五秒で爆発、液体を撒布する。重量四〇〇グラム。

八九式催涙棒

昭和十一年十一月八九式催涙筒甲・乙・丙とともに八九式催涙棒が仮制式制定された。

八九式催涙棒はガス室用火具で、ガス室の用途は防毒面装着法の教育および防毒面の点検である。手投弾ではないが参考としてここに記載する。使用法は防湿帯を剥離して蓋を取り、催涙棒を抽出してマッチなどで点火して室内の地面などに植立する。部屋の容積一五立方メートルに一個使用すれば防毒面検査に適当である。防毒面を着けないでガス室内に入ると数秒で催涙する。

催涙剤は一塩化メチルフェニルケトンの重量二五に対し木粉四五（樹種問わず）、糊粉（タブ樹皮粉）三〇を混ぜ、熱湯を加えて餅状としたもので、有効期間は製造後約一年、その後は半年毎の検査による。

収容筒には催涙棒二〇個を収容する。収容筒重量二一〇グラム、催涙棒一個五・二グラム。

九三式持久瓦斯現示筒

　持久瓦斯現示筒という名称はほかにないが手投弾薬の一種である。持久瓦斯現示液はカリ石鹸に冬緑油（とうりょくゆ）（サリチル酸メチル）を加えたもの四五〇グラムを用いる。点火後六秒で爆発し、現示液を飛散する。その後逐次臭気を発生する。

九四式小発煙筒（甲）

　八八式発煙筒の保存性および点火機能を改良したもの。筒の全長約一八〇ミリ、径約五〇ミリ、重量一キロ。発煙時間約二分間。保存年限三年、ただし保存年限内においても重量が一〇パーセント以上減少したときは使用不可。また保存年限を経過したものでも外観に異常なく重量減一〇パーセント以内のときは使用可能。製造の際測定した重量は筒体に記入してある。発煙剤としては四塩化炭素、六塩化エタンなどを主剤とし、これに亜鉛華、亜鉛末などを混合したものを使用する。

九四式小発煙筒（乙）

　発煙時間約四分間。保存年限三年、ただし保存年限経過後においても外観に異常ないものは使用可能。重量七五〇グラム。発煙剤はヘキサクロルエタン、亜鉛末、亜鉛華六〇〇グラムを粉末のまま筒体に填実する。この際水分の混入は厳禁である。

九四式代用発煙筒（甲）、（乙）

平時演習に用い発煙筒使用法を演練する目的で九四式小発煙筒（甲）、（乙）に代用する九四式代用発煙筒（甲）、（乙）が制定された。重量（甲）約四六〇グラム。

防湿帯を剥離して蓋を脱し、摩擦板を抽出しその塗剤面で点火剤頭を摩擦すると点火する。点火後は若干の火粉を噴出し、かつ煙は高温度である。投擲するにはあらかじめ発煙筒の下部を保持して点火し、発煙を確かめた後投擲する。

九四式代用発煙筒（甲）配合表

発煙剤（甲）　四塩化炭素、亜鉛末、亜鉛華、珪藻土　四〇〇グラム

点火剤　塩素酸カリ、重クロム酸カリ、三硫化アンチモン、一酸化鉛、セラックワニス　二グラム

加熱剤　硝石、三硫化アンチモン、硫黄、アルミニウム粉、セラックワニス

三グラム

摩擦剤　赤燐、三硫化アンチモン、セラックワニス　若干

九四式大発煙筒（甲）

本発煙筒は大規模の地上発煙遮蔽を行う場合に使用するもので、大型で発煙量が大きい無毒発煙筒である。戦時における発煙剤の補給を顧慮し、甲、乙両種の発煙剤を使用することができる。筒の全長約四八〇ミリ、径約一五〇ミリ、全備重量甲約二〇キロ、乙約一六キロ。甲には発煙剤約一八キロ、乙には約一四キロを填実する。点火後約五秒で有効な発煙を開始し、大発煙筒甲は約四分三〇秒間、乙は約八分間継続する。

本発煙筒は陸軍科学研究所において昭和四年四月研究に着手し、各種実用試験に供試して研究を重ね、昭和八年十月研究を終了、翌九年六月仮制式を制定された。

保存年限三年、ただし保存年限内においても重量が一〇パーセント以上減少したときは使用不可。また保存年限を経過したものでも外観に異常なく重量減一〇パーセント以内のときは使用可能。製造の際測定した重量は筒体に記入してある。

発煙剤（甲）　四塩化炭素、亜鉛末、亜鉛華、珪藻土　一八・二キロ
点火剤　塩素酸カリ、重クロム酸カリ、三硫化アンチモン、一酸化鉛、セラックワニス　一・八グラム
加熱剤　硝石、三硫化アンチモン、硫黄、アルミニウム粉、セラックワニス五グラム
摩擦剤　赤燐、三硫化アンチモン、セラックワニス　若干

九四式大発煙筒（乙）
保存年限三年、ただし保存年限経過後においても外観に異常ないものは使用可能。
発煙剤（乙）ヘキサクロルエタン、亜鉛末、亜鉛華　一四・二五キロ
点火剤、加熱剤、摩擦剤　甲に同じ

九四式水上発煙筒（甲）
本発煙筒は渡河または上陸作戦などにおいて水上に煙幕を構成するもので、水中に投じ水面に浮遊して発煙する無毒の発煙筒である。これを水中に投入すると

一旦水中に沈むが浮嚢により水面上に浮かぶ。この間噴煙孔は防湿帯により閉塞しているので浸水しない。戦時における発煙剤の補給を顧慮し甲、乙両種の発煙剤を使用できる。筒の全長約八二〇ミリ、径約七五ミリ、重量九・〇キロ。

曳火手榴弾十年式信管を装する場合は信管を打撃し発火させると約一五秒で発煙し、六分間発煙を継続する。

延期点火具甲を装する場合は約五分点火を延期し、これに延期点火具乙を一個接続する毎にさらに約五分点火を延期する。延期点火具の点火に一式点火管を使用することもできる。

本発煙筒は陸軍科学研究所において昭和二年四月研究に着手し、小発煙筒、大発煙筒と関連して研究を進め、四年特別工兵演習、陸海軍連合演習、特別大演習、五年第十一師団上陸演習、朝鮮師団対抗演習、第七・第八師団上陸演習に、また六年北九州防空演習および工兵特別演習に使用し、実用試験の結果実用に適すものと認め、七年度、八年度において特に耐水、耐熱に関する研究を行い、九年十二月仮制式を制定された。

保存年限三年、ただし保存年限内においても重量が一〇パーセント以上減少したときは使用不可。また保存年限を経過したものでも外観に異常なく重量減一〇パーセント以内のときは使用可能。製造の際測定した重量は筒体に記入してある。
発煙剤（甲） 四塩化炭素、亜鉛末、亜鉛華、珪藻土 七キロ
点火剤 塩素酸カリ、重クロム酸カリ、三硫化アンチモン、一酸化鉛、セラックワニス 五グラム
加熱剤 硝石、三硫化アンチモン、硫黄、アルミニウム粉、セラックワニス 一八グラム

九四式水上発煙筒（乙）
信管発火後一五秒で発煙、約一一分間継続する。全備重量約七キロ。保存年限三年、ただし保存年限経過後においても外観に異常ないものは使用可能。
発煙剤（乙） ヘキサクロルエタン、亜鉛末、亜鉛華 五キロ
点火剤、加熱剤 甲に同じ
九四式水上発煙筒使用法
一、緊定具は十分緊定しているか確認する。
二、浮嚢は十分膨張しているか検査する。
三、蓋筒の塞板および防湿帯を剥離してはいけない。

四、信管を装するものは左手で信管を支え、徐に安全栓を脱し木槌で信管頭部を正しく強打する。この際信管の噴気孔は危険のない方向に向けることを要する。
五、延期点火具を用いる場合は摩擦板で延期点火具の点火剤頭を摩擦すると点火する。一式点火管を使用する場合はその引紐を引けば点火する。
六、点火すれば直ちに水中に投入する。この際浮嚢の上下において筒を把持し、筒が水面に直角となるよう投入する。

九七式淡煙発煙筒

広地域に淡煙をもって包蔽し煙内近距離の通視を妨げることなく、しかも遠距離よりは煙内を通視できないよう煙幕を構成することを目的とする携行弾薬。無毒、点火後一〇分間発煙を継続する。昭和五年十二月より陸軍科学研究所において研究し、陸軍歩兵学校による北満酷寒期試験において実用に適すと認められたので、十三年一月仮制式制定された。径三六ミリ、長さ五〇〇ミリ、重量一キロ。

諸剤配合表

発煙剤　ヘキサクロルエタン、亜鉛末、亜鉛華、硝石　八七〇グラム

点火剤　塩素酸カリ、重クロム酸カリ、三酸化アンチモン、一酸化鉛、セラッ

クワニス　一・八グラム
加熱剤　硝石、硫黄、三硫化アンチモン、アルミニウム粉、セラックワニス
五グラム
摩擦剤　赤燐、三硫化アンチモン、セラックワニス　若干

九七式信号発煙筒（赤）、（黄）、（青）
地上部隊相互間または航空機に対し規約信号を行うため所要の有色信号煙を発生する発煙筒。点火後五秒で発煙を開始し、約三〇秒間有効な発煙を継続する。最大認識距離七〇〇〇メートル。昭和三年四月より陸軍科学研究所において研究を開始、十年度特別工兵演習に実用し、また宮城県王城寺原にて試験の結果実用価値十分と認められたので、十三年一月仮制式制定された。有効期間三年。径五三ミリ、長さ一五七ミリ、重量（赤）三〇〇グラム、（黄）（青）二八〇グラム。
諸剤配合表
発煙剤（赤）　ローダミンGコンク、クリソイヂンコンク、塩素酸カリ　一四〇グラム
〃（黄）　オーラミンコンク、バラニトロアニリン、塩素酸カリ　一二〇

グラム

〃（青）純インヂゴー、メチレンブルーコンク、塩素酸カリ　一二〇グラム

点火剤　塩素酸カリ、アンチモン、亜鉛、結合剤　約五グラム

摩擦剤　赤燐、三硫化アンチモン、セラックワニス　若干

九七式あか筒

本弾は近接戦闘において一時性クシャミガスの煙幕を構成し、その強烈な刺戟作用により防毒面の有無にかかわらず戦闘できなくすることを目的とする。試製九三式あか筒を改修し、昭和十三年三月二十四日陸密第二八九号で仮制式制定された。機秘密区分は軍事秘密。外筒、蓋、あか剤筒、加熱剤筒、隔環、火道、防熱筒、噴煙孔塞帯、摩擦板、防湿帯および使用法書紙よりなり、高さ二一七ミリ、径一一〇ミリ、全備重量約二キロである。底部には提環を付けて携行しやすくしている。あか筒は一五個を木箱に収めて運搬する。保存期間は概ね二年とし、その後は半年毎の検査結果による。手投弾ではないが試製九八式発射あか筒もある。

九七式あか筒使用法

一、防湿帯を剥離し蓋を脱する。
二、噴煙孔塞帯および緩衝棉を除去する。
三、摩擦板で軽く点火剤を摩擦する。強く摩擦すると点火剤が脱落し不点火となることがある。
四、点火の際は防毒面を装着すること。
五、点火した筒は投擲することなく、付近の枯草その他可燃物を除去した地上に静かに置く。

諸剤配合表

あか剤　あか一号（くしゃみ、嘔吐剤）、軽石　八三〇グラム
加熱剤　硝酸アンモン、木炭粉、塩化アンモン　四〇〇グラム
伝火剤　硝石、硫黄、木炭粉、三硫化アンチモン、アルミニウム粉　一五グラム
点火剤　塩素酸カリ、アンチモン、亜鉛、結合剤　約〇・八グラム
補助点火剤、補助伝火剤　黒色粉薬、セルロイド糊　若干
摩擦剤　赤燐、三硫化アンチモン、セラックワニス　若干

手投火焔瓶

昭和十八年七月手投火焔瓶が制式制定された。火焔瓶は臂力により戦車に投擲し、火焔により戦車の内部に火災を生じさせるもので、奏功すれば威力は大きいが、常に奏功を期し難い。瓶はガラス製、信管は爆破用火薬火具手投火焔瓶信管、火焔剤は揮発油二号四六パーセント、灯油一号三四パーセント、重油一号一六パーセント、生ゴム四パーセント（ガソリンで十分溶解した後混合する）の混合油、火焔持続時間約一分、投擲距離二〇メートル、投擲部位吸気孔、照準孔、銃砲取付部付近の間隙、覘視孔、排気孔。高さ一四〇ミリ、外径六九ミリ、薬量二九〇グラム、重量五四〇グラム、填実容量三〇〇ＣＣ。火焔剤は常時一八リットル石油缶入りとし、二個ずつ木製箱に収容しておく。属品に「じょうご」が付く。

高さ二三〇ミリ、重量八七〇グラムの大型火焔瓶もある。

手投火焔瓶使用法

一、攻撃前進に移るとき信管の保護蓋を抜き捨てる。

二、目標との距離約八メートルまで近づき、信管の安全栓の紐を引いて抜取った後、機関部の上面など火のつきやすい堅いところを狙って強く投げつける。

三、続けて二本、三本と投げつければ効果が一層大きい。

手投火焔瓶説明書

一、缶入火焔剤を十分攪拌して混合する。
二、附属のじょうごで瓶の肩部まで火焔剤を注入する。口元まで一杯に入れてはいけない。
三、パッキンの緊密度を点検して信管を瓶にねじ込む。信管の保護蓋は装したままとする。
四、組立てた火焔瓶を箱で運搬する場合には中蓋を除去し、蓋のみを用いる。
五、余分の口金および信管は応用火焔瓶に使用する。口金はパッキンを点検した後瓶口に当て木片などにより強く押し込む。
六、極寒期においては制式火焔剤一に対し揮発油一の割合に混合したものを使用する。
七、制式火焔剤がない場合は揮発油一、重油一、または揮発油一、ヂーゼル油一の混合液を使用する。

テナカ瓶およびガソリン瓶

性能および用法ともに手投火炎瓶に準じる。テナカ瓶は戦車に投擲し衝撃により内部中心桿を折損して発火する。中心桿の内容剤は塩素酸カリ、発煙硫酸である。ガソリン瓶はガソリンを用いて急造するもので、サイダー、ビール瓶などにガソリンを填実し、手入木綿などで栓をし、投擲前にこれに点火して車体に衝突させ、瓶を破壊するもの。

手投まる瓶

戦車に投擲し有毒ガスにより乗員を殺傷するもの。投擲位置が適当であれば奏功確実であるが、携行に不便で風下一〇メートル以内ではわれもまた防毒具が必要なことがある。最大有効投擲距離約三〇メートル、重量五八四グラム、全備重量（保護缶共）約二キロ、ガス液量三五〇グラム、瓶体は硬質ガラス製で尋常土程度では投擲しても破損しないことがある。勉めて風上より投擲し、戦車砲塔下際間隙より気状ガスを戦車内に侵入させる。

手投煙瓶

臂力により戦車前面に投擲し、車体に密着する煙剤より生じる煙を車内に吸収させて戦車の通視を妨げ、肉薄攻撃の好機を作るもの。続いて二個、三個と投げれば効果が大きい。投擲距離伏姿一五メートル、膝姿二〇メートル、立姿二五メートル、発煙剤は四塩化チタンと四塩化硅素の混合液で若干の毒性を有するが短時間であれば吸っても大した害はない。発煙有効時間約一分、重量五七〇グラム、液二四〇グラム、瓶一一〇グラム、収容筒二二〇グラム、瓶体中径六六ミリ、瓶は厚質ガラス製で高さ二メートルから落下しても破壊しない。発煙剤に対する危険界は三メートルだが五メートル以内に近接しないこと。

ちび

「ちび」は主として戦車、特火点、掩蓋を有する銃砲掩体などの敵の殲滅に用いる。砲塔、銃眼に投擲するか、接近できないときは投擲機で「ちび」を数個集中射撃する。一般部隊とともに挺進奇襲部隊もこれを使用して任務達成を有利にすることができる。

使用法は手で掴み投擲する場合は投擲距離約一〇メートル、投擲機で発射するときは投擲距離約一〇〇メートル以内。効力は戦車に対して砲塔付近に一個命中すれば内部の人員を殲滅することができる。確実を期すためには二ないし三個命中させることを要する。特火点に対しては銃眼より一個投入すれば内部の人員を殲滅する。ただし装面完全な人員に対しては効力は期待できない。重量は外装共一・五キロ。

投擲する者は装面を要しない。堅硬な物質に命中しなければ破裂しない。暴露した人員に対しては概ね効果はない。

試製手投爆雷

第三陸軍技術研究所の研究事項のうち近接戦闘器材の対戦車肉薄器材の一つに手投爆雷があった。これは戦車に肉薄投擲し戦車を破壊するもので、そのほか抛射爆雷や紐付爆雷も研究していた。手投爆雷の完成予定は昭和十八年八月で、爆薬、信管に関しては東二造研と協力することになっていた。試製手投爆雷は昭和十五年度北満冬季試験に供試されているが、その成績やその後の進捗については明らかではない。

試製手投爆雷は球形本体と信管および布製提げ手よりなる。全重量一・六キロ。爆薬は二号淡黄薬一・四キロを填実し、厚さ二〇ミリの防弾鋼板を破壊する。同一収容箱に爆雷と信管を分けて収容し、使用直前に信管を装着する方式であった。

試製手投爆雷は完成時には威力が不足していたので実用には至らず、ノイマン効果を利用し六〇ミリ鋼板を貫通する三式手投爆雷の生産に移行した。昭和十九年五月重点兵器生産現況報告に「三式手投爆雷炸薬」を追加するよう東京第二陸軍造兵廠多摩製造所と香里製造所（枚方市）へ通牒した。この三式手投爆雷は終戦時に台湾の嘉義分廠に五〇〇四個保管されていたことなどから、相当数が製造され実戦に使用されたと考えられる。

手投爆雷など各種の対戦車用手投弾については光人社NF文庫の『日本陸海軍の対戦車戦』に詳しく記述している。

発煙筒使用の参考　昭和十六年十二月　陸軍習志野学校

発煙筒の有効遮蔽煙の実用的諸元は左のとおりである。

一、小発煙筒甲一筒または発射発煙筒一筒
　幅は発煙点から五〇メートルの地点で二〇メートル、長さは発煙点から七〇〜一〇〇メートル。

二、水上発煙筒一筒または発射発煙筒三筒同時発煙
　幅は発煙点から五〇メートルの地点で二〇メートル、三〇〇メートルの地点で三〇〜五〇メートル。
　長さは発煙点から三〇〇〜五〇〇メートル。

三、大発煙筒甲一筒または水上発煙筒甲三筒同時発煙または小発煙筒甲一〇筒同時

発煙
幅は発煙点から五〇メートルの地点で二〇メートル、七〇〇メートルの地点で五〇～七〇メートル。
長さは発煙点から七〇〇～一〇〇〇メートル。
四、水上発煙筒甲一〇筒または大発煙筒甲三筒のいずれかを同時に発煙するとき
幅は発煙点から二〇〇〇メートル以上の地点で五〇～七〇メートル。
長さは発煙点から二〇〇〇メートル以上。

備考
一、満州のような開豁(かいかつ)地、海上など風向きの動揺が少ない場合には幅は半減する。また満州の寒季においては煙の長さは小さい方の数字を適用する。
二、気象状況が最も有利な場合（風速二～三メートル）においては幅および長さの大きい方の数を、普通の状況においては大小の中間数を、風速五メートル以上で日光が照射する場合には小さい数で幅を半減し、長さを三分の二とみなす。
三、発煙筒乙は甲の二倍の筒数を必要とする。ただし発煙時間は概ね甲の二倍であるから、一定時間発煙を継続する場合における所要筒数の総計は同じとなる。
四、煙の高さは低迷が良好な場合発煙点より三〇〇～五〇〇メートル付近において

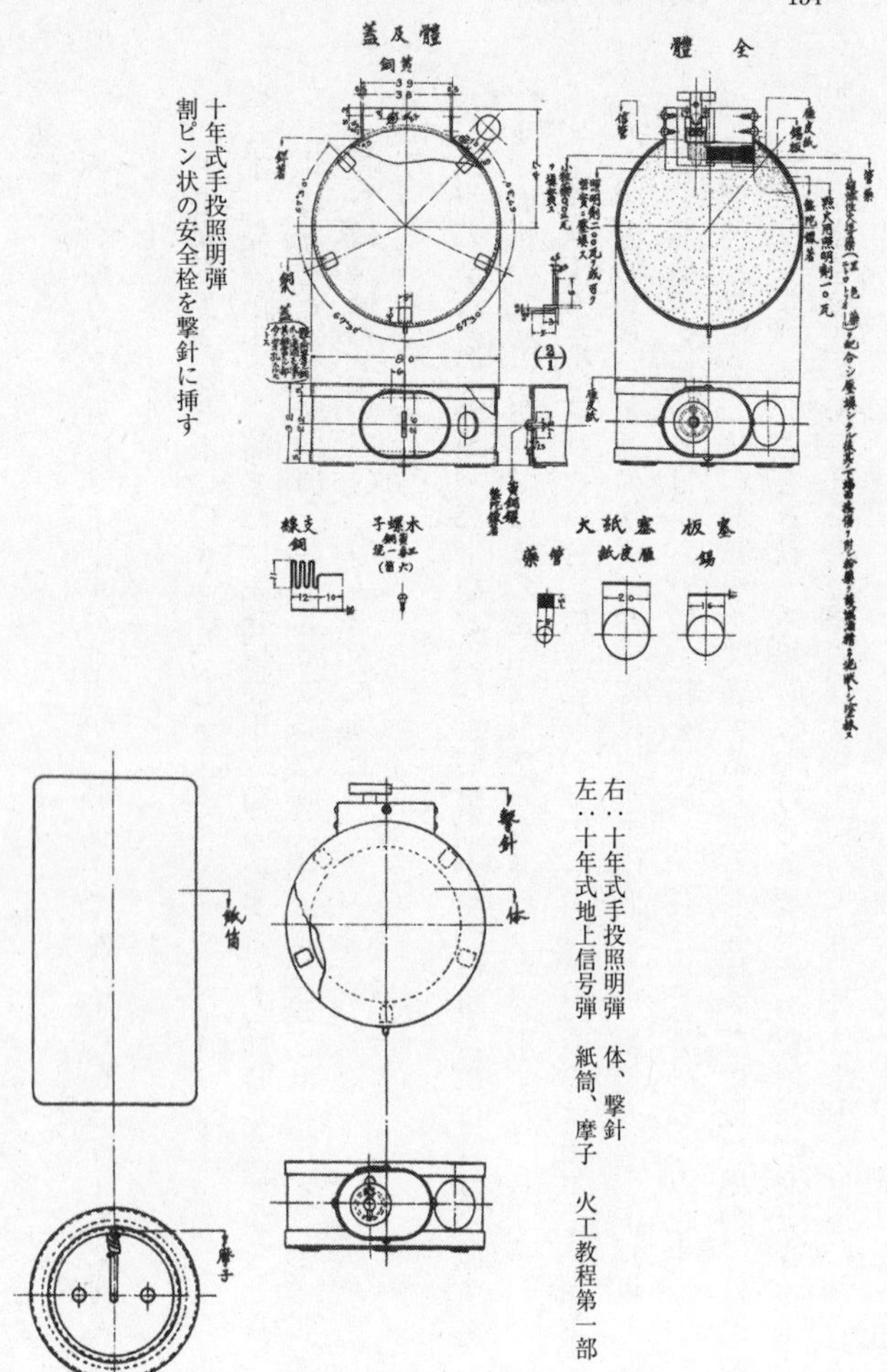

十年式手投照明弾
割ピン状の安全栓を撃針に挿す

右：十年式手投照明弾　体、撃針
左：十年式地上信号弾　紙筒、摩子　火工教程第一部

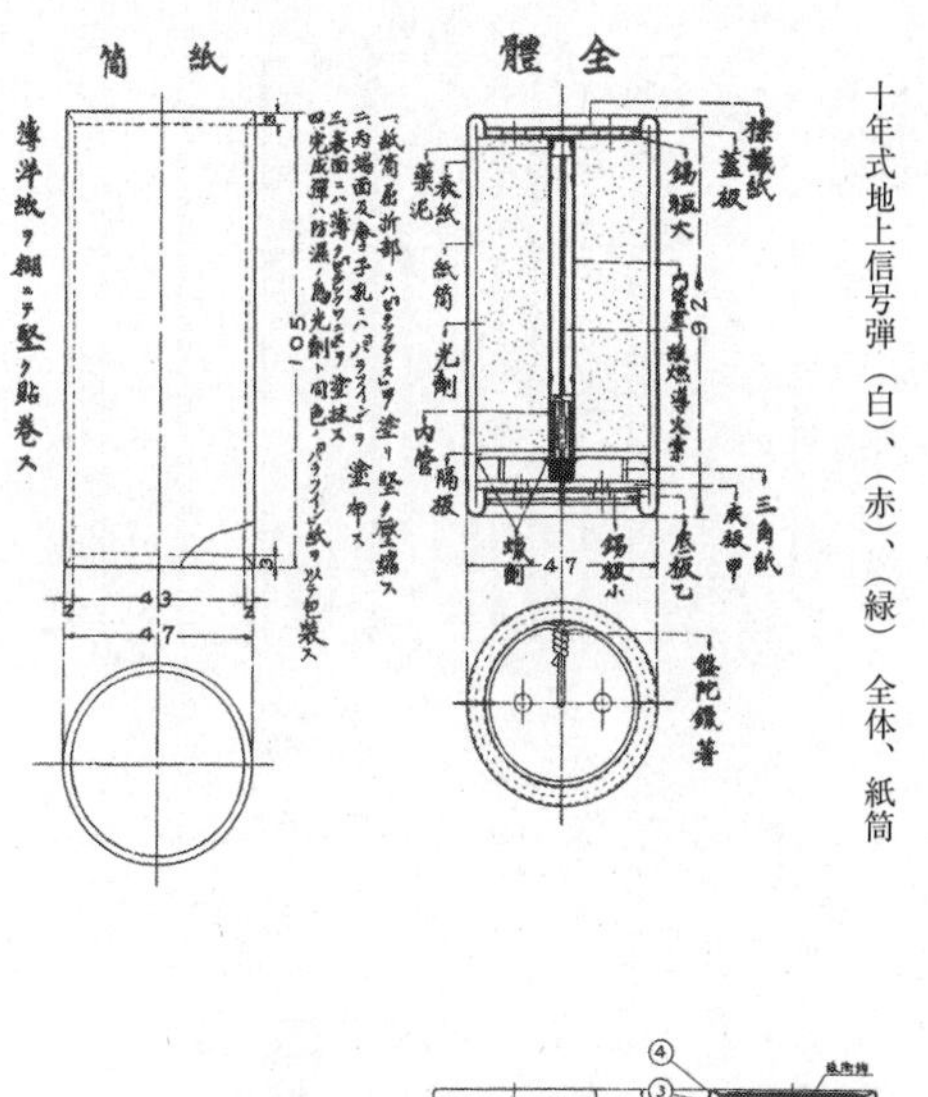

十年式地上信号弾（白）、（赤）、（緑）全体、紙筒

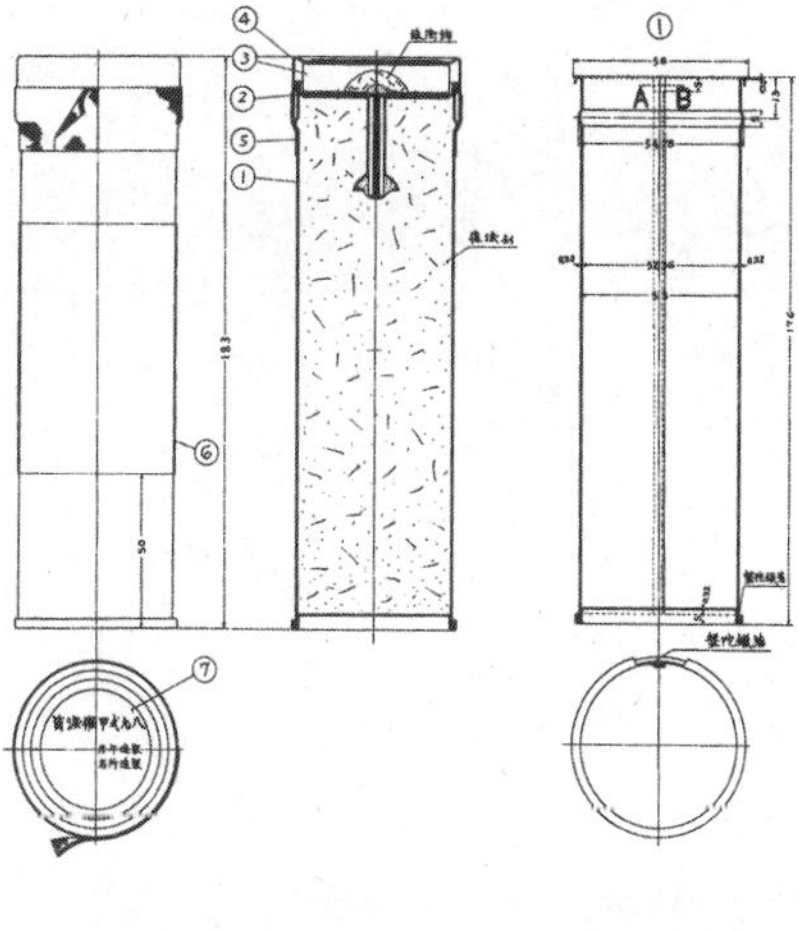

八九式催涙筒甲
①筒体、②点火具、③摩擦板、④蓋、⑤防湿帯、⑥使用法書紙、⑦標紙

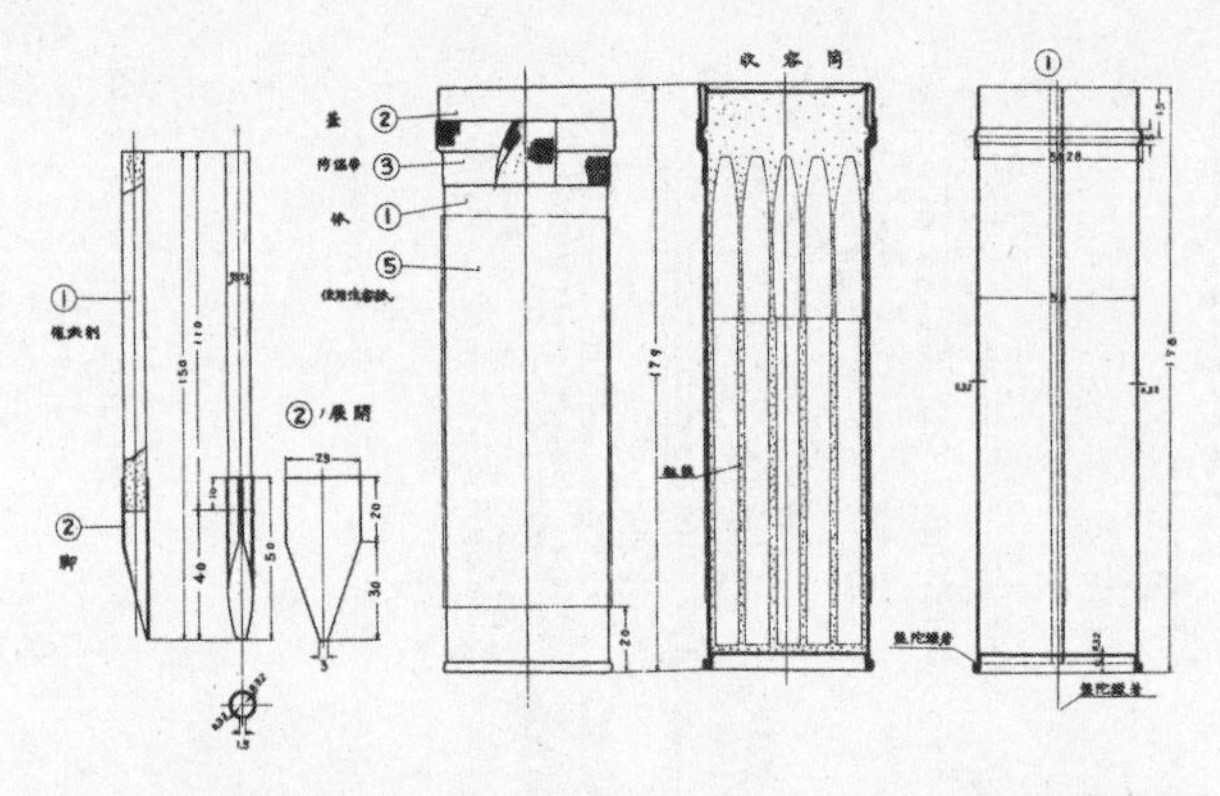

八九式催涙棒
催涙棒①催涙剤、②脚　収容筒①体、②蓋、③防湿帯、⑤使用法書紙

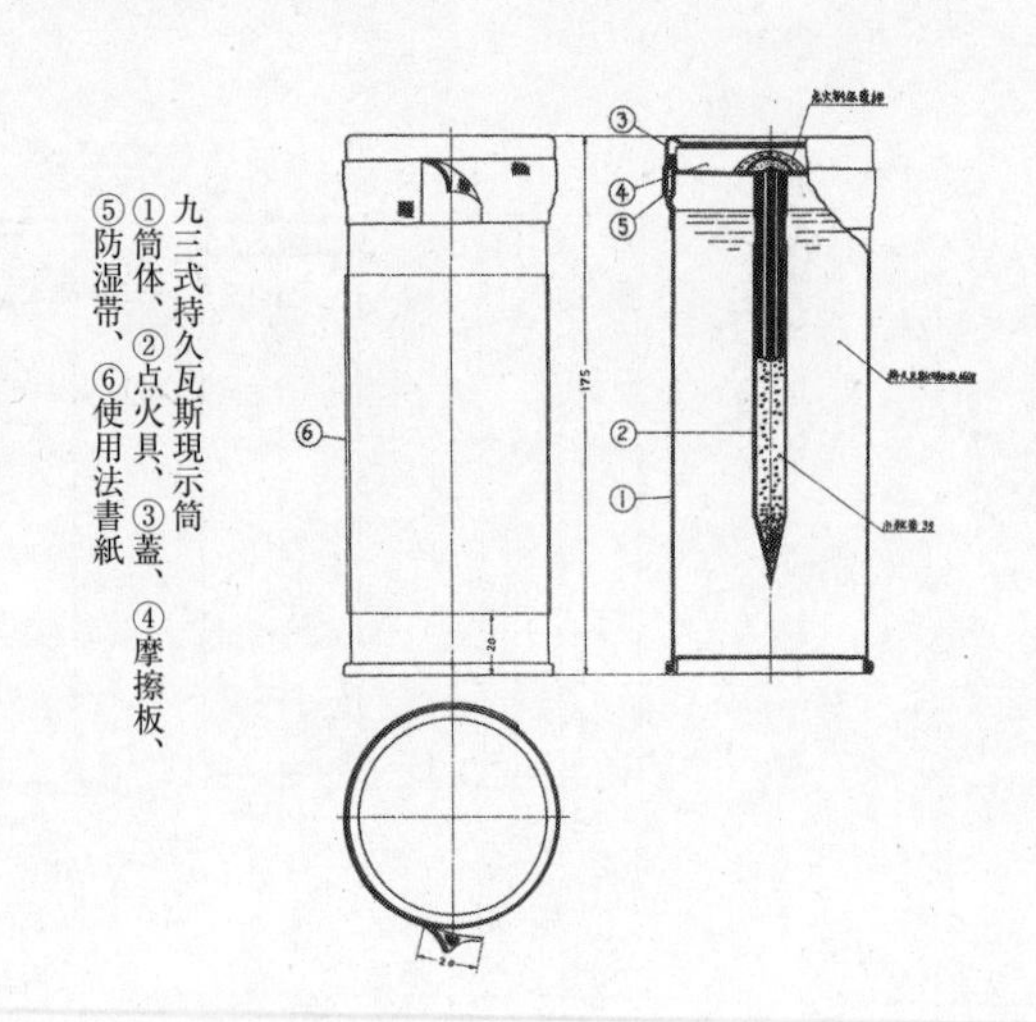

九三式持久瓦斯現示筒
①筒体、②点火具、③蓋、④摩擦板、⑤防湿帯、⑥使用法書紙

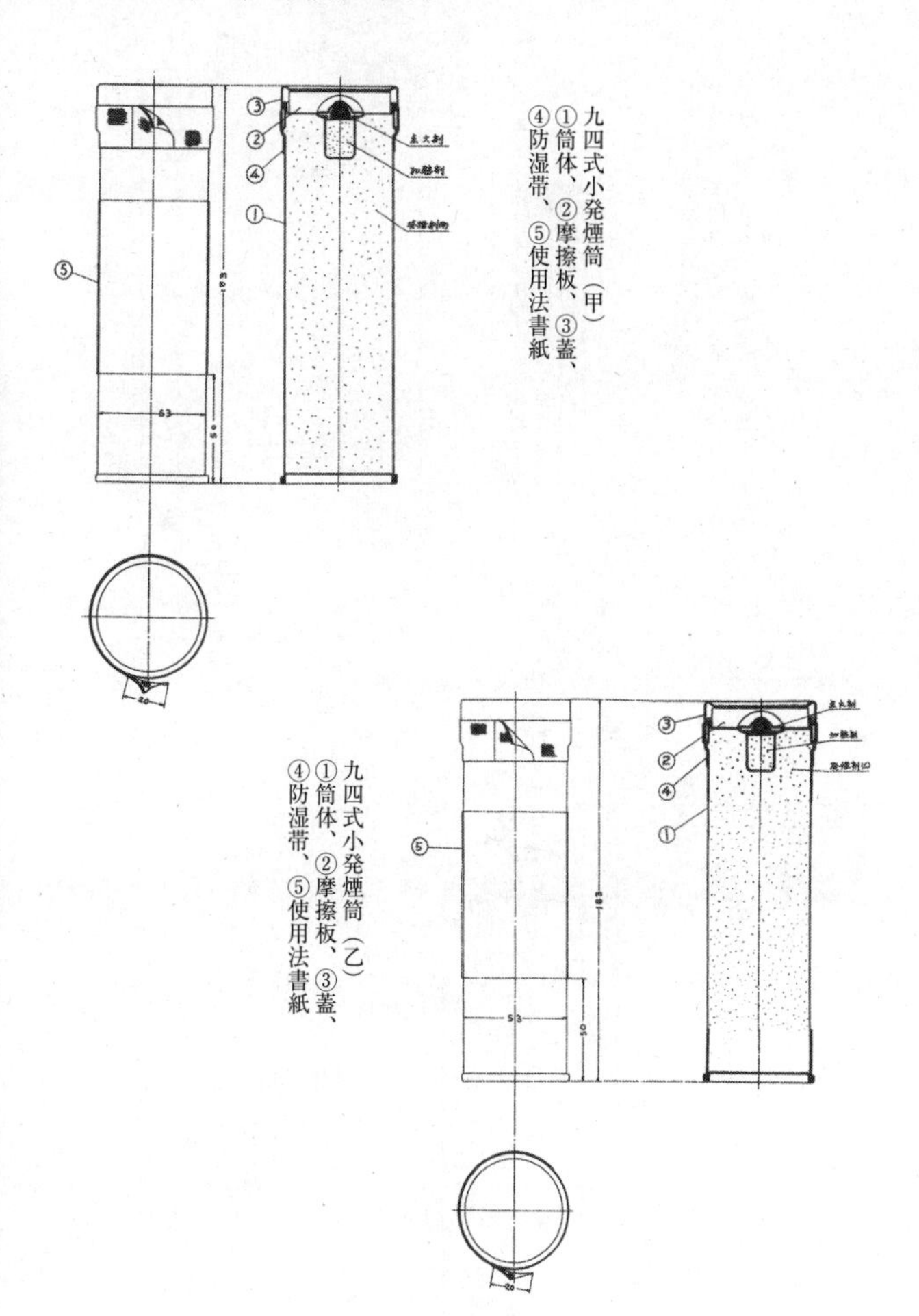

九四式小発煙筒（甲）
①筒体、②摩擦板、③蓋、
④防湿帯、⑤使用法書紙

九四式小発煙筒（乙）
①筒体、②摩擦板、③蓋、
④防湿帯、⑤使用法書紙

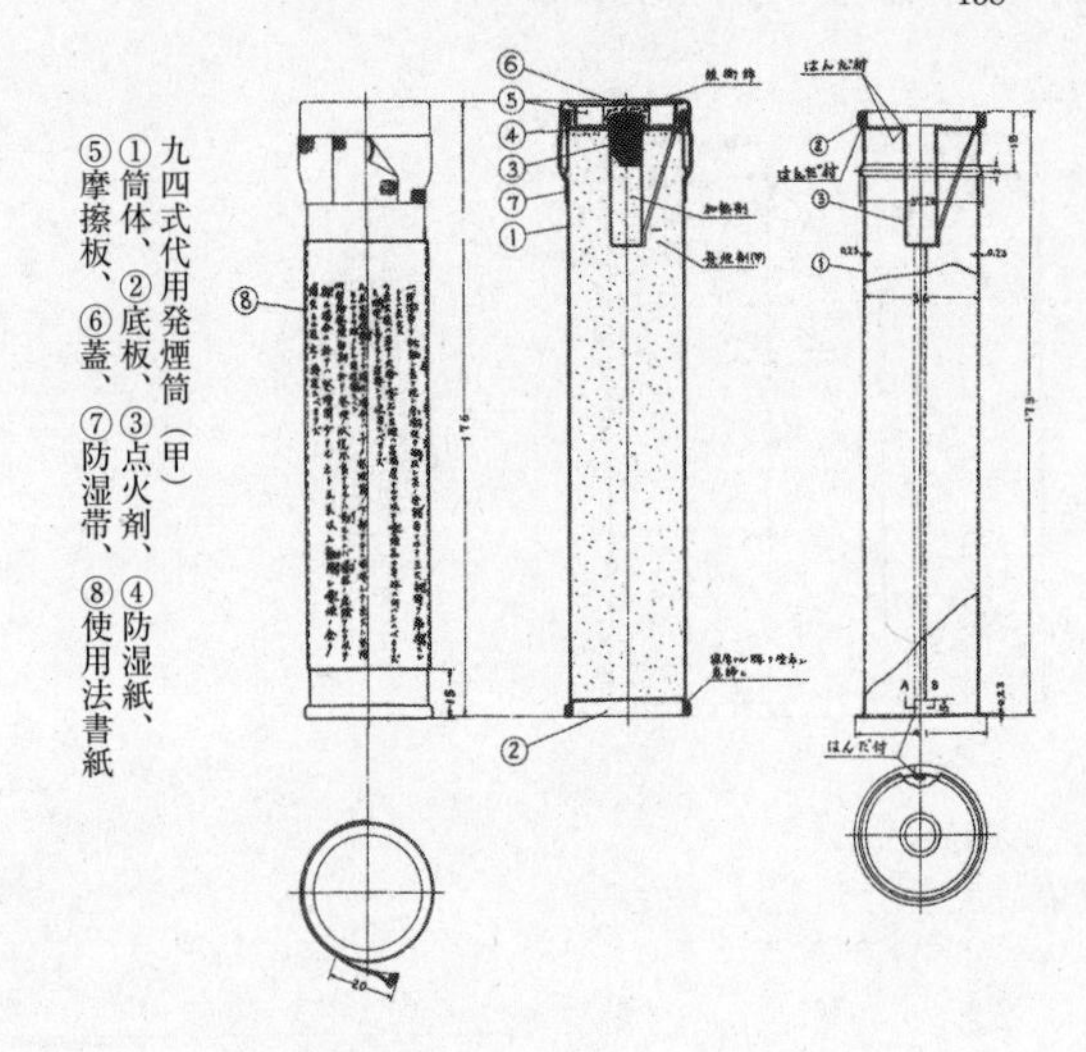

九四式代用発煙筒（甲）
①筒体、②底板、③点火剤、④防湿紙、⑤摩擦板、⑥蓋、⑦防湿帯、⑧使用法書紙

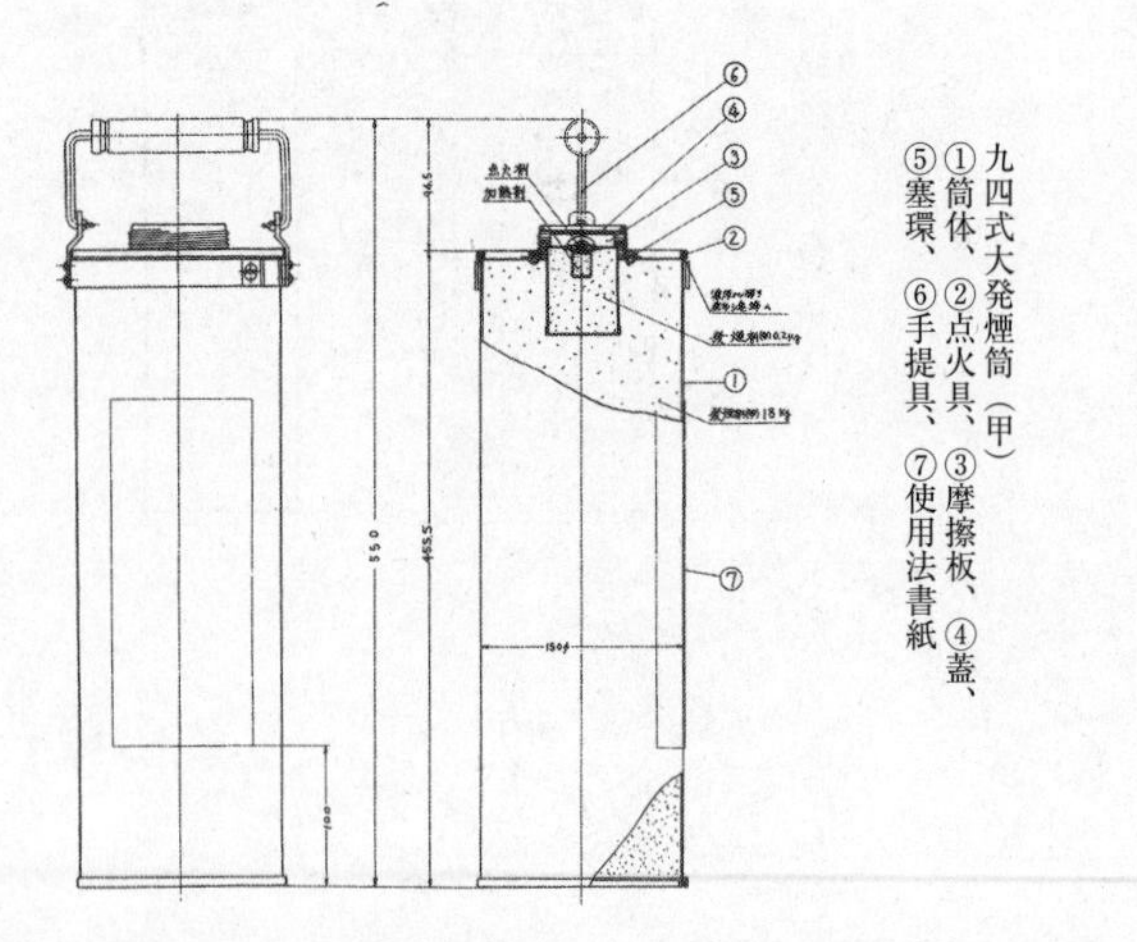

九四式大発煙筒（甲）
①筒体、②点火具、③摩擦板、④蓋、⑤塞環、⑥手提具、⑦使用法書紙

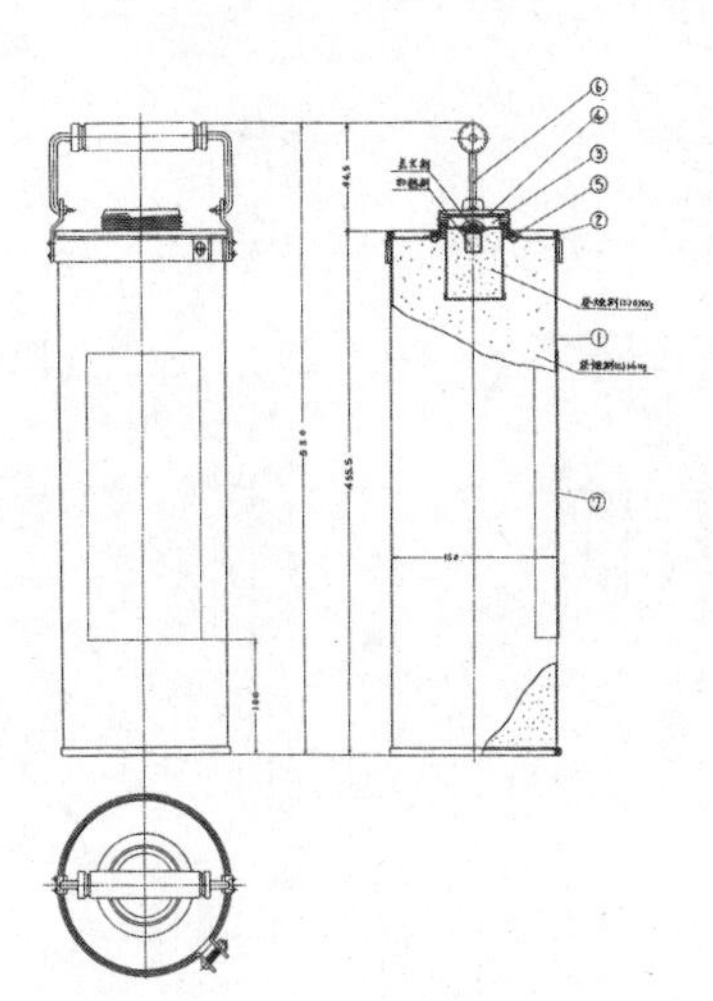

九四式大発煙筒（乙）
①筒体、②点火具、③摩擦板、④蓋、⑤塞環、⑥手提具、⑦使用法書紙

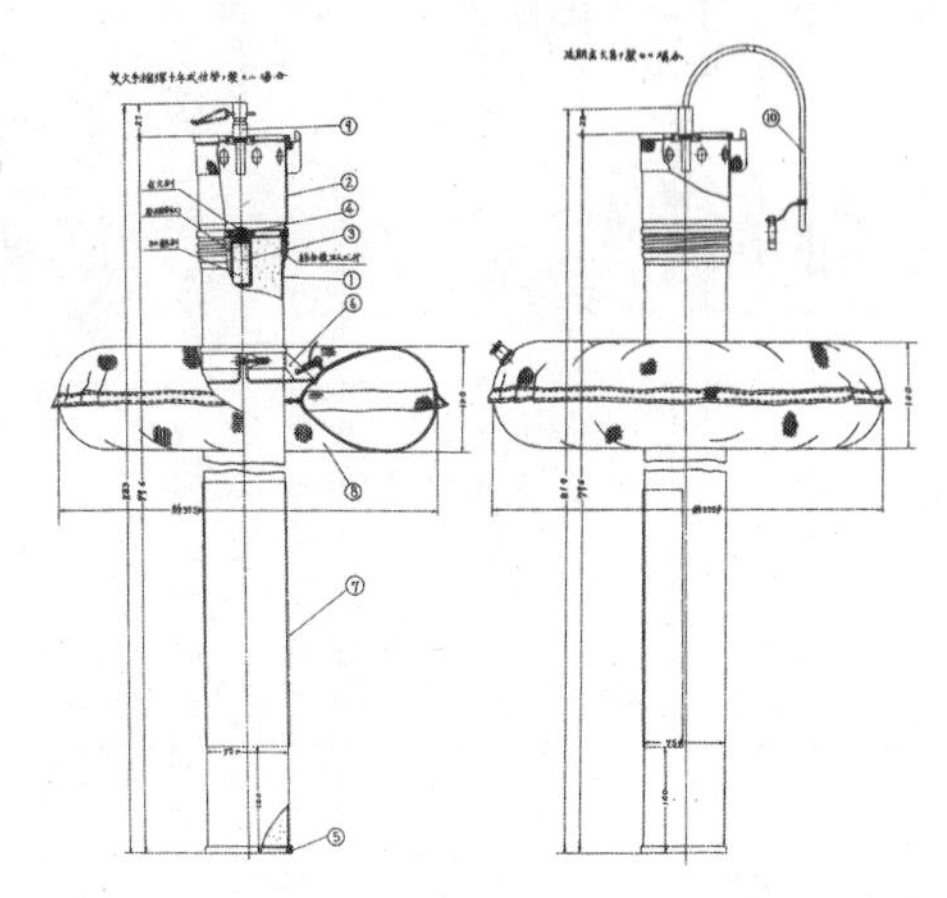

九四式水上発煙筒（甲）
曳火手榴弾十年式信管を装する場合
①筒体、②蓋筒、③加熱剤筒、④点火剤室、⑤底板、⑥緊定具、⑦使用法書紙、⑧浮嚢、⑨曳火手榴弾十年式信管
延期点火具を装する場合⑩延期点火具

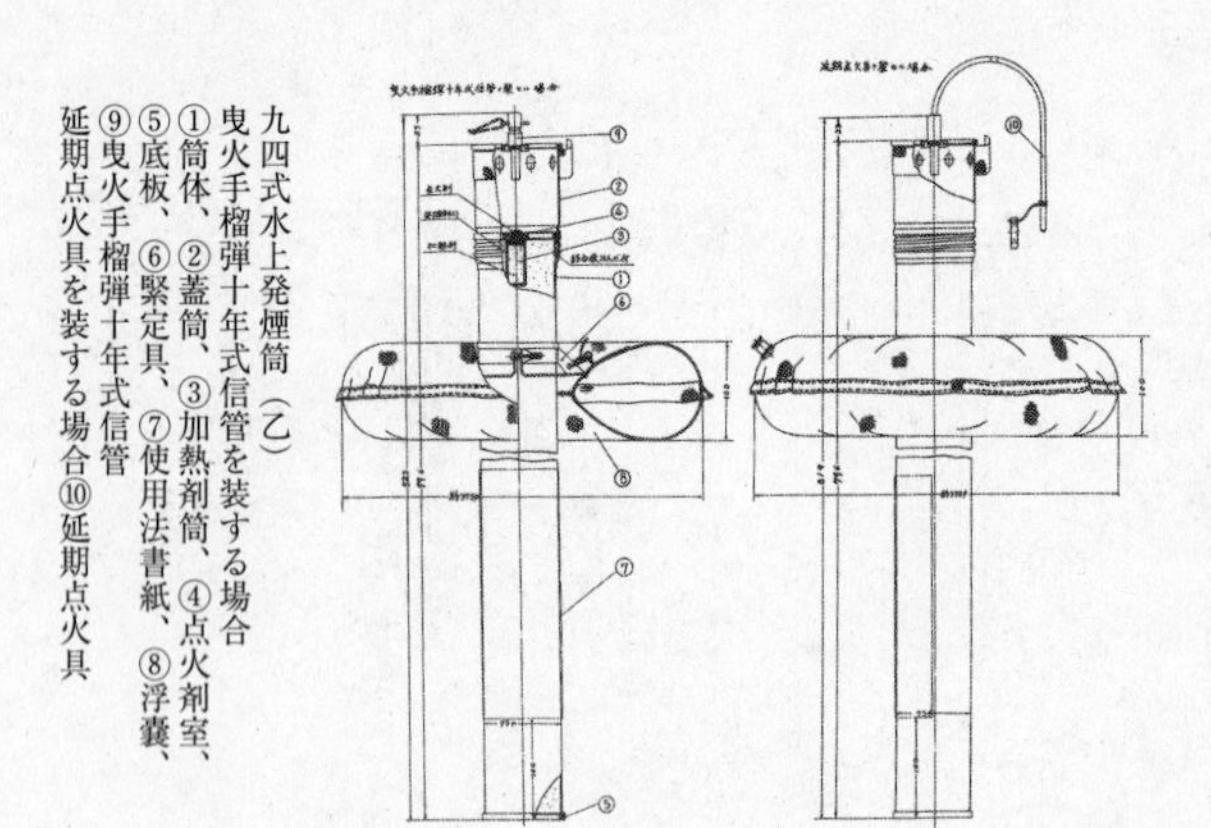

九四式水上発煙筒（乙）
曳火手榴弾十年式信管を装する場合
①筒体、②蓋筒、③加熱剤筒、④点火剤室、⑤底板、⑥緊定具、⑦使用法書紙、⑧浮嚢、⑨曳火手榴弾十年式信管
延期点火具を装する場合⑩延期点火具

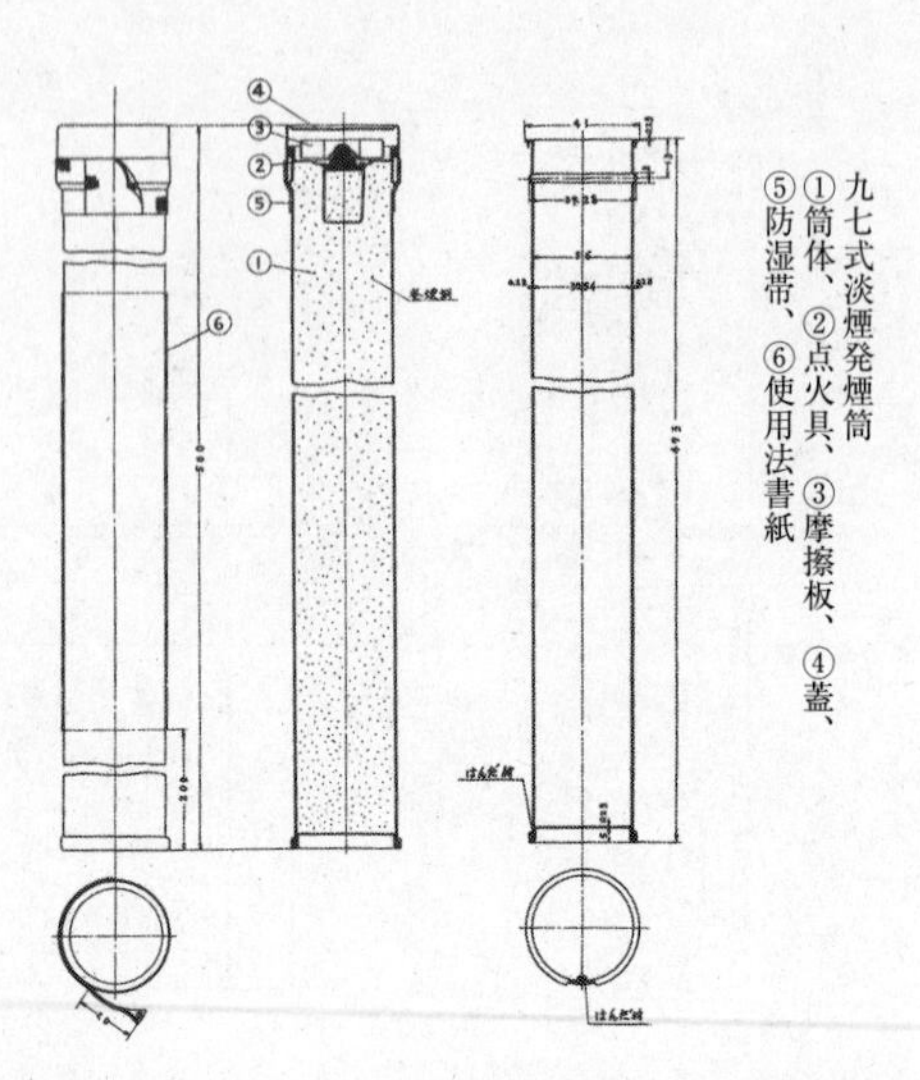

九七式淡煙発煙筒
①筒体、②点火具、③摩擦板、④蓋、⑤防湿帯、⑥使用法書紙

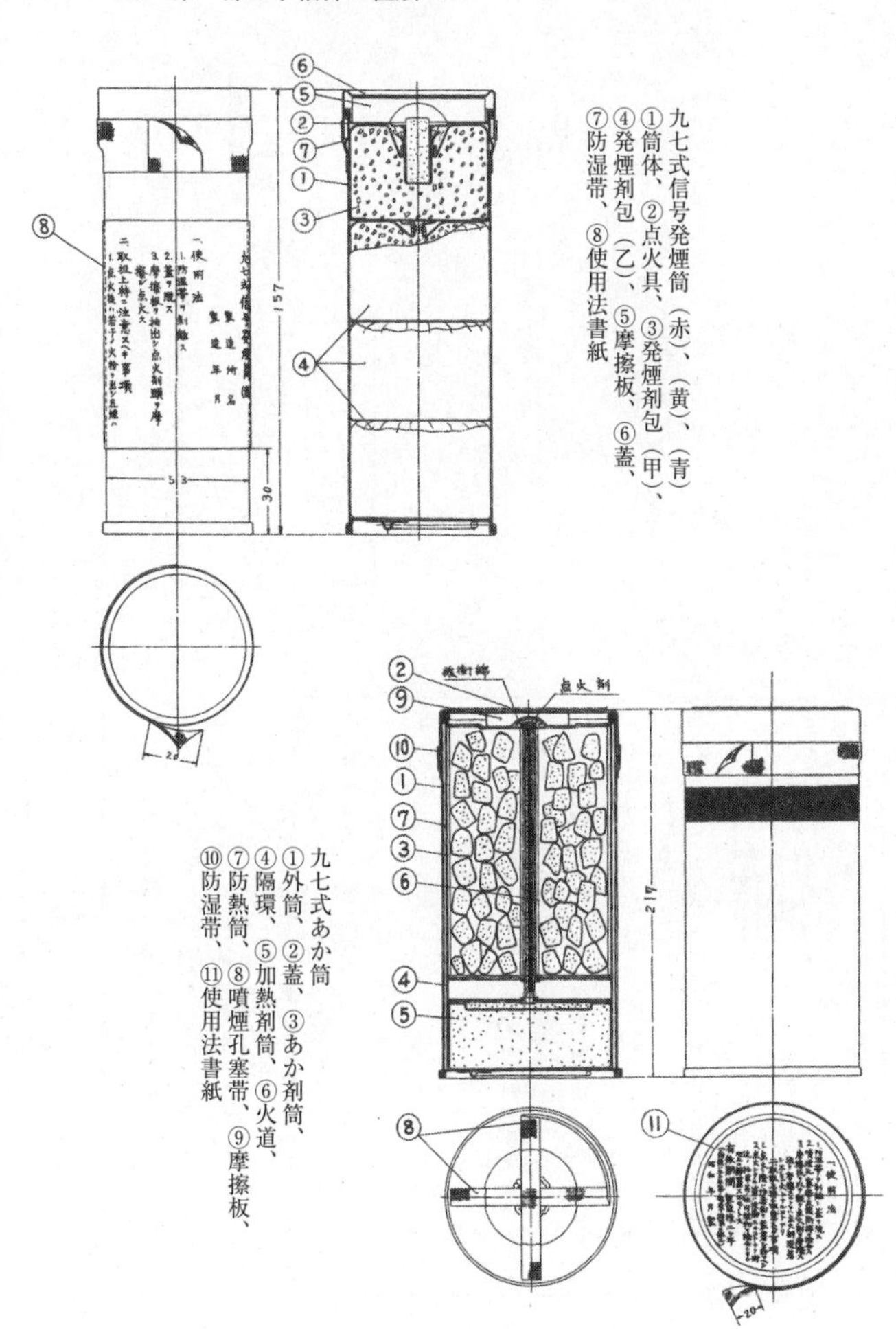

九七式信号発煙筒（赤）、（黄）、（青）
①筒体、②点火具、③発煙剤包（甲）、
④発煙剤包（乙）、⑤摩擦板、⑥蓋、
⑦防湿帯、⑧使用法書紙

九七式あか筒
①外筒、②蓋、③あか剤筒、
④隔環、⑤加熱剤筒、⑥火道、
⑦防熱筒、⑧噴煙孔塞帯、⑨摩擦板、
⑩防湿帯、⑪使用法書紙

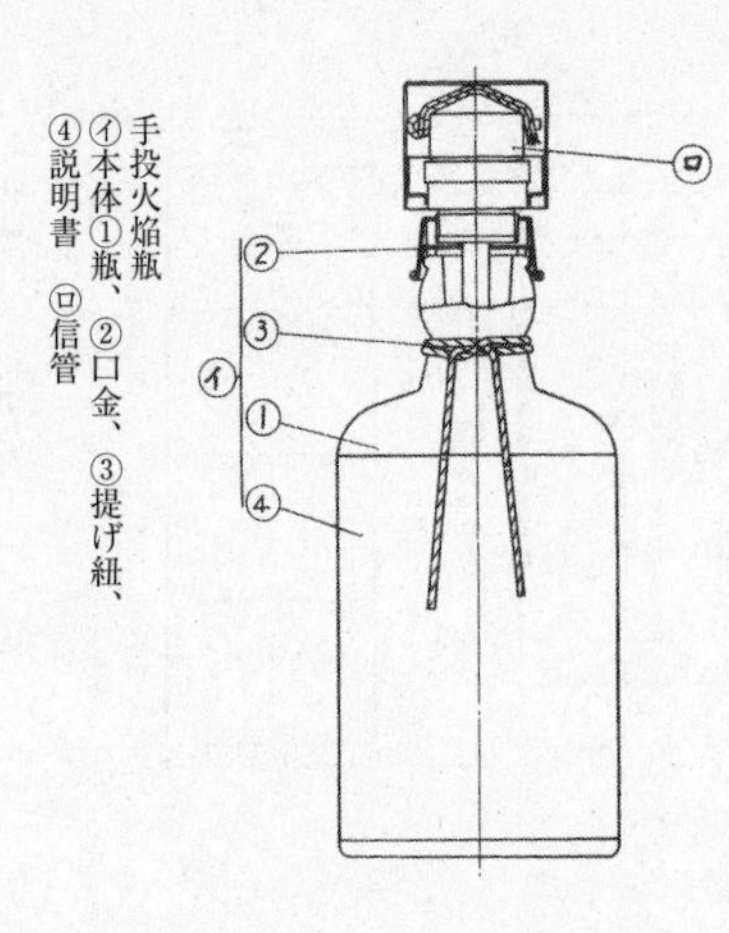

手投火焰瓶
ⓘ本体①瓶、②口金、③提げ紐、
④説明書　ⓡ信管

手投火焰瓶説明書

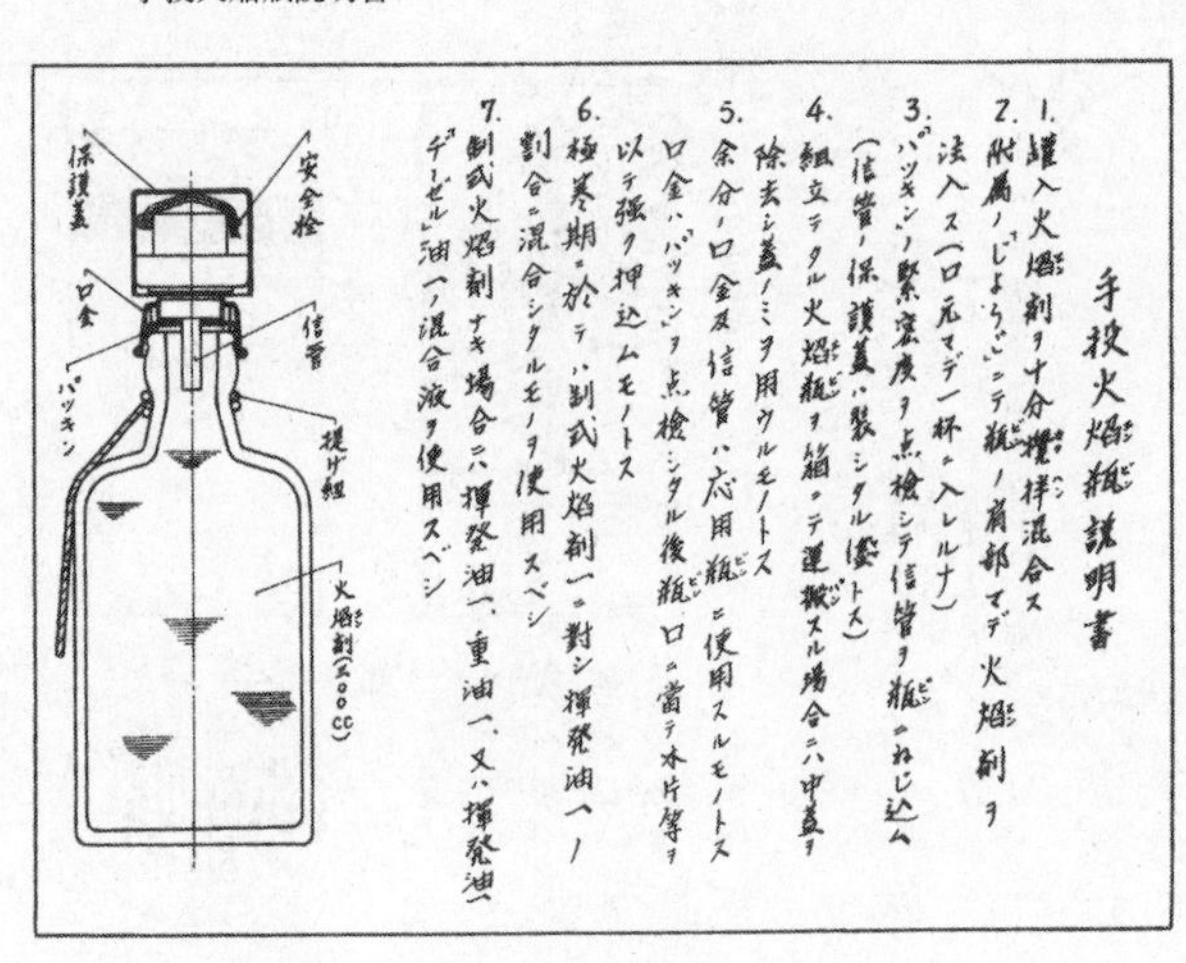

手投火焰瓶説明書

1. 罐入火焰剤ヲ十分攪拌混合ス
2. 附属ノじょうごニテ瓶ノ肩部マデ火焰剤ヲ注入ス（口元マデ一杯ニ入レルナ）
3. パッキンノ緊塞度ヲ点検シテ信管ヲ瓶ニねじ込ム（信管ノ保護蓋ハ装シタル儘トス）
4. 組立テタル火焰瓶ヲ箱ニテ運搬スル場合ニハ中蓋ヲ除去シ蓋ノミヲ用ウルモノトス
5. 余分ノ口金及信管ハ応用瓶ニ使用スルモノトス　口金ハパッキンヲ点検シタル後瓶口ニ當テ木片等ヲ以テ強ク押込ムモノトス
6. 極寒期ニ於テハ制式火焰剤一ニ對シ揮発油一ノ割合ニ混合シタルモノヲ使用スベシ
7. 制式火焰剤ナキ場合ニハ揮発油一、重油一、又ハ揮発油一「デーゼル」油一ノ混合液ヲ使用スベシ

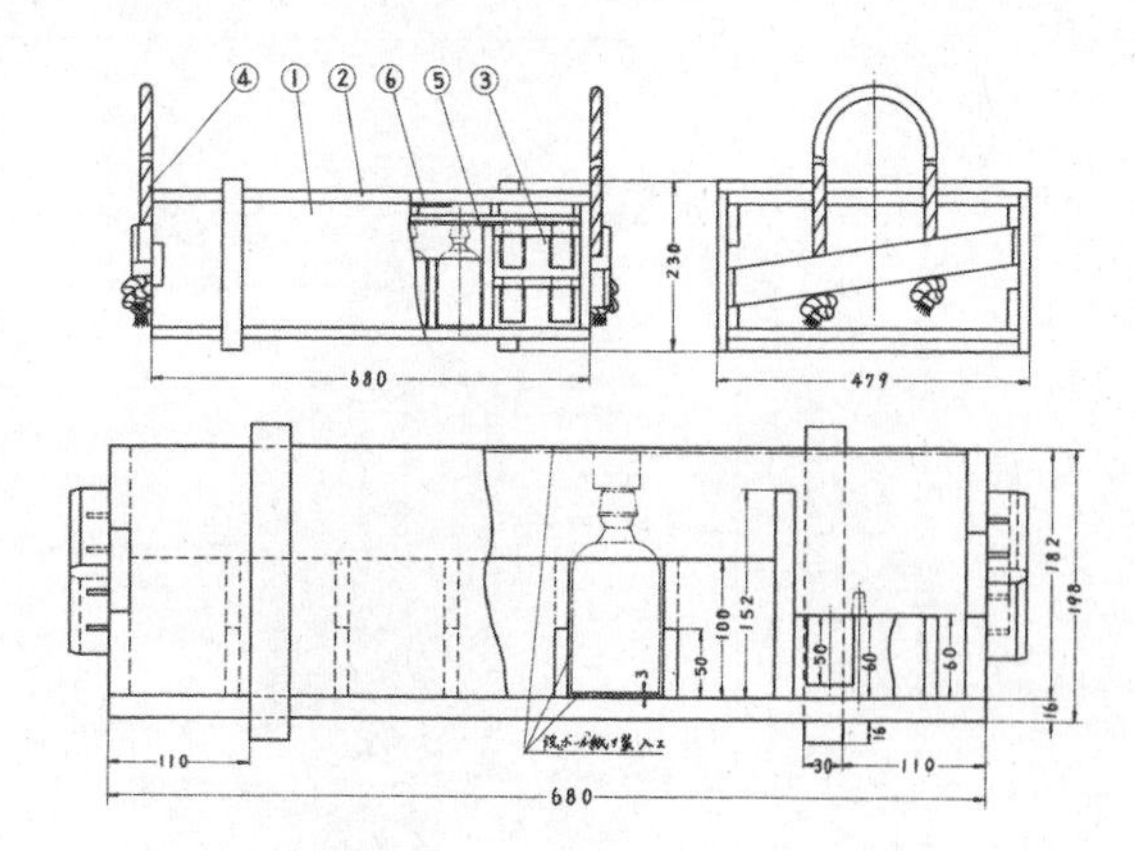

手投火焔瓶箱
火焔瓶30個、信管10個、口金10個、じょうご2個を収納する

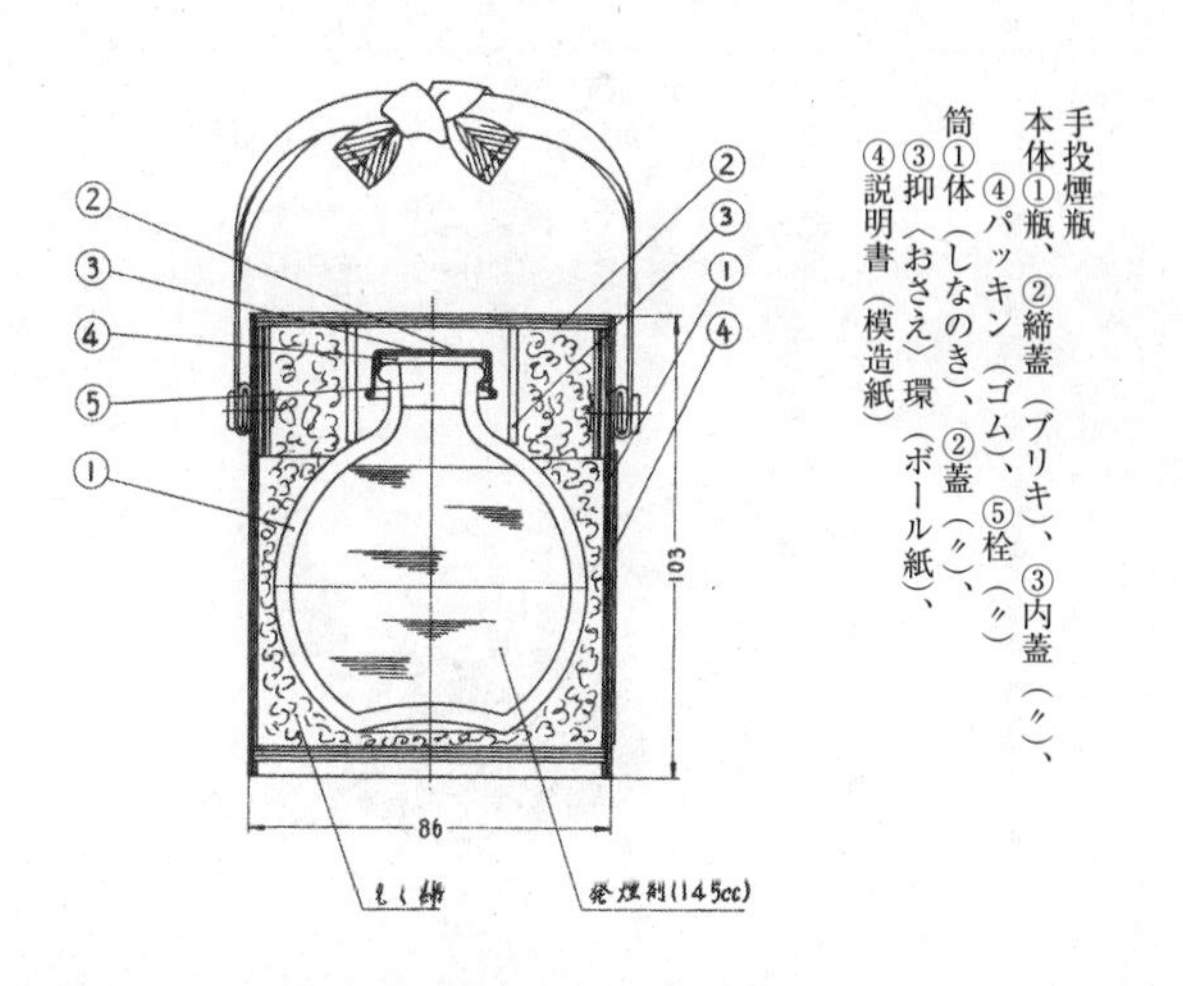

手投煙瓶
本体①瓶、②締蓋（ブリキ）、③内蓋（〃）、④パッキン（ゴム）、⑤栓（〃）
筒①体（しなのき）、②蓋（〃）、③抑〈おさえ〉環（ボール紙）、④説明書（模造紙）

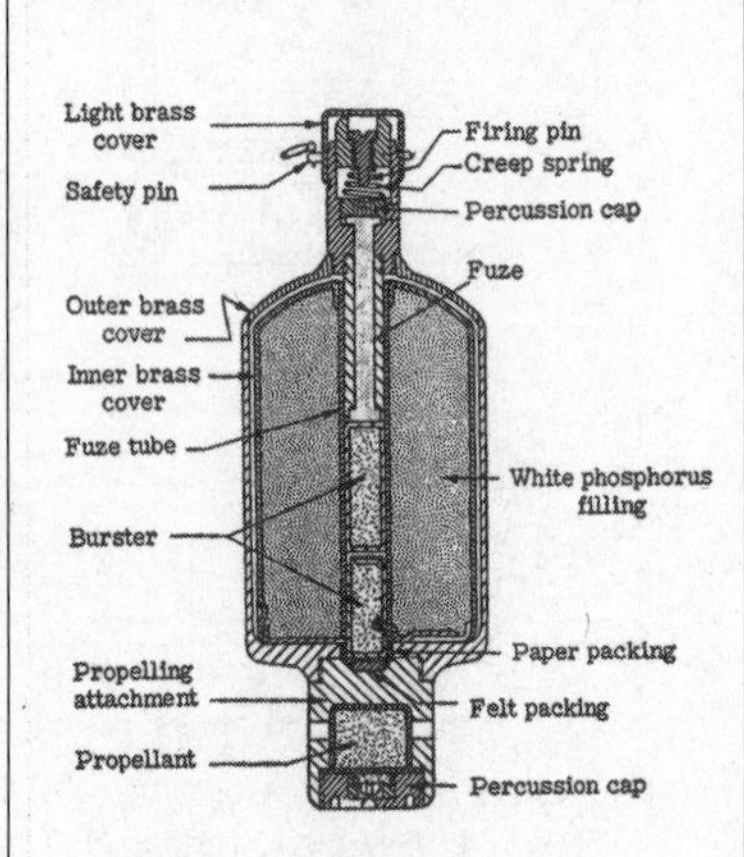

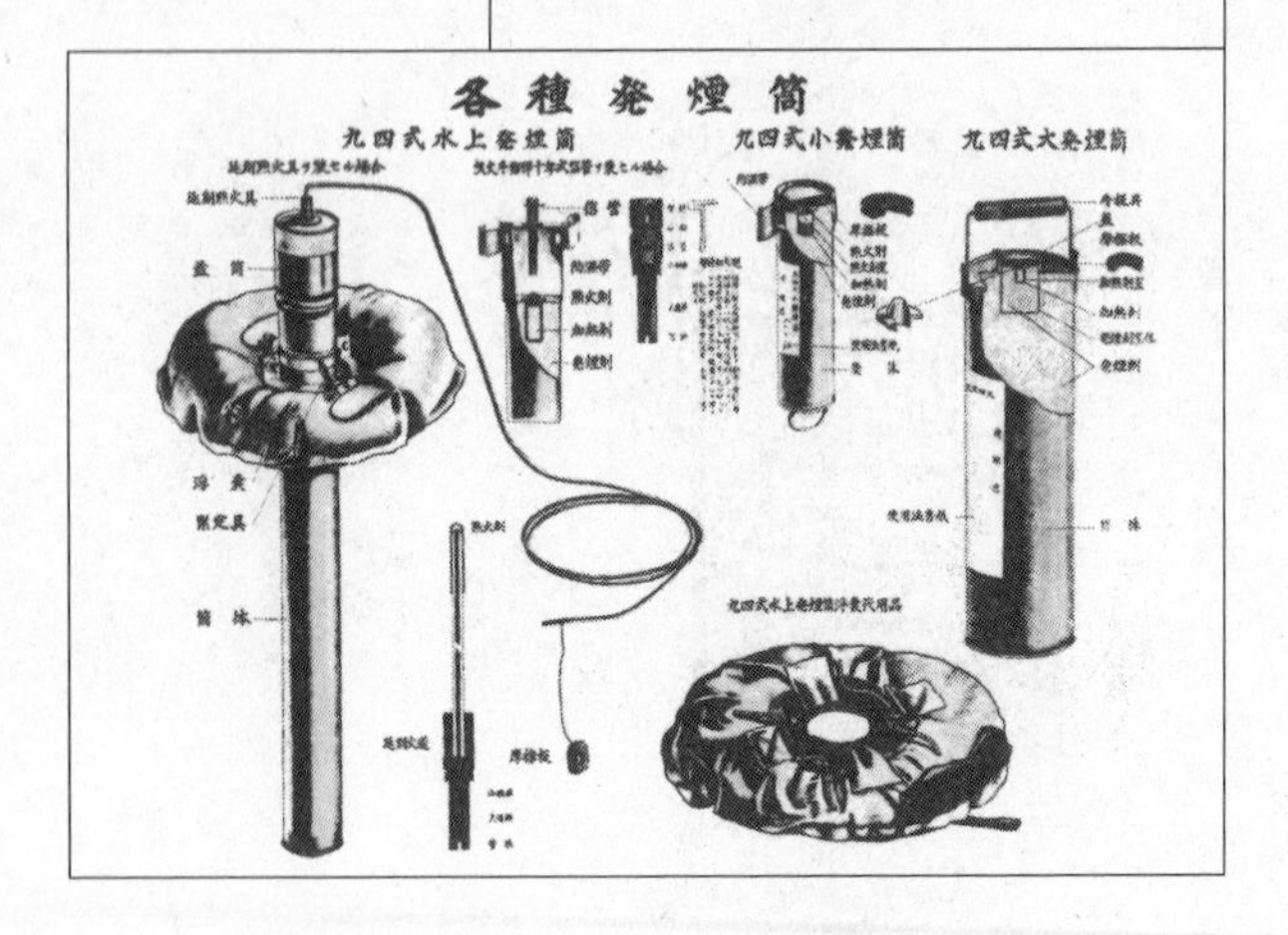

〈上〉十年式擲弾筒弾薬十一年式発煙弾
JAPANESE 0.5kg Incendiary Grenade
〈下〉教育用掛図
九四式水上発煙筒、九四式小発煙筒、九四式大発煙筒、九四式水上発煙筒浮嚢代用品

約一〇～一五メートルである。

五、有効遮蔽煙を中絶することなく発煙を継続するには、通常発煙末期の三〇秒ないし一分間を次の発煙筒の発煙と重畳させることを可とする。即ち小発煙筒甲の点火時間間隔は一分または一分半、水上発煙筒甲は五分、大発煙筒甲は三分半ないし四分、発射発煙筒は一分とするのが適当である。

発煙筒の取扱

一、小発煙筒は地上に置いて発煙させるか、あるいは点火後投擲する。投擲距離は約二〇メートルで必ず発煙を確めた後投擲する。

二、発煙中の発煙筒を投擲する場合は火傷を受けないよう注意する。

三、一人で二箇所以上の発煙点を担任する場合、発煙を継続するには蓋を脱し、発煙筒を地上に横臥させ、点火剤頭を逐次他の発煙筒の底部側方に接するよう配置し、最頭部の発煙筒に点火すれば逐次点火される。

四、発煙班は長以下五名とし、通常一〇〇～三〇〇メートルの発煙正面を担当する。三名で三箇所の発煙点を担当し、一名は予備として煙の間隙補填などに任じる。

五、発煙の初期には敵火の集中を受けやすいので、特に地形地物を利用する。

擲弾銃旧式

陸軍造兵廠が作成した古い兵器のリストがある。それには次のような兵器名が列記されている。

試製有筒式軽機関銃予備銃身一、試製甲号軽機関銃二、同予備銃身一、試製航空機用回転弾倉機関銃二、ルイス機関銃二、航空機用機関銃附属電気装置眼鏡一、擲弾銃旧式二、擲弾銃新式二、同銃口蓋新式一、同転螺子新式一、同弾薬差新式一、乙号擲弾銃二、同銃口蓋一、同転螺子一、同搠杖一、擲弾銃一、三十年式歩兵銃二、三十年式騎銃三、村田連発銃銃剣一、保式機関銃一、英国製装甲自動車用機関銃一、装甲自動車用B型機関銃一、モーゼル拳銃銃床付一、ブローニング自動拳銃口径七・六五ミリ二、照明弾用拳銃A型二、同B型二、同C型二、スミスウエッソン拳銃三、携帯測遠機一、パノラマ式方向板一、露式連発銃二、露式連発銃剣二、露式猟銃一、露式単発銃二、露式単発銃剣一、馬式〇八年・十五年製機関銃二、ベッカー式二糎航空機用加農弾倉一、ベルグマン拳銃一、パラベリューム拳銃長一、ハーリントン拳銃二、銃身後坐式拳銃一、エキスプレス拳銃一、弾倉式拳銃各種各一、露式拳銃一、十八年式村田歩兵銃剣一、推進式飛行機用軽機関銃銃身三、アルビニー銃三、アルビニー銃剣一、ピーポジーマルチニー銃二、三八式機関銃一、ビッカース機関銃銃身二、露式銃

一、露式銃剣二、各種小銃二、猟銃二、二連猟銃二、馬式機関銃一、ルイス機関銃二、各種外国製実包一二点一〇〇

このリストは昭和四年十月、緒方勝一陸軍造兵廠長官が宇垣一成陸軍大臣に対し、陸軍兵器本廠保管の遠用（使用しない）ならびに不要兵器を参考品として陸軍造兵廠に交付するよう申請したもので、同年十一月十一日付認可された。

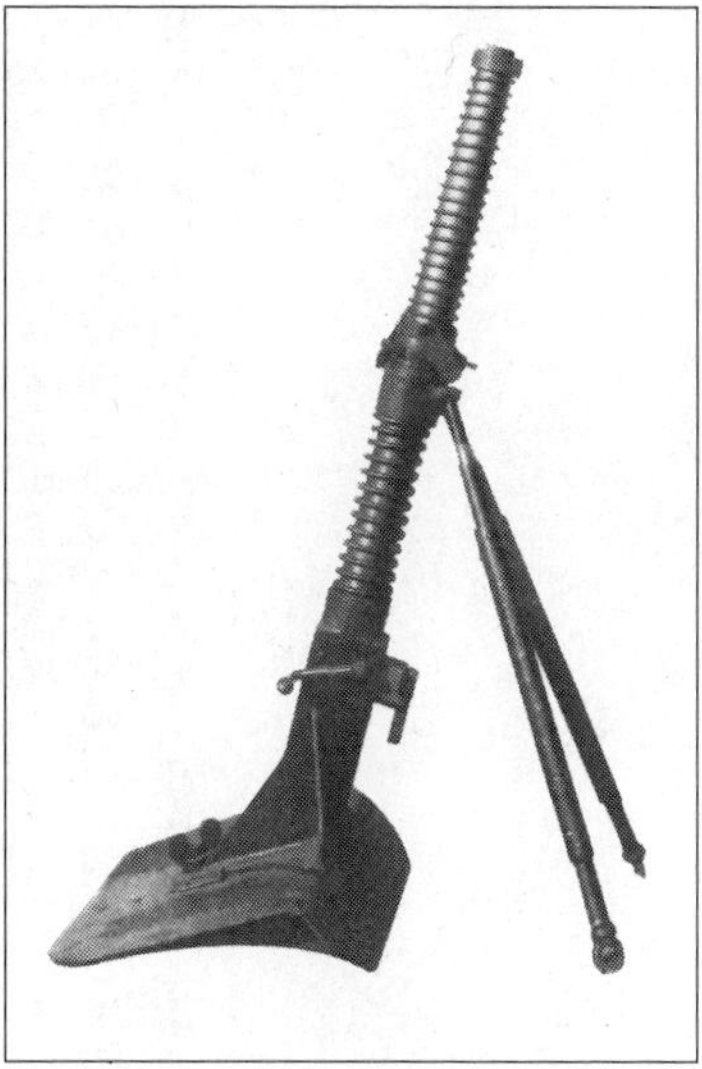

擲弾銃旧式（高関中将アルバムより）

この中に「擲弾銃旧式」二とある。それに続けて擲弾銃新式および乙号擲弾銃が記載されていることから、擲弾銃が青島戦役に合わせて急造される前に、別の型式の擲弾銃が試作されていたことが分かる。これを擲弾銃旧式と記して区別していることから、擲弾銃試作当初のものであろう。

この擲弾銃旧式が発射する弾丸については不明であるが、手榴弾

の発達と関係する擲弾筒の試作当初の型式であるからここに写真を紹介する。なお本書の主題は手投弾であるので擲弾筒に関する説明は省略した。擲弾筒については光人社NF文庫の『日本陸軍の火砲　迫撃砲　噴進砲他』に詳細に記述してある。

第二部　各国の手榴弾

日露両兵が使用した手榴弾について

明治四十二年一月　フォン・トロイエンシウエールト著「日露戦役ノ経験ニ基ク歩兵攻撃」

手榴弾はまことに惨烈な破壊を呈した。日本軍は往々にして手榴弾の効力により露軍を撃退し、または堅固な陣地から退避させることに成功した。手榴弾は敵の散兵壕の攻撃ならびに敵が占領した建物の攻撃に際し、殊に効果があった。日本軍が拋る榴弾は露兵を混乱させ、その列中に間隙を生じさせ、もしくは散兵壕を棄てさせた。このとき露軍は銃剣戦に出ることもなく退却したのは、奉天付近の会戦における激闘が証している。

手榴弾は防御する側においては攻撃側よりその効用は少ないが、攻撃兵は手榴弾の効力を早く免れることができる。取扱に便利な小さな榴弾は陣地戦および要塞戦のために甚だ有利であることが示された。

日本軍は障害物および掩蔽部に対し効力を増大し、もしくは侵入地点に対する効力を高めるため、さらに大きな炸薬を有する擲弾をも使用した。この弾は木材（樹皮の縄を捲き付ける）で作った粗末な臼砲から放たれた。この砲は二名の工兵が携えて部隊に従い、敵前二五〇メートルを距てて使用された。

これに対し手もしくは竹棹で投擲された日本軍の手榴弾は約二〇ないし三〇メートルの距離から露軍陣地に投入された。この弾は爆裂力が大きい炸薬で充たされ、導火索または着発信管を有する鉄葉（ブリキ）缶でできていた。そのほかの手榴弾は現存材料に応じ種々の製造法があった。

これに対し露軍は旅順において榴霰弾および榴弾の頭部を使って炸薬と導火索を有する手榴弾を急造し、次いで炸薬を有し木蓋から爆裂信管が突出した手榴弾を使った。これは日本軍の抛った手榴弾の破裂しなかったものの弾底を利用した。装薬は二個の騎兵用雷管を使用し、導火索の長さは一〇ないし一二センチであった。導火索は一秒間に一八ミリ燃焼するので、六～七秒の飛行後に敵が手榴弾を投げ返す前に、その列中において爆裂する程度の長さとした。

爆裂に際し手榴弾はえんどう豆ないしくるみ大の小片に分裂し、発生するガスも害毒を生じる。その後に至り、着発信管を有する騎兵用破壊薬包すなわちビッグフォール導火索、さらに着発信管を有し高さ二三センチ、もしくは壜大で火綿を充填した鋼製もしくは鉄葉製円筒体も製造し、沙河戦、奉天戦に使用した。

明治三十七八年戦役陸軍衛生史　大正十三年　陸軍省

手擲爆薬

旅順要塞戦の経過中彼我両軍ともに盛んに手擲爆薬（手榴弾）を使用するに至り、接近戦においては有力な武器となり、わが兵でこのために創傷を被った者は非常に多数に上った。野戦においても沙河会戦以降しばしば使用されたが、旅順要塞戦におけるほど盛んではなかった。

手擲爆薬は一六世紀の初頭以来攻城戦に用いられたが、その使用上の危険および一般火砲の進歩などによりその使用頻度は次第に減少し、ほとんどその跡を絶っていたが、日露戦役において再び出現した。したがって近時の戦役において手擲爆薬の盛んな応用を見たのは本戦役を嚆矢とする。

本戦役において敵軍が初めて手擲爆薬を使用した時期に関して諸報告を参照すると、旅順攻囲軍中第十一師団方面の敵は明治三十七年八月七日より九日にわたる大、小孤山戦闘において既にこれを使用した形跡がある。第九師団方面においては八月二十七日盤竜山西砲台において初めて敵が手擲爆薬を使用するのを見た。第一師団方面においては九月十九日海鼠山の戦闘において手擲爆薬による創傷を実験した。九月十八日龍眼北方堡塁（クロパトキン砲台）においては敵兵が盛んにこれを使用し、わが兵は多大な損害を被った。爾来各堡塁の接戦に際しては常に盛んにこれを応用しているのを見た。

わが軍においても堡塁破壊作戦に用いた黄色薬を応用して手擲爆薬を製作し、その若干は既に八月二十一、二十二日の頃盤竜山方面において使用したが、広く使用したのは九月十九日第二回総攻撃以後である。

敵軍が手擲爆薬の製造に焦慮していた事実は左の記事によってうかがうことができる。

一九〇四年十月六日敵将ステッセルの報告に曰く「手榴弾はわが軍においてもこれを利用して少なからざる効果を得た。わが剛将コンドラチェンコは絶えず新式の装置を考案し、敵に損害を与えることに勉めつつあり」と。

露国工兵将校某の旅順要塞防備談（明治三十八年五月発行仏国工兵雑誌による）の一節に曰く、露人もまた八月に至り手擲爆薬の製造に着手し、このため三個の製造所を設けた。その製造は危険であるため通常は昼間に行ったが、急を要する場合には蝋燭をともして夜業に従事した。各製造所における二四時間の製造高は二五〇〇個に達し、攻囲間に製造したこの種の爆弾は総数約一万八〇〇〇個に達した。

敵軍が用いた手擲爆薬の構造は実に種々で、殊にその弾体（被殻）は諸種の応用材料即ち砲弾弾体、薬莢、鉄葉缶、水道鉄管の弾片などを使用した。したがってその形態は様々であった。

手擲爆薬の詳細な構造については戦後旅順において一等軍医鈴木俊司が調査しているので、左に引用する。

露軍が使用した手榴弾には着発手榴弾および点火手榴弾の二大別がある。その構造は概ね次の四種に別けることができる。

着発手榴弾その一

弾体　外被は信管の被帽および鉄葉鈑よりなり、内部は左の三部よりなる。鉛室は信管被帽内に鉛を鋳入し、その中央に信管口を開けている。これは弾体の重量を一方に偏らせ、手擲の際信管の着発を確実にするためである。炸薬室は弾体の中央にあり、炸薬を充填し雷汞の媒介により信管の下端に連なる。その内壁はパラフィンを塗抹し、銹化（しゅうか）（錆びる）および炸薬の変質を防いでいる。空室は漏斗状をしており一端に鉤を有する。この鉤は内部に鋳入した少量の鉛により緊着されている。鉤には長さ約二〇センチの索を結着し、この索を振って投擲する。

信管　海岸砲の門管を改造したもので、鉛室内より突出し内部に雷汞を収める。撃針は鉄製で中央に駐栓口を有し、頭部には球形の鉛塊を緊着している。門管を信管口に螺着し、駐栓を装して投擲すれば、球形鉛塊の撞突により駐栓を破折して発火させる。

着発手榴弾その二

弾体　外被は鉄葉鈑製で内部は次の二部よりなる。鉛室は弾体の一方に位置し、その中央に信管口を有する。炸薬室はその大部分を占め、雷汞により信管に連なる。底部は木栓または石膏で閉鎖している。

信管　弾体の上半部に鉄線を螺旋状に纏絡して弾頭上に達し、この部において撃針頭に鉛塊を固着したものを鑞着（ろうちゃく）し、撃針の中央には駐栓口を有する。螺旋を引伸ばして駐栓を装し、投擲すれば弾頭の撞突により駐栓を破折して発火する。

点火手榴弾その一

弾体　外被は陸海軍用の薬莢で製作し、上部は木栓、石膏または金属で閉鎖し、内部はすべて炸薬室になっている。

信管　騎工兵用の雷管を薬莢の雷管口より挿入し、その導火索を弾体外部の側方に鑞付けした小銃薬莢中に誘導し、小銃薬莢の雷管口にはさらに牽引に便利なように索條を付けた急造門管を挿入して膠着し、投擲の際この急造門管を引いて導火索に点火する。

点火手榴弾その二

弾体　各種砲弾、薬莢およびその他の材料で製作され、形状は多くが円筒形で構造は最も簡単かつ最も広く使用されたものである。内部に炸薬を充填している。

信管　信管口を利用し、または適当な位置に小口を穿ち、これに騎工兵用の雷管を挿入し、その周囲は石膏の類をもって閉鎖し、投擲の際火縄、マッチもしくは巻煙草の火を導火索に点火する。

以上の各種手榴弾は皆薬莢、砲弾、鉄管、缶詰の空缶、布などの応用品で製作された。これら応用品の中で最も大きいものは一五センチ速射加農薬莢および一五センチ榴弾で、最長一〇七センチに及ぶ。最も小さいものは三七ミリ速射砲薬莢で、鉄葉缶を用いたものは径四・五センチ、長さ四・五センチの小型のものも製作している。形状は円筒形が最も多く方形、円錐形、球形のものもある。

火薬は乾綿薬、尋常薬、ダイナマイト、メリニットなどで、その他の充填物としては石塊、弾子、鉄片などを混入したものがある。

一等軍医坂東儀八郎は爆傷に関する報告中、旅順攻囲戦において蒐集した手擲爆薬の種類を左のように区別した。

一、六角形手擲爆薬
二、浮標形手擲爆薬
三、ラック・ア・ロック（綿火薬の一種）を布片に包んだもの
四、四七ミリ砲弾殻を用いたもの
五、砲弾薬莢を用いたもの
六、球形弾を用いたもの
七、水道鉄管を用いたもの
八、車軸に爆薬函を結束し、転落させるもの

前掲の露国工兵将校某の旅順要塞防備談中に露軍の爆弾製法が記載されている。一度使用した四七ミリ速射砲の薬莢を外被とし、内にサンプソン爆薬あるいはラック・ア・ロック六〇〇グラムないし一四〇〇グラムを容れ、薬莢の上口は松脂を充填した。点火は雷管を具える長さ約一二センチのビックフォール導火索の媒介による。使用者は点火した火縄を革帯に帯び、これで導火索に点火した後直ちに二〇メートル内外の距離に投擲する。この点火法は雨のために妨げられる欠点を有するので、別に導火索の末端に門管を連接したものを製造した。使用者はこの門管を引いて導火索に曳火するのを確かめ、その後これを投擲した。

露軍はまた八〇ミリ海軍砲の榴弾を手擲爆薬として利用し、距離に応じ五ないし六秒の火口を開き、弾をもって地上を打ち、信管が発する音を聞くと直ちにこれを日本軍の列中に投擲した。

また一九〇五年四月仏国砲兵雑誌所載の「極東において露軍が応用した急造手榴弾」の一節に左の記事がある。

露軍は特に旅順の防御および沙河の会戦において日本軍が発射した多数の榴霰弾弾体を利用し、非常に奇異な方法によりこれを手榴弾に応用した。殊に旅順防御中およ

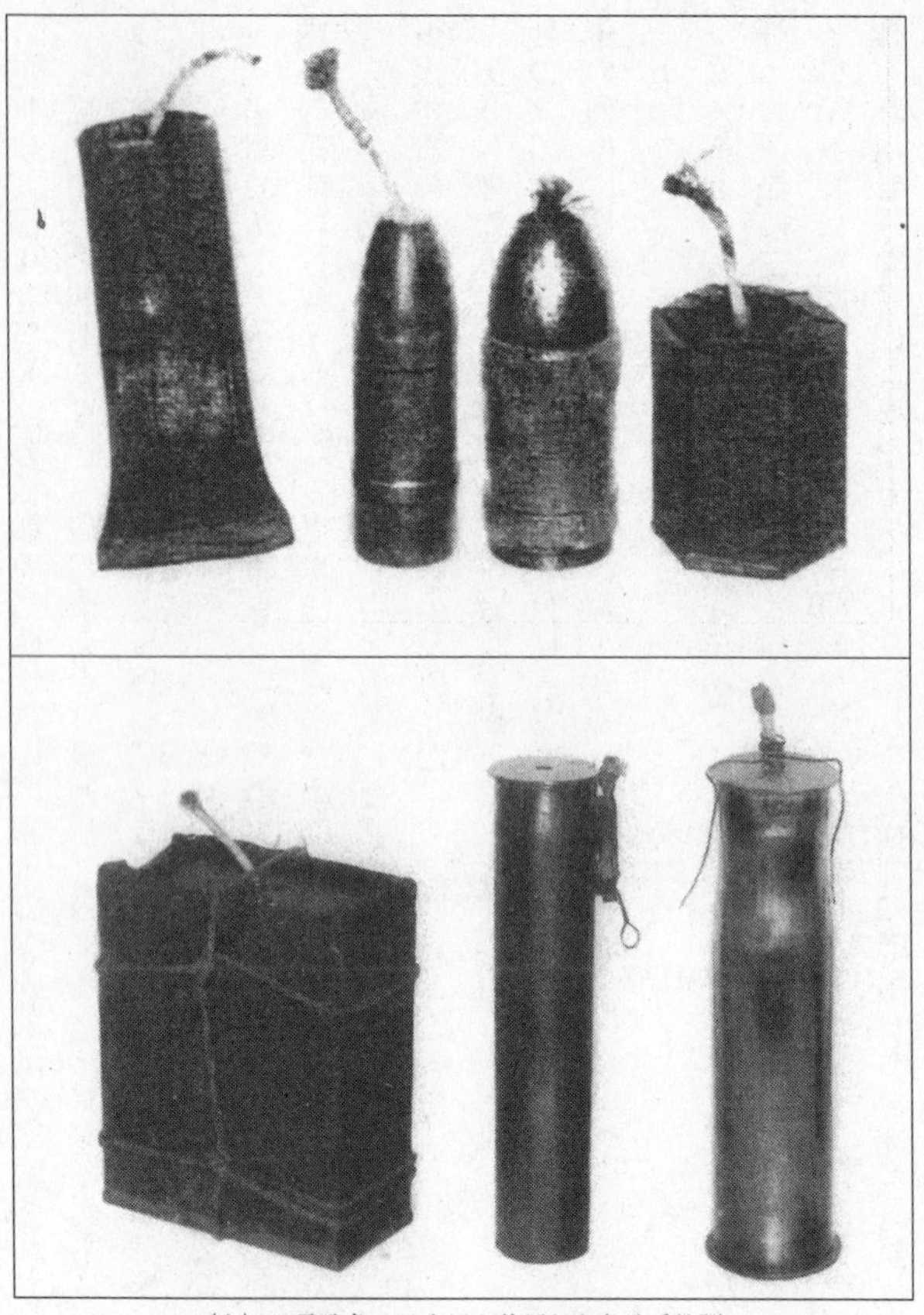

〈上〉日露戦争　日本軍が使用した急造手榴弾
〈下〉日露戦争　露軍が使用した急造手榴弾

び沙河諸戦闘においては最も多くこれを使用した。日本軍が使用した榴霰弾は底装でその弾頭は螺定してあるので、爆発後その弾体はほとんど全形を保持している。ゆえに露軍の工兵はこれを利用して臨機手榴弾を製作することができた。

この急造手榴弾はその弾体内に騎兵用綿火薬の爆薬函二個を装置して、これを木片の塞子（そくし）によりその位置に保持し、一個の爆薬函につき長さ一〇ないし一二センチのビックフォール導火索をその末端に雷管を付着して装置し、他端は塞子を通貫してこれを外部に遊出させ、これに点火薬を装置した。導火索の長さは投擲した手榴弾が爆発する前に敵がこれを拾集して再び反投する時間がないように規定したものである。この手榴弾が爆発すれば豆大もしくはクルミ大の多数の破片を生じた。

露軍の要塞用手榴弾は球弾で、革製の握柄または擲弾帯をもって投擲した。このように手榴弾の投擲は通常手で行ったが、一種の簡易擲弾機により比較的遠距離に投擲した。この擲弾機は木製厚板を水平軸の周囲に旋動する装置で、投擲するにはその厚板の短部に強い力で打撃を加えることにより、長部の末端に載せた手榴弾を弾き飛ばすものである。厚板の高さを変えることにより投擲距離を調整することができた。

兵器学教程　巻二　明治三十八年改訂　陸軍士官学校

手榴弾
近接戦に使用するもので手をもって投擲す。この種弾丸に数種あり。左にその一種を示す。
着発壺形手榴弾は弾体、被布の二部よりなる。弾体は鋳鉄製で黄色薬約四〇グラムを装し、簡単な着発信管を付着する。被布は弾体を被包し余端は放擲索の用をなす。全備弾量七三〇グラムあり。
使用するにあたり撃針を弾頭周に設けている刻線に達するまで圧入し、被布のなるべく後端を持ち、上前方に向い高く敵の頭上に落下するよう振り投げるものとす。

兵器学教程　巻二　大正元年改訂　陸軍士官学校

手榴弾
近接戦に使用するもので手をもって投擲する。この種弾丸に数種がある。左にその一種を示す。
着発壺形手榴弾（編者注：改修型）
弾体、被布の二部よりなる。弾体は鋳鉄製で黄色薬約四〇グラムを装し、簡単な着発信管を付着する。被布は弾体を被包し余端は投擲索の用をなす。全備弾量五八〇グラム。

使用するには安全子を抽脱した後被布の後端を持ち、上前方に向い高く敵の頭上に落下するよう振り投げるものとする。

戦術研究の参考　大正三年　陸軍大学

手榴弾発達の歴史

手榴弾の発達は銃砲のように漸進的ではなく、古来一長一衰周期的で顕著な発達を見なかった。

手榴弾の創意者およびその年代など考証が確実ではないが、一六世紀中頃にはすでに発明されていて、当時編纂された兵書には往々にしてその説明を見る。

一六〇六年のニーデルランドの戦役でワハテンドンクの襲撃にこれを用い、大いに奏功した。その当時の手榴弾は鋳鉄製中空球弾で重量一キロ、内部に七〇〇グラムの火薬を収容し、点火装置を有していた。

一六四九年頃には鍛鉄あるいは合金をもって製作され、重量九〇〇グラムの球弾でその被体の厚さ六・三ミリ、その内部に火薬を収容する。当時手榴弾には鍛鉄製、鋳合金製、および硝子製の三種があった。

一八世紀の始めに二種の手榴弾を用いた。その一は胸墻上より外壕内に落下させ、壕内で爆発させるもので、重量は一六ないし四ポンド（約七キロないし一・八キロ）あるもの。その二は前世紀来のものと大差なく、二ポンド（九〇〇グラム）で被体の厚さ八・五ミリのもの。

一七、一八世紀における手榴弾の使用法は概ね火縄をもって導火索に点火し、直ちに敵中に投入するもので、往々にして過早に破裂し、あるいは投擲手がかえってその破片により損害を蒙ったので、その効力を発揮するためには投擲手の豪胆と熟練とが絶対に要求された。

フランス王ルイ十四世は一六六七年各歩兵中隊に四名の投擲手を選抜して擲弾兵という新兵種を設けた。この擲弾兵は諸兵種中最も名誉あるもので、高額の給料を支給された。爾後特種中隊、大隊、聯隊などを編成するに至り、他の諸国も競ってこれを新設した。

これを要するに手榴弾は一七世紀においては最も必要な兵器であり、殊に要塞戦においては欠くことのできないものであった。例えば一六八三年トルコ軍がウイーンを攻囲したとき加農弾四万一〇〇〇、臼砲弾六六〇〇を使用したに過ぎなかったが、手榴弾は八一万五〇〇〇の多きに上った。これは当時砲弾の効力は十分でなく、近戦に重きをおいたからである。

一八世紀に至り騎兵にも手榴弾を装備した。その一方火砲が発達し、手榴弾は漸次凋落の機運にあった。

一九世紀に至りナポレオンが運動戦および野戦を戦闘の主体とするに至ったので、手榴弾は特別な場合のほかはほとんど使わないようになった。ただ稀に生じる要塞戦において使用するに過ぎなかった。

当時の手榴弾は構造および使用法などは前世紀と大差なく、不利とする点は依然除去されていなかったので、その用途はまさに絶えようとしていたが、一八五四年セバストポール要塞戦が生じると再び手榴弾が出現し、露軍は中径一〇センチの硝子製で信管を装着する手榴弾を創意した。

しかし一九世紀の後半紀においては軍事上ほとんど使用されず、普仏戦争においては全く使われなかったため、当時においてはただ暗殺用として秘密に坊間（ぼうかん）（市中）において製作されたに過ぎなかった。この手榴弾の構造は二種あり、その一は延期装置を施し、被筒内に爆薬および鉄片を収容したもので、導火索あるいは化学作用により点火を行うもの、その二は着発装置を備え、その他の構造は前者と大差なく、点火には雷管、化学作用などを用いた。しかしこれらの装置は巧妙で複雑となるのを免れなかった。露国皇帝アレキサンダーはこの種の手榴弾で暗殺されたという。
二〇世紀に入り日露戦争において再び手榴弾が出現した。同戦役において最初に手榴弾を使用したのは日本軍で、これが顕著な効果を挙げたのは明治三七年八月二十三日旅順盤竜山を奪取した際、露軍が大挙して恢復攻撃をしかけてきたとき、日本軍は綿薬あるいは黄色薬に短い緩燃導火索を付け、これに点火して来襲する敵に投入し、敵を拒止したことに始まる。その後竹筒内に黄色薬を収容し、あるいは鉄葉缶に特種な着発装置を付けたものを製作し奇効を奏した。露軍でもわが国と同様のものを用い、あるいはわが不発榴霰弾の被筒を応用した急造手榴弾を使用した。爾後野戦においても大いにこれを賞用し沙河、奉天などでも手榴弾を使用した。

日露戦争統計集　第一四編　兵器

戦地における損失兵器

　　奉天付近の会戦　　手投弾五七

　　旅順攻囲　　　　　手投弾二五

手榴弾の戦術上の価値および用途

一、効力

手榴弾はその爆破により物質上および精神上の効果を呈す。

物質上の効力は爆裂榴弾と同様で、弾着点の上方において開角約九〇度の安全界を生じ、側方において破片は半径二〇〇メートルの危険界を生じ、破片は全周飛散するが実際に効力があるのは近距離に過ぎない。水平地における普通の投擲距離（一五ないし四〇メートル）にあっては、その落角は四〇度内外で投擲手は概ね安全の位置にある。

その殺傷効力については実験成績の確実なものはない。

日露戦争においても手榴弾の効力は一定しなかった。統計上よりわが軍武器のため露軍が受けた一部の損傷を類別すれば、歩兵が損傷した数九四三四の中で、小銃によるもの三七九四（七三・三八パーセント）、榴霰弾弾子によるもの八八九（九・四二パーセント）、榴弾によるもの九二八（九・八四パーセント）、手榴弾によるもの九六（一・〇二パーセント）、銃剣によるもの五〇（〇・五三パーセント）、その他の武器によるもの七七（〇・八一パーセント）であった。

なお沙河および奉天における露軍が受けた一部の損害を見ると、沙河では歩兵負傷者一九六六の中手榴弾による傷者は三九、即ち二パーセント。奉天では歩兵負傷者二四七五の中手榴弾による傷者は四八、即ち一・九パーセントであった。

スイス砲工兵新誌によると、手榴弾により生じた傷者三二名のうち二三名は軽傷で九名は重傷としている。

これらによれば手榴弾による物質上の効力は大きくないことが分かる。しかしその轟然たる爆音と凄絶な戦友の死傷とは敵の心胆を寒からしめ、大いに士気を挫折するであろう。日露戦争中の手榴弾の効果は一にここにあったといえる。ゆえに操典に手榴弾を投擲後直ちに突撃すると示されているのは、敵の士気が恢復しないうちに攻撃しなければ、損害は大きくない敵は数分の後には士気を恢復し、依然としてわが軍に抵抗するからである。

二、弾道は大きく彎曲するので、遮蔽する敵に対しても効力を呈する。殊に敵と近接するので小銃は無効となり、砲火も使用できない。このような際手榴弾は大いにその特性を発揮することができる。

三、手榴弾は兵卒が携行するものであるから、兵卒が行けるところはどこへでも携行することができる。しかしその重量が大きいため多数の携行はできない。

四、手榴弾は手力をもって投擲するものであるから、三、四〇メートルの近距離に近接しなければ効果はない。またその精度は不良である。

五、手投法はすべからく熟練しなければならない。このため多くの時間を要する。

熟練者であっても地形などのためその破裂の向きを変え、わが軍に危害を及ぼすことがある。しかし壕内または墻壁の後方より投擲すればこれを防ぐことができる。

六、手榴弾を投擲するには起立し、あるいは膝姿をとることを要する。ゆえに射撃を準備している敵の歩兵に対しては、投擲手は損傷を受けやすい。

しかし、前二項の損害などは非常の際に決して忌避してはならない。ゆえに手榴弾は右の特性により将来要塞戦または設備された陣地戦などにおいて主として用いられ、野戦で殊に遭遇戦においては使用されないであろう。これは掩護物がない地において小銃弾の効力がこれに勝るからである。

ゆえに次に掲げる場合に手榴弾を使用すれば、その特性を発揮し得ると考える。

一、突撃に際し堅固に設備した陣地もしくは永久築城にある敵に向ってこれを投擲し、士気上および物質上の利益を収め、直ちに突撃を行う。

二、格闘戦にこれを用いる。

三、人工障害物の破壊作業を掩護する。即ち工兵の破壊作業中他の一部は手榴弾の投下によりこれを掩護する。

四、森林、村落戦にあっては手榴弾を用い障壁後の家屋内にある敵を駆逐するが、防者には有利に使用される。即ち掩護物に拠り随意の姿勢で投擲することができ、かつ多数を準備することができるからである。その用途は、
（一）敵の突撃を防止する。殊に敵が狭小な突撃路から突入してくるときは、これに手榴弾を猛投すればその突進を挫折することができる。かの旅順二〇三高地の奪取が困難であったのはこのためである。
（二）工事をもって近接してくる敵の対壕作業を妨害することができる。この際小銃火は弾道が低伸するので無効となり、砲火も使用できないときは殊にそうである。
（三）陣地直前の死角を除去することができる。
（四）夜間の防御では通常戦闘は咫尺の地に生じるので、手榴弾を用いることがある。
その他
一、前哨の防御に用いる。
二、騎兵は自衛のためこれを用いることを有利とすることがある。また敵の馬匹を驚愕させ、その襲撃を拒止することができる。
これを要するに、手榴弾は近接戦にてわが火器の効力が十分ではない場合に用いれ

ばその特性を顕し、戦闘の効果を挙げるものとする。しかし往時のように近接戦における主力兵器ではなく、補助兵器でなければならない。

手榴弾の構造

手榴弾は通常左の部分からなる。

弾体、炸薬、木底、雷汞筒、撃発具、被布

デンマークのアーセン会社は人力による手榴弾の不利を除去するため、小銃により発射させる榴弾を創意した。その大体の構造は手榴弾に等しいが、ただ被布に換えて三〇センチの細桿を付けたのを異とする。この細桿を銃口に挿入し、銃に特別眼鏡を装着することにより、大射角照準を容易にした。この方式の利とするところは命中効力が良好で、教育が容易であり、かつ遠距離に擲射できることにある。

歩、工兵隊兵器委員召集記事　大正四年八月　陸軍砲兵工科学校

手榴弾及演習用手榴弾

一、手榴弾

手榴弾は近接戦においてわが火器の威力を十分発揚することができないような

場合に使用する補助兵器で、攻撃にあっては墻壁、堡塁および築堤などに拠り死守する敵に対し、防御にあっては火線直前の死角内に蝟集する敵に対しこれを使用する。

二、手榴弾の構造

弾体（銑製、発錆予防および炸薬の変化を防ぐため生漆塗）、撃針（軟鋼）、安全子（鉄葉）、ゴム輪、木管（樫製、パラフィン油煮（ゆしゃ））、雷汞筒、黄色炸薬、木底（胡桃、桂、山毛欅（ぶな）あるいは欅（けやき）製、防湿のためパラフィン油煮）、被布（木綿製長さ八〇〇ミリ、幅二八〇ミリ）よりなり、全備重量五八〇グラムである。

雷汞筒は二十六年式拳銃薬莢および同雷管を用い、鍍錫した薬莢内に雷汞二グラム強を填実し、錫輪、蝋塞、紙塞を嵌装して圧定し、莢口を密閉したもので、わずかの撃突、摩擦によりたちまち爆発するから特に注意を要する。

黄色炸薬は粉状黄色薬三〇グラムを炸薬室の形状に合わせて圧搾し円筒形としたもので、上面に雷汞筒を挿入するための円孔を有し、外面の全部を鳥の子紙（厚手の雁皮紙）で包み、ベルニー（塗料）を塗施したものである。

三、手榴弾の調整

（一）清浄な布片で弾体その他を十分掃除して検査し、弾体内部の塗料が剥脱したところがないか確認した後、黄色炸薬をその室に挿入して圧定し、次に脂肪斗（ひしゃく）にパラフィンを満たし、炸薬と弾裏との間隙に注入し、木底を嵌装して被布を纏い、被布の中央部を弾体後部の凹溝に麻糸で縛着し、被布を翻転して弾体の後方において二重にし、さらに麻糸をもって被布を弾体および木底後部の凹溝に緊縛する。

弾体内部塗料が剥脱したものに塗漆するには白布でその部分を清拭し、要すれば細目の研磨布で錆を除き、テレピン油を浸した布で清拭し乾燥させた後、密実な布片類で濾過した生漆を一回塗布する。

（二）雷汞筒の外部を清浄な布片で拭浄し、静かに弾体内に挿入し、鉤止されるまで圧入し、木管を嵌装して圧定し、ゴム輪を装着する。

（三）安全子を装した後、徐々に撃針をゴム輪中に装定する。

四、手榴弾の分解

（一）撃針を抽脱し、安全子を除去する。

（二）ゴム輪、木管を抽脱する。

（三）雷汞筒を圧出する。

（四）被布を解脱し、木底を抽脱する。

（五）黄色炸薬を抽脱する。

注意事項

（一）打撃、撃突、摩擦を厳禁する。

（二）黄色炸薬を抽脱するには、たとえ炸薬が凝着していて蠟剤の熔融を要するときであっても、直接火熱を与えてはならない。要すれば炸薬が水に触れないよう温湯中に浸し、蠟が熔融するのを待って抽脱すること。

（三）雷汞筒を莢口の方から木桿で圧するとき、木桿の中径は薬莢の中径より大きいことを要し、かつその端面が平滑であることを要する。またこのとき雷汞筒を落下させることがないよう静かに毛布類の上に置くこと。

五、保存、運搬

雷汞筒および黄色炸薬は弾体と分離し、それぞれ別に格納すること。他の部具はこれを結合し、麻糸は軽く括っておくこと。

六、演習用手榴弾

演習用手榴弾が手榴弾と異なる要点は左のとおりである。

（一）弾体の側面に特に三個のガス孔を有する。

（二）黄色炸薬および雷汞筒は持たない。

（三）二十六年式拳銃薬莢および同雷管を用い、雷莢内に小粒薬〇・六グラムを填実し、錫輪および蠟塞を嵌装して圧定し、もって莢口を密閉した薬筒を有する。

（四）木底の中心に前後に貫通した円孔を有する。この孔は棒で打殻薬莢を圧出するとき用いる。

各国手榴弾一覧表　大正五年十一月　臨時軍事調査委員

一、英軍

第1号手榴弾　弾量九〇七グラム、炸薬リダイト、円筒形で投擲のため握柄を有する、飛行の方向を維持するため「風流し」を有する、雷管は別に携行する、着発。

第3号マーテン・ヘール式着発手榴弾　弾量約八五〇グラム、炸薬トリニトロトルエン一七〇グラム、円筒形で麻縄弾尾を付す、投擲距離約三〇メートル、不発・過早破裂の恐れが少ない、銃榴弾に利用可、構造複雑。

第3号マーテン・ヘール式曳火手榴弾　弾量約八五〇グラム、炸薬トリニトロトルエン一七〇グラム、円筒形で柄を有する、投擲距離約三〇メートル、導火索の燃焼により発火する、弾体は八四個に細分して破裂する、安全装置やや不完全、発火法はミルス手榴弾と同じで投擲と同時に自動発火する。

第5号ミルス式手榴弾　弾量六三八グラム、炸薬三〇グラム、投擲距離約三〇メートル、構造・使用法簡単、銃榴弾に利用可、導火索燃焼により発火、英軍で最も多く使用。

第6号手榴弾　弾量四五四グラム、炸薬トリニトロトルエン、円筒形、別に携行する摩擦門管により投擲前に点火する。

第7号手榴弾　弾量八二三グラム、炸薬トリニトロトルエン、円筒形、別に携行する摩擦門管により投擲前に点火する、内部に榴霰弾弾子または鉄屑を填実する。

第8号手榴弾　弾量六二八グラム、構造は第6号、第7号と大差なし、投擲前に点火する。

第9号手榴弾　弾量九〇七グラム、構造は第6号、第7号と大差なし、投擲前に点火する。

パッテー式手榴弾　弾量五一〇グラム、ノーベル点火器、投擲前に点火する。

ピッチャー式手榴弾　弾量はパッテー式手榴弾よりやや大、投擲前に点火する。

楕円形手榴弾　弾量五一〇グラム、炸薬アンモナール、ブロック式点火器、投擲前に点火する。

球形手榴弾　弾量七七九グラム、炸薬アンモナール、ブロック式点火器または導火索と雷管を用いる、投擲前に点火する。

第12号（羽子板型）手榴弾　炸薬アンモナール、投擲前に点火する、握柄を有する。

放煙手榴弾　発煙薬四五三グラム（赤燐九五パーセント、白燐五パーセント）、投擲前導火索に点火する、三個の放煙手榴弾は約六〇メートルの地幅を約一分間白煙で掩蔽する。

急造ジャム缶手榴弾　炸薬乾棉薬ジェリグナイト、ブラスチーンまたはアンモナイト約八四グラム、投擲前に点火する、弾子・鉄屑・ガラス屑などを填実する。

急造羽子板型手榴弾　炸薬乾棉薬約二八グラム・湿棉薬約四三五グラム、投擲前に点火する、棉薬の周囲に紙屑を詰めフランネルで覆ったものを羽子板型の木片に縛着する。

二、仏軍

球形手榴弾　弾量一二〇〇グラム、炸薬セジット一六〇グラム、投擲距離約二〇メートル、投擲の際摩擦門管で点火し約五秒後に破裂する、最初の型で目下はあまり使用されていない、投石機を用いれば五〇メートルの距離に達する。

シトロン型手榴弾　弾量五五〇グラム、炸薬セジット九〇グラム、投擲距離約三〇メートル、擲弾機を用いれば約四五〇メートル、投擲の際撃針を打撃し点火、約四秒半後に爆発する、構造簡単製造容易。

一九一五年7号手榴弾　弾量五二五グラム、炸薬6B火薬三五グラム、卵形で導翼を有する、投擲距離三〇〜三五メートル、着発式、構造簡単、研究の価値あり。

羽子板手榴弾　投擲前に点火する、目下あまり使用されていない。

木柄付手榴弾　投擲前に点火する、目下あまり使用されていない。

焼夷手榴弾　石油または揮発油、投擲前導火索に点火する、目下あまり使用されていない。

三、独軍

球形手榴弾　弾量七五〇グラム、炸薬黒色火薬五〇グラム、投擲距離約三〇メートル、手で門管の摩擦子を強く引き点火後約七秒で爆裂する、弾着点の四周約一〇〇メートル以内に約六〇個の破片を飛散する。

卵形手榴弾　曳火、炸薬黒色火薬、点火法は球形手榴弾と同じ。

扁豆（へんとう）型手榴弾　炸薬一三〇グラム、投擲距離三〇～四〇メートル、着発信管、弾着点の前後約二〇〇メートル以内に約七〇～九〇個の破片を飛散する、器具を使用するときは一層大距離に投擲できる、四方向に活機を有し、弾丸が一定方向に着達しなくても発火しやすい。

柄式手榴弾　曳火、炸薬三〇〇グラム、円筒形、投擲距離三〇～四〇メートル、牽引発火と自動発火の二種がある、点火後約五秒で炸裂する、弾着点の四周約一五メートル以内が有効。

球形着発手榴弾　柄を有する、破片。

柄付着発手榴弾　円筒形、爆発。

有翼式手榴弾　炸薬一六〇グラム、投擲距離三〇～四〇メートル、着発式、破片は前にのみ飛散し友軍に危害を及ぼす恐れは少ない。

四、露軍

一九一二年式手榴弾　弾量一〇二三グラム

一九一四年式手榴弾　弾量六六六グラム、曳火、炸薬メリニットまたはトロチル四〇九グラム、円筒形、点火後約四秒で爆裂、破片数二五〇、内部に格子状の鉄片を入れる、紐で鉄条網に括り付ける。
一九一五年式手榴弾　弾量二〇二二グラム

五、米国
防御用手榴弾　破片の効力による
攻撃用手榴弾　爆発の効力による
特種手榴弾　不詳

外国の手榴弾と銃榴弾（海外差遣者報告）　大正七年六月　第七師団参謀部

手榴弾
一、種類
（一）目的上の差異
①殺傷を目的とするもの、②毒ガスを填実するもの、③焼夷を目的とするもの、④発煙を目的とするもの（英軍放煙手榴弾は三個以上で約六〇メートルの地幅を約一分間白煙で蔽うことができる）
（二）形状上の差異

球形、楕円形、扁豆形、円筒形、柄を有するもの

(三) 発火法による差異

①着発、②投擲前点火、③門管により投擲前点火

二、投擲距離

二〇ないし四〇メートルで、普通三〇メートル内外とする。ただし擲弾機または投石機を用いればさらに遠方に到達する。

三、各国の現況

各国とも手榴弾を小銃および銃剣と同様に欠くことのできないものとし、すべての歩兵はこの使用に慣熟することを要求している。

独仏両軍とも各小隊より若干名の兵を選抜して擲弾特業兵を養成している。この特業兵は擲弾戦においては分隊あるいは小隊を編成する。

四、戦術的用法

(一) 攻撃

①彼我接近し砲兵では攻撃準備ができないときは、手榴弾をもって攻撃を準備する。

②一般攻撃においては、第一線突撃隊は手榴弾を敵塹壕内に投入しつつ突進

する。

③塹壕内敵残兵の掃蕩および塹壕より攻撃を進捗する場合は、主として手榴弾を用いる。

④対陣間における局部的小急襲においても主としてこれを使用する。

（二）防御

①防御においては擲弾兵を小群に分けて配置する。

②敵兵が突撃して来れば手榴弾を投擲して抵抗する。

③陣地内部の小支撐点（しとうてん）は仮に包囲されても機関銃および手榴弾で頑強な抵抗を持続する。

④陣地の一部を敵に奪取されたときは直ちに手榴弾をもって恢復攻撃を行う。

銃榴弾

一、通説

小銃に装着して発射するもので、その性能、効力などは概して手榴弾と同一だが、射程は手榴弾よりはるかに大きい。

二、種類

英国　マーテン・ヘール式銃榴弾、重量二〇四グラム、射距離二二〇メートル盛んに使用され効力は大きい。手榴弾に代用することができる。

仏国　ヴィヴァン・ベッシェール式銃榴弾、重量八〇〇グラム、射距離一八〇メートル

最新式で盛んに使用される。普通の小銃で発射することができる。

独国　一九一三年式銃榴弾、射距離四五〇メートル

弾着点の四周三〇〇メートルに破片を散布する。

三、戦術的用法

各国は概ね銃榴弾を採用している。仏軍は殊に賞用し歩兵中隊の編成内に採用した。

（一）攻撃

①彼我接近し砲撃を行うことができず、しかも手榴弾が届かないときは銃榴弾をもって攻撃を準備する。

②歩兵が突撃を開始するとともに前進し、頑強な抵抗に遭えば停止し、歩兵を超えてこれを射撃し、突撃を準備する。

③右のほか外翼の掩護、占領陣地の確保および塹壕内の戦闘に賞用される。

（二）防御

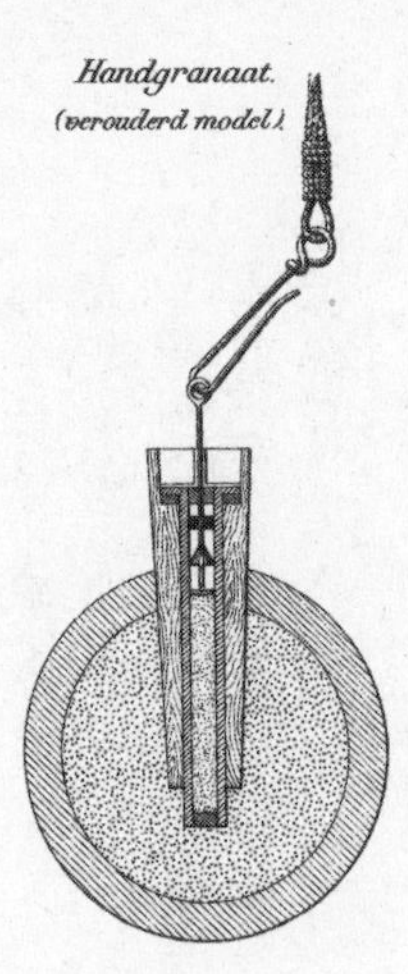

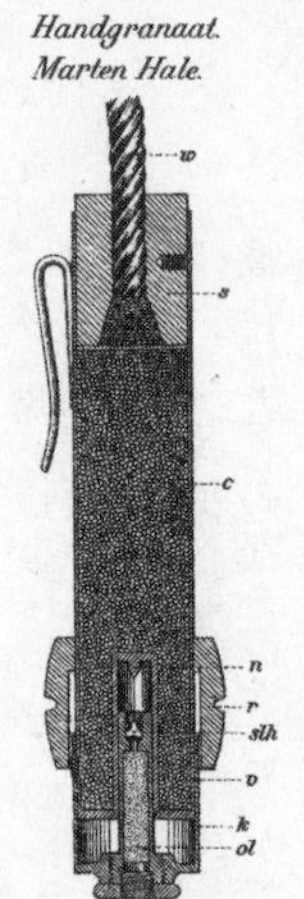

右：旧式手榴弾（門管式）、
左：英軍マーテン・ヘイル手榴弾（着発式）

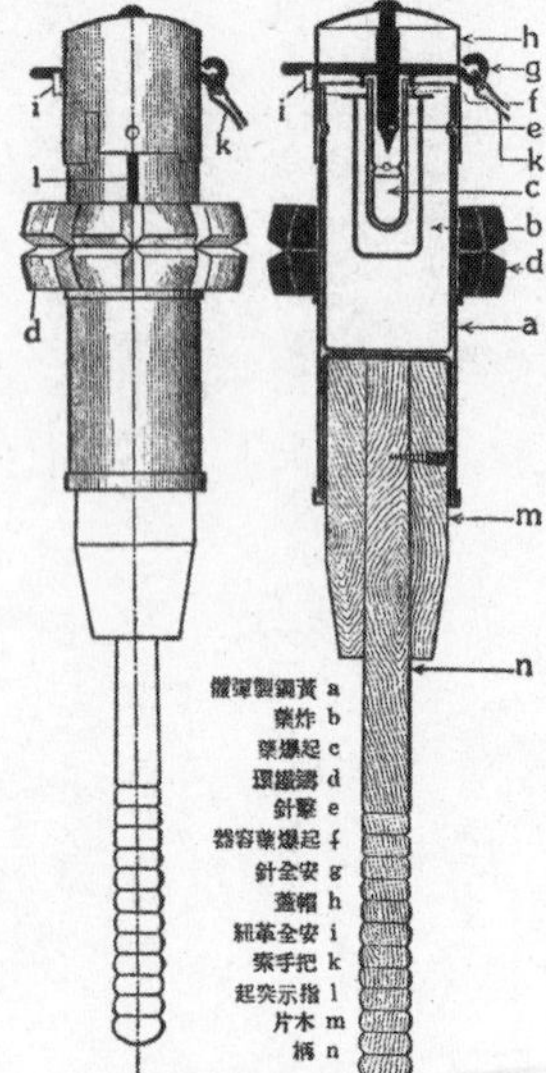

英軍着発式柄付手榴弾
第一次大戦　昭和6年　万有科学大系15巻兵器

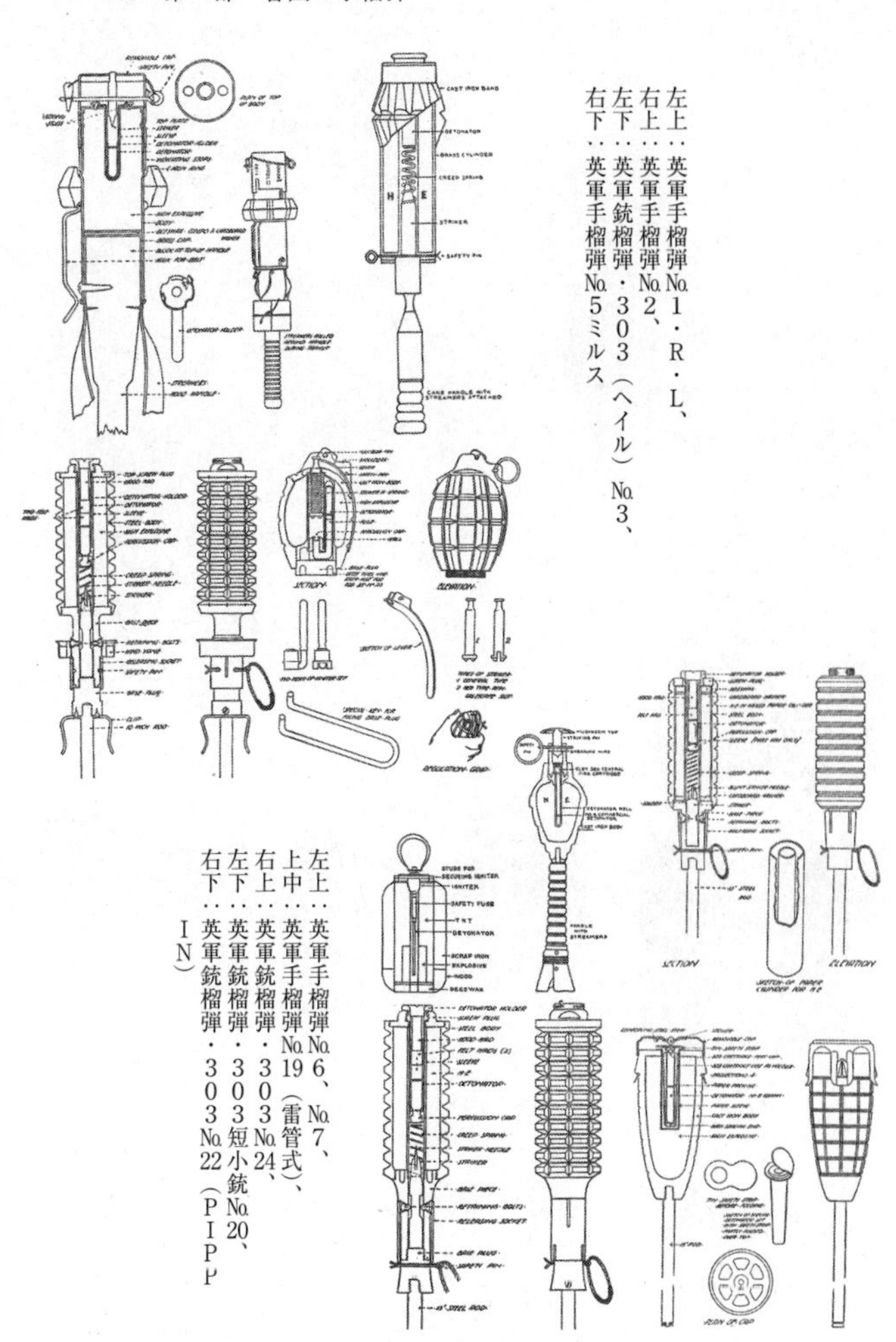

左上：英軍手榴弾No.1・R・L、
右上：英軍手榴弾No.2、
左下：英軍銃榴弾・303（ヘイル）No.3、
右下：英軍手榴弾No.5ミルス

左上：英軍手榴弾No.6、No.7、
上中：英軍手榴弾No.19（雷管式）、
右上：英軍銃榴弾・303No.24、
左下：英軍銃榴弾・303短小銃No.20、
右下：英軍銃榴弾・303No.22（PIPPIN）

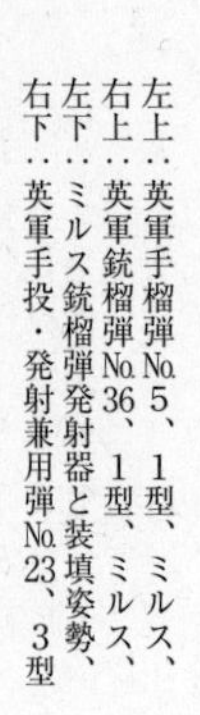

左上：英軍手榴弾No.5、1型、ミルス、
右上：英軍銃榴弾No.36、1型、ミルス、
左下：ミルス銃榴弾発射器と装填姿勢、
右下：英軍手投・発射兼用弾No.23、3型

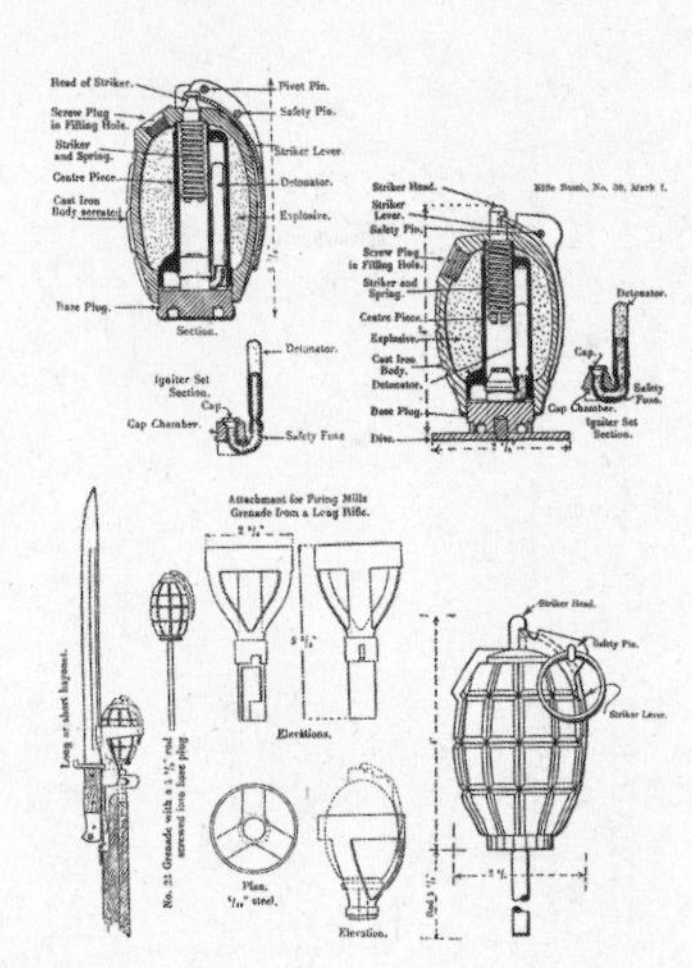

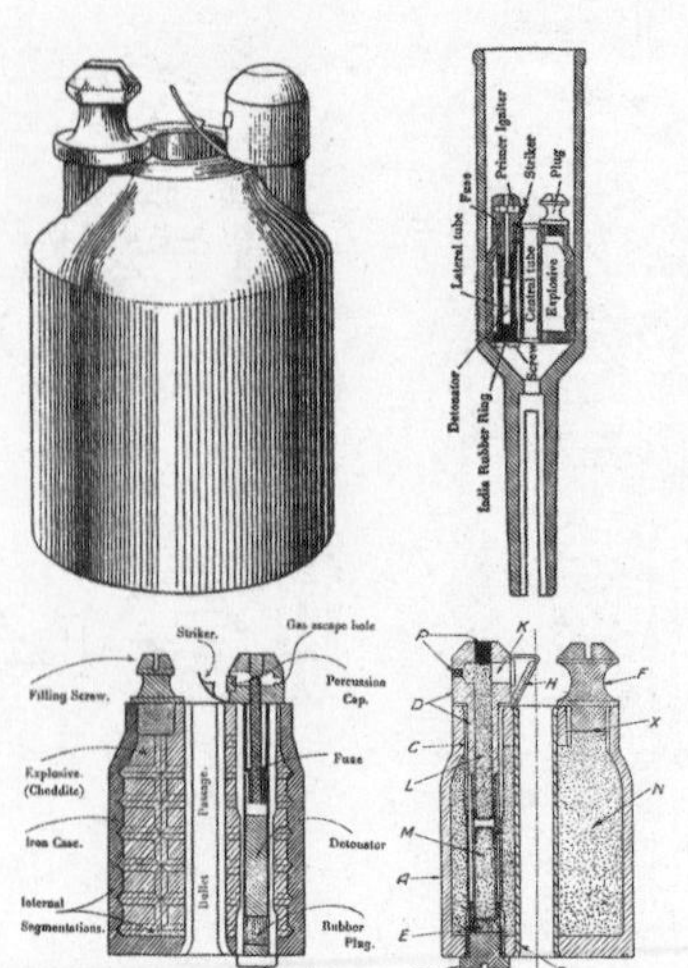

左上：仏軍V・B小銃榴弾、
右上：発射器に装填したV・B小銃榴弾、
下：V・B小銃榴弾構造

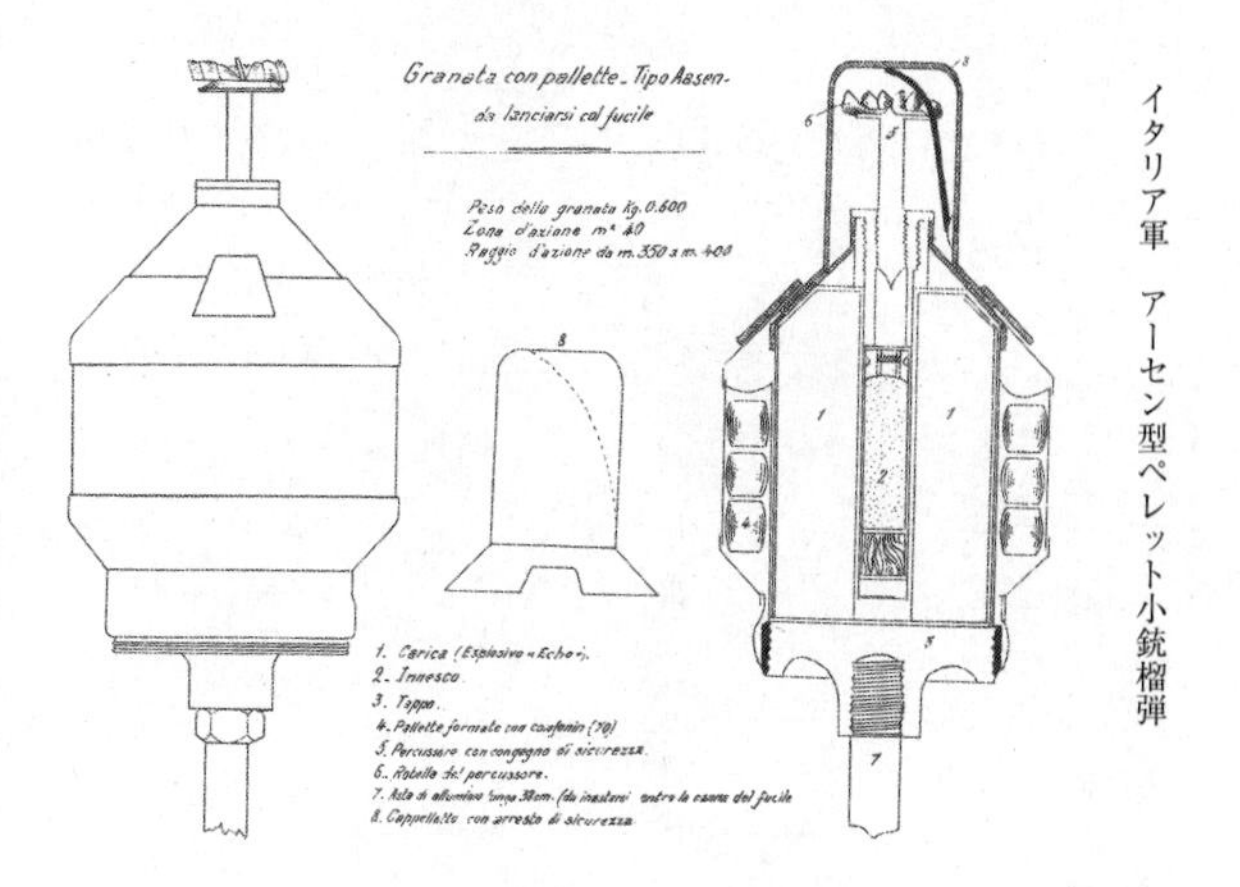

イタリア軍　アーセン型ペレット小銃榴弾

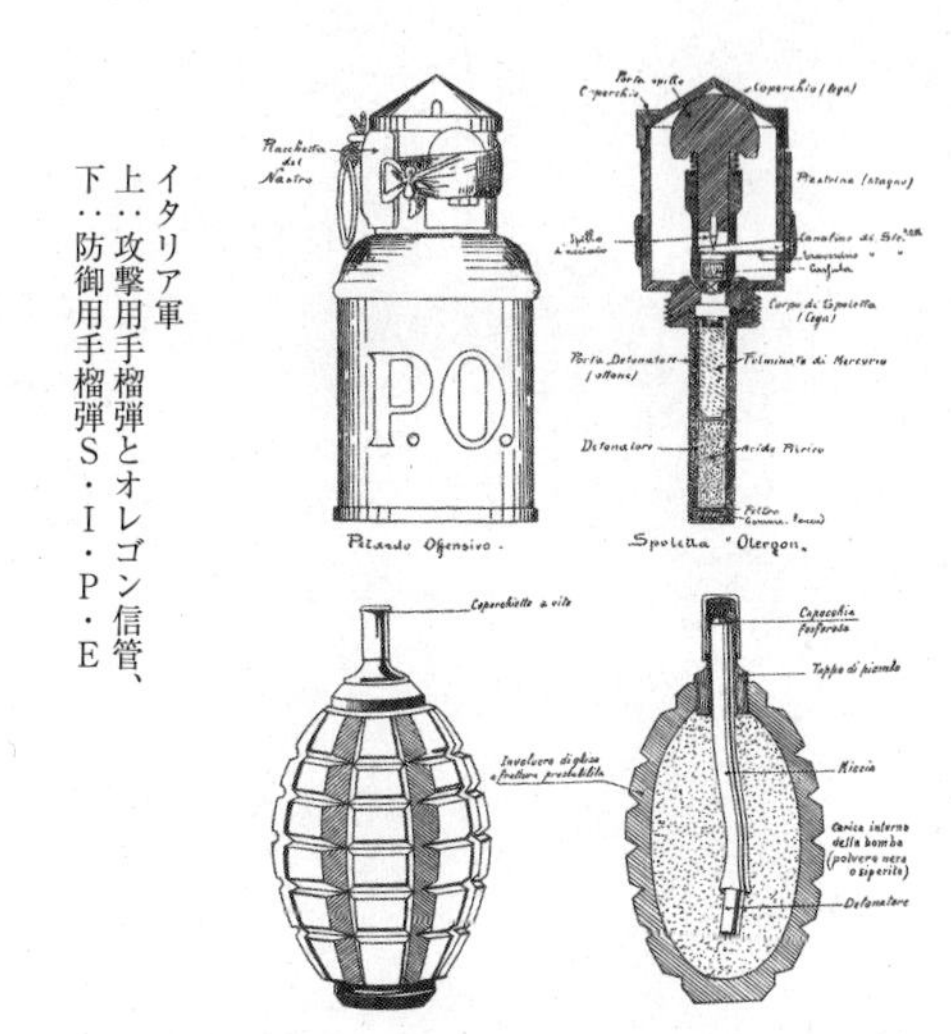

イタリア軍
上：攻撃用手榴弾とオレゴン信管、
下：防御用手榴弾S・I・P・E

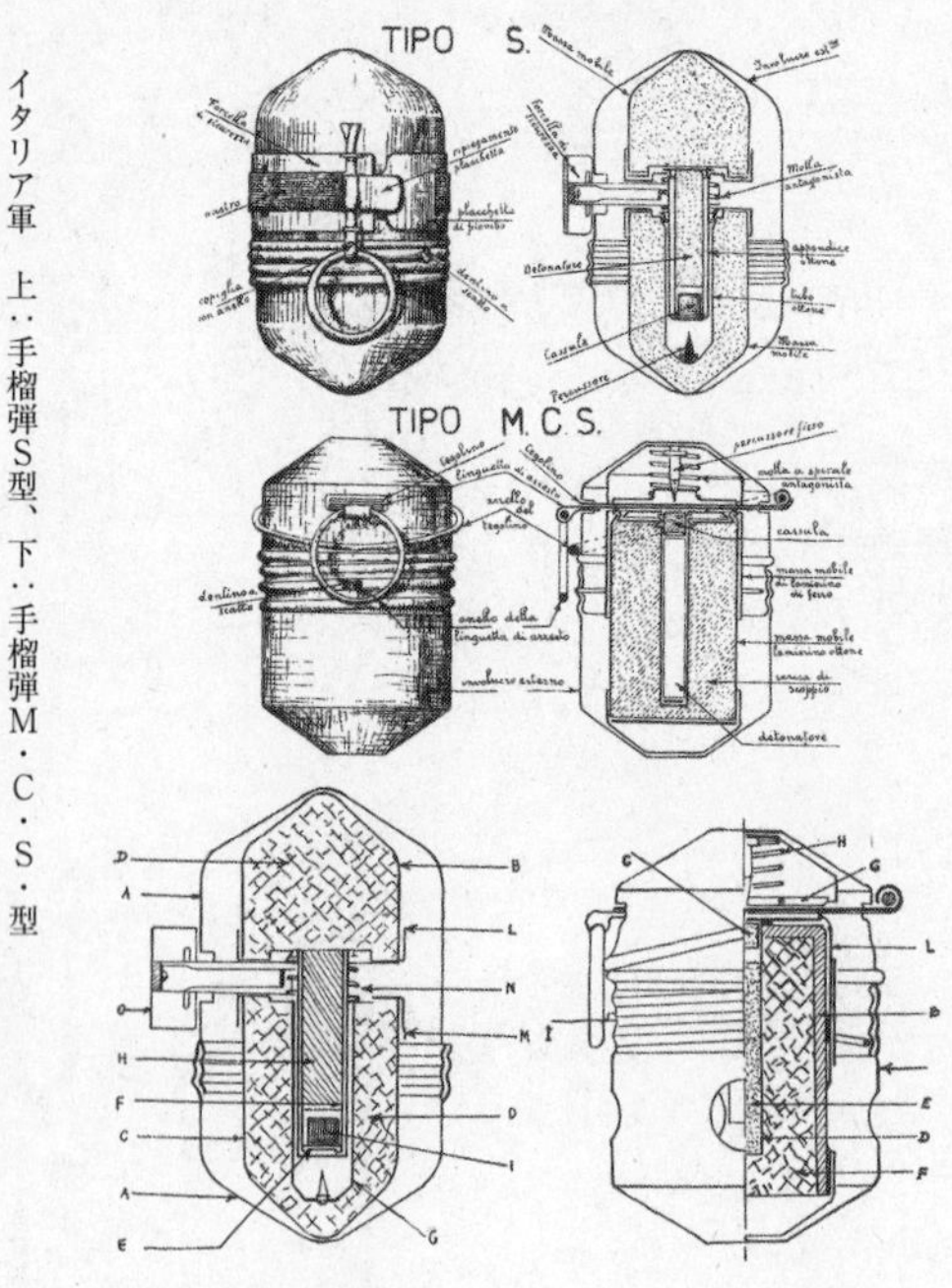

イタリア軍　上：手榴弾S型、下：手榴弾M・C・S・型

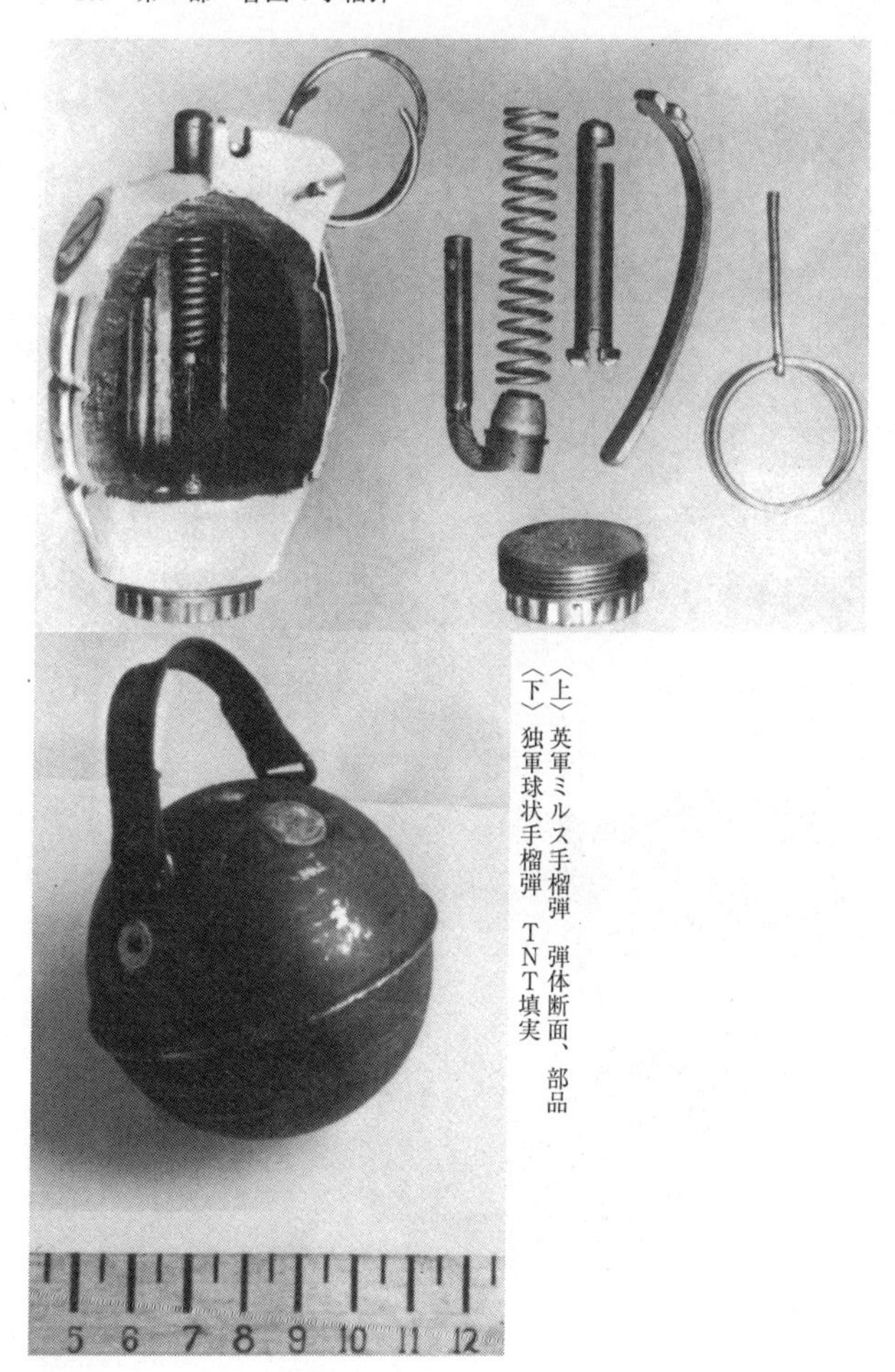

〈上〉英軍ミルス手榴弾　弾体断面、部品
〈下〉独軍球状手榴弾　TNT填実

〈上〉第一次大戦における独軍擲弾兵の装備と柄付手榴弾の投擲
〈中〉独軍柄付手榴弾 1943
〈下〉独軍柄付手榴弾

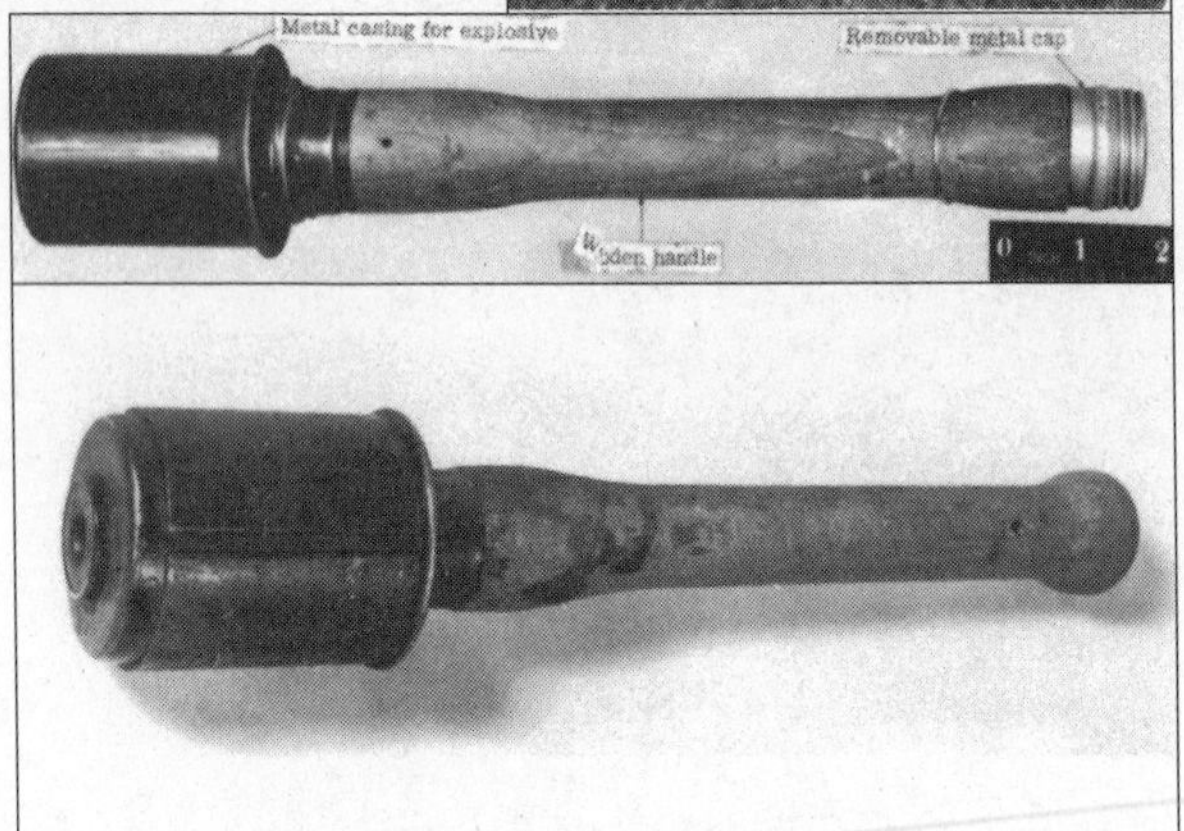

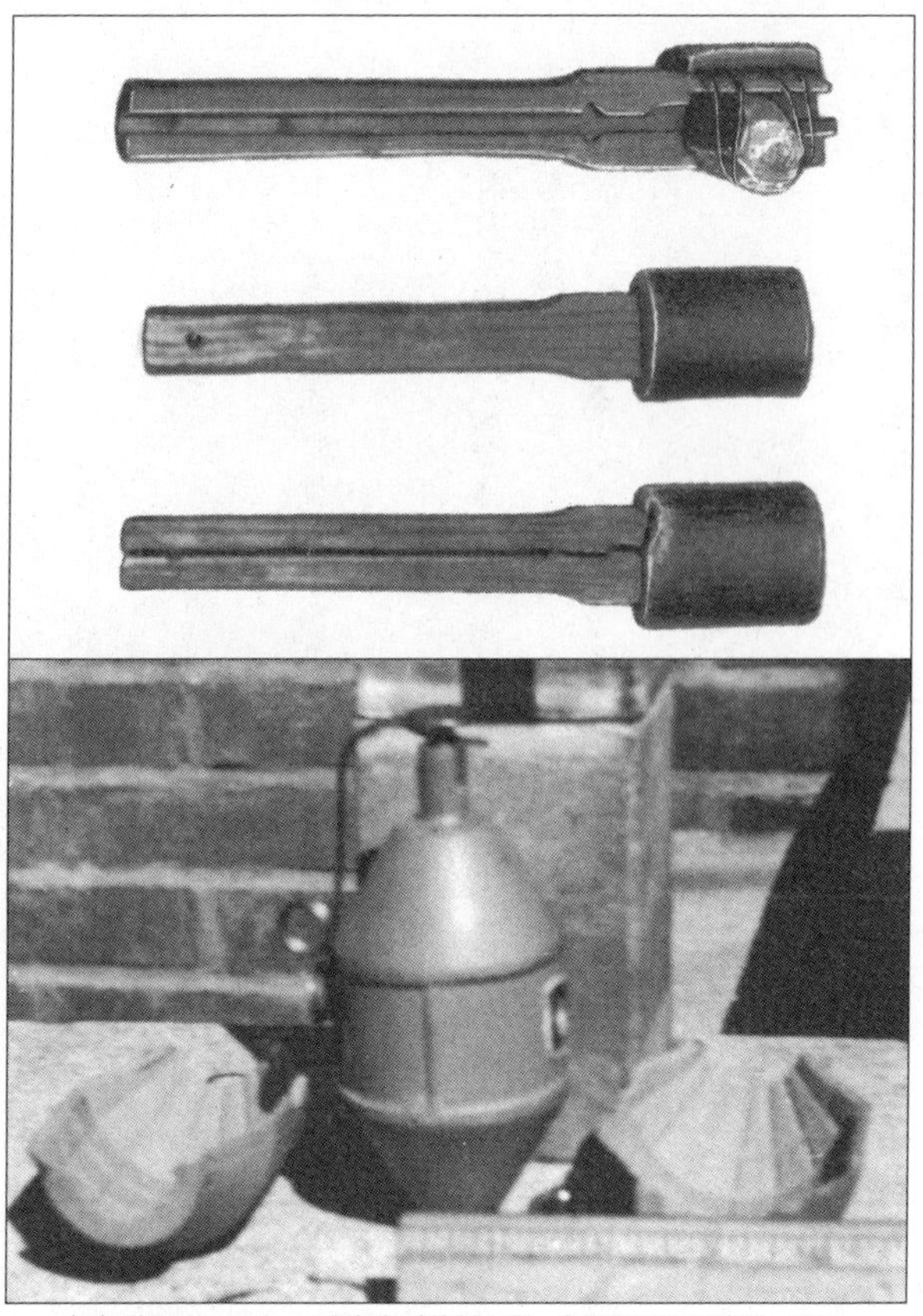

〈上〉独軍コンクリート製柄付手榴弾１型、空洞部にTNT填実　1945
〈下〉独軍手榴弾AK／B型　1944

防御においては手榴弾の投擲と協力し攻撃歩兵の突進を阻止する。また要すれば陣地前の某線に対し墻壁射撃を行う。

(三) 対陣

対陣間にあっては敵が集団になりやすい地点に日々これを発射する。

(四) 射撃

本銃は常に連続射撃をするもので、単銃または部隊をもって行う。

四、形状

弾体に三〇センチ内外の銃腔桿を付ける。銃腔桿はこれを銃腔に挿入し、火薬の放射力を受け、かつ弾丸の飛行間その方向を維持するものとする。

五、一般観察

手榴弾、銃榴弾および迫撃砲はともに近戦兵器で、これを目的上から分類すれば左のとおりである。

(一) 小、近距離用　手榴弾、(二) 中、近距離用　銃榴弾、(三) 大、近距離用　迫撃砲

歩兵佐官召集記事　大正八年三月　陸軍歩兵学校

特種兵器に関する研究　手榴弾

一、欧州戦場における手榴弾の趨勢

手榴弾は今次の戦役において著しく進歩し、その威力を大きくするとともに投擲しやすいように弾体を球形にした。また不発を防ぐため多くは曳火式とし、着発式のものでも必ず爆発するような構造とした。

二、制式手榴弾の構造および取扱上の注意

弾尾に藁もしくは棕櫚縄を代用するものは保管時に棕櫚縄などに癖が着くので、被布に比べて投擲方向の維持が不良である。また結合の際撃針とゴム管とを適合させなければ、投擲しても信管が不発となり爆発しない。

三、投擲法の教育上着意すべき事項

教育の順序は立姿投、膝姿投、伏姿投、各種応用投擲の順序を可とする。教育程度は兵卒に対しては各種姿勢における投擲法を、幹部の若干に対しては各種応用投擲法を教育するものとする。

教育実施上注意しなければならないことは監督指導を厳しくし、弾頭の保存に注意すること、危害予防に注意すること、および兵卒の嗜好心を喚起することが重要である。

四、投擲の実施

投擲法を基礎投擲と応用投擲に区分し、基礎投擲法においては振出動作、手離動作、直線方向の投擲、目標に対する投擲の順序に行い、応用投擲法においては通視困難な目標に対する投擲および部隊による投擲法を行う。

五、手榴弾の戦術的用法

(一) 攻撃

突撃準備間は敵の復旧作業を妨害する。

突撃に際し擲弾分隊は突撃部隊の進路を拓き、鉄条網などの障害物を手榴弾により応急破壊する。突撃隊第一列も手榴弾を投擲しつつ突入する。

敵の弱点に接近して手榴弾を投擲し、拠点を奪取する。要すれば地上より壕内の敵に手榴弾を投下し、敵陣地を掃討する。

(二) 防御

擲弾兵を小群に分け、歩兵線に沿って配置し、敵の突撃を防止する。

潜(ひそ)かに敵に接近し、手榴弾を投擲して作業を妨害する。

(三) 塹壕内の戦闘

敵の側面に展開し、急激かつ猛烈に手榴弾を投擲して逆襲する。

塹壕内の戦闘は陣地の経始を明らかにし、兵員の群集を避け、静粛を要する。防御においては努めて敵に優る投擲手を配備し得る地点に待機する。

（四）小戦

奇襲は綿密な計画をもって前後並びに側面より、敵の不意に乗じる。最も敵に接近した散兵壕ではなるべく敵の兵力を消耗させるためしばしば手榴弾を投擲する。

一時失ったわが陣地を奪回しようとする際は、手榴弾を投擲して敵を殺傷擾乱させ、これに乗じて白兵（銃剣、刀）を揮（ふる）い、逆襲を行う。

（五）運動戦

①局地争奪　遠距離投擲を行い機先を制する。

②山地戦　死角の消滅、奇襲などに利用する。

③村落戦　死角に接近し投擲する。または窓などから投入する。

④森林戦　最先頭の斥候群に携行させる方がよいことがある。

⑤前哨戦　敵夜襲部隊の擾乱および阻絶に用いる。

（六）白兵戦闘

手榴弾の中絶に際しては白兵をもって戦闘を継続することを要する。

小銃は擲弾戦には不便であるので、塹壕内の白兵戦では一尺内外の小刀を可とし、平地の戦闘では二尺余りの大刀を可とする。その佩用法は運動に支障のないよう特別の装法とする。これらの白兵は中隊において保管し、擲弾群の編成に際して長短必要に応じて分配する。剣術、柔道を平素から十分に教育しておくことが必要である。

（七）手榴弾の障害的用法

地雷的装置と自発的装置がある。間隔は通常威力半径の二倍とする。

地雷的装置は敵が必ず通過する地点に穴を掘り、手榴弾を直立して薄板で蔽い、敵の通過時に板の圧下により爆発するように装置するもので、設備に多少の時間と材料を必要とするが、設備に手を抜くと圧下したときに弾頭の垂直を保持できず、不発となることがある。

自発的装置は敵が不用意に張綱に触れると爆発するもので、昼間は通常杭のみを植立し、夜間になって綱を張る。この設備は敵の銃砲弾に暴露するので長く維持することは困難だが、外壕底、交通壕内、森林内または夜間において応用する。

歩兵第二聯隊冬季試験報告　大正九年七月　浦潮(ウラジオ)派遣軍

凍結地における手榴弾の威力

一、手榴弾は凍結した土地（雪）においてはその威力はほとんど同等であるが、氷上においては氷の破片のため損害を受けるものが多く、氷の破片が標的に貫入しあるいは密着したものがやや多かった。

二、手榴弾の破片は粟粒大ないし大豆大で、標的（厚さ約六ミリ）を貫通したものは案外僅少である。ゆえに敵に対し致命傷を与えるには敵前至近の位置に落下させなければならない。わが手榴弾は装薬の爆発力が強過ぎるため破片が小さ過ぎ、かえって殺傷力を減少させている感がある。

三、爆発の際氷は中径二〇センチ、深さ四センチの漏斗状に穿孔され、凍結した雪は中径三〇センチ、深さ五センチの漏斗状に穿孔される。

四、小豆大の破片は破裂点より二三メートルの地点に飛来したが、被服装具を貫通する力はなかった。

第一次大戦における兵器上の観察　大正十年四月　臨時軍事調査委員月報

手榴弾

塹壕戦に手榴弾の用途は多く、その価値が大きいのは周知のことであり、単に物質上だけでなく士気上に及ぼす効力も非常に大きい。手榴弾はその使用が軽便であるので、運動戦においてもこの使用を有利とする場合が少なくなく、将来その用途は益々広がるであろう。

欧州戦役間各国が使用した手榴弾には厚肉の弾体を有し、爆裂に際し多数の破片を生じ、これを爆裂点の四周に飛散し殺傷威力を得るものと、弾体に薄肉の鉄鈑を用い、爆薬量を多くして爆発の威力によるものとの二種がある。前者は殺傷効力が大きく、後者は士気上の効力が大きい。

また塹壕戦において掩護物の後方から投擲する場合には、自己に危害が及ぶおそれは少ないので、手榴弾の効力範囲を拡大し、比較的重量の大きいものを使うことができた。しかし掩護物がない場合にもこれを利用するため、独国は前方にのみ破片を飛散させるものを考案した。また米国は破片の効力による手榴弾を防御用とし、別に紙製の弾体で爆発の効力によるものを攻撃用として制定した。これは相当の威力を期待できる手榴弾で、重量五、六〇〇グラムのものは投擲に際し不便を感じることはない。

そのほかガス手榴弾、煙手榴弾、焼夷手榴弾など特種目的に使用するものがある。ガス手榴弾は毒液を填実し、爆裂により毒性ガスを発散することで、敵を塹壕または掩蔽部などから駆逐するもので、仏国はクロール、アセトン、醋酸エステル、あるいはアクロレインなど数種のものを用い、英国ではヨード醋酸エステル七〇パーセントとアルコールおよび醋酸エステル二〇パーセントとの配合薬を用いたものがある。

煙手榴弾は発煙剤を填実し爆裂により濃厚な煙を生じ、敵兵殊に機関銃巣の前面に煙幕を構成し、その通視および射撃を不能にするもので、一般に燐を用いる。焼夷手榴弾は焼夷剤を填実し敵の構築物を焼夷するもので英国、仏国が採用した薬剤は熔融白燐である。また英国では赤燐を用い焼夷および発煙の効力を兼ねるものがある。

構造上の参考

手榴弾の構造は簡単なものが良い。設計上特に注意を要する点は投擲の容易、発火の確実および使用の安全である。

手榴弾の投擲を容易にするにはその重量が過大ではならない。各国手榴弾の重量は概して五〇〇ないし九〇〇グラムである。その投擲距離は五、六〇〇グラムのもので三〇ないし四〇メートルに過ぎず、実際に使用する場合にはこれより減少すると見るのが妥当である。このことから投擲距離の関係上手榴弾は重量五、六〇〇グラムを超過しない程度のもので満足するのが適当である。

手榴弾の形状は投擲の便否に大きな影響を与える。各国使用のものは球形、卵形など掴みやすい形、または柄を付けて投擲しやすくするのが一般的である。

手榴弾は腕力により投擲するものであるから、着発式では一定の方向に着達し難く、このために特別の装置を要し、また弾着地が軟質であれば不発となるおそれがある。曳火式にするとそれらの憂いはないが、命中後直ちに爆発しない場合があるのみならず、爆発する前に敵から投げ返されるおそれがあるなど、両発火装置には一長一短がある。

各国着発手榴弾が発火を確実にするために採った方法を大別すれば、弾丸に金属製導翼または麻縄などの弾尾を付け、つねに弾頭を前方に向けて飛行させ、もしくは弾丸後部に延長部を付けかつ弾頭部を重くし、常に弾頭から着達させるものと、発火装置に特別の考案を加え、弾丸が必ずしも一定の方向に落達しなくても着発活機を作用させるものとの二種に区別することができる。

しかしこのようにしても不発を皆無にすることは困難であり、殊に積雪地その他軟質地において常に発火の確実を望むことはほとんど不可能である。

曳火手榴弾は上記の弊を除きどのような場合においても確実に爆発する。ただ導火装置を設けその燃焼を規則正しく行うことが着発手榴弾とは異なる。導火装置として通常導火索を用い燃焼時間は五秒内外のものが多い。その点火法には二種あり、一つは投擲にあたり投擲手自ら点火するもので、他は機械的装置により投擲と同時に自然に点火するものである。投擲時の動作を簡略にし、使用者に不安を覚えさせないためには後者の方法を有利とする。

手榴弾の安全装置は最も確実であることを要する。しかし構造が複雑で装置の解放に手数を要するものは不可である。米国が最初に採用した手榴弾は安全が確実だが解放に手数が多いのみならず、情況逼迫の場合における兵卒の精神が興奮しているため、安全栓の除去を忘れ、かえって敵にこれを投げ返されたのを実験し、またこの手榴弾は安全装置解放後に投擲する構造であるため、装置を解放した弾丸を保持することに自ら危険を感じ、過度に投擲を急ぐ傾向があることから、本手榴弾の構造を改造することになった。

ゆえに安全装置は投擲と同時に自然に解放され、手榴弾が手を離れた後初めて発火を準備するのを理想とすべきであるが、投擲前一指をも触れずに投擲できる装置は不可能であるから、その操作をできる限り簡易にし、かつこれを忘れることのない方法とし、教育と相まって完全なものとすることが必要である。

手榴弾研究の標準

歩兵部隊に手榴弾を備えることの必要性は明らかで、少なくとも殺傷力を有する尋常手榴弾の一種を装備する必要がある。破片の効力によるものを有利とするかまたは爆発効力の大きいものを可とするかは問題である。特種手榴弾の中で焼夷手榴弾は使用の機会が多くなく、またガス手榴弾は内容量が小さいので果たして効力が十分か疑われる。

また手榴弾に数種の制式を設けて携帯補給の不便を忍ぶことは問題である。殊にガス手榴弾は敵を苦しめる代りに、われもまた投擲した後直ちに敵陣に突入することはできないことに注意しなければならない。このため独軍のものは毒性がない燻蒸性ガスを発生するものを用いたという。また煙手榴弾は敵を盲目にするもので、戦役終期に至り使用数が増加したようである。ガスおよび煙手榴弾はともにその特性を発揮することができれば有利に使用できるので、研究を必要とする。

各国手榴弾は種類が多く構造、機能は多様で各一利一害がある。そのどれを最良とするか決め難いが、なかんずく優良な構造を有するものは英国の第5号手榴弾（ミルス式）と独軍柄付曳火手榴弾である。英国第5号手榴弾は同国が最も多く使用したもので、楕円形曳火式の破片効力による手榴弾である。構造は比較的簡単であるのみならず、投擲に際しては安全桿を弾体とともに握り、安全栓を抽出し発火準備の態勢にすれば、後は特別の操作は不要で単にこれを目標に向けて投擲すればよい。

また独国の柄付曳火手榴弾は爆発の効力によるもので、薄鉄鈑の円筒形爆裂筒および発火装置を有する柄部よりなり、これを帯革に懸吊して容易に携帯することができる。構造は比較的簡単で自動発火のものは単に底螺を螺脱して発火を準備し、柄を持って投擲すればよい。

これら二種の手榴弾は構造上の参考とするに足るものと認める。

第一次大戦における手榴弾の戦術的用法　臨時軍事調査委員

手榴弾は陣地戦における歩兵の重要な戦闘兵器である。これは近接戦闘を主とすることと、敵は塹壕に隠れその身体を暴露することが少ないからである。したがって各国軍歩兵は皆この使用に習熟するだけでなく、特に擲弾兵という専門の特業兵を教育しつつある。手榴弾戦闘において最も顧慮すべき問題はその補給である。

彼我接近し砲兵では攻撃準備ができないときは手榴弾で攻撃を準備する。一般攻撃において第一線突撃隊は手榴弾を敵塹壕に投入しつつ突進する。占領陣地内敵残兵の掃蕩および塹壕より攻撃を進捗させる際においては主として手榴弾を用いる。対陣間における局部的小急襲においても主としてこれを使用する。

防御においては擲弾兵を小群に分けて配置する。特に重要な地点にはその数を多くし、時として重畳して配備することがある。彼我甚だしく接近するときは手榴弾戦に優勢を占め、敵を駆逐する。敵兵が突撃して来れば手榴弾を投じて抵抗する。陣地内部の小支撐点はかりに包囲されても機関銃および手榴弾をもって頑強に抵抗を持続しなければならない。陣地の一部を敵に奪取されたときは直ちに手榴弾をもって恢復攻撃を行う。

手榴弾の補給は最も注意すべき要件である。ゆえに攻撃にあっては一般兵卒に若干を携行させるほか、補給に任じる兵員を部署し、また逐次前方に中間置場を推進することを必要とし、防御においては掩蔽部あるいは陣地要所に安全な格納庫を設備し、常に豊富に貯蔵しておかせる。

彼我接近し砲撃を行うことができず、しかも手榴弾が届かないときは銃榴弾により攻撃を準備する。銃榴弾は各国軍が使用しており、殊に仏軍はこれを賞用して歩兵中隊の編制内に採用した。歩兵が突撃を開始すると、これとともに前進し、頑強な敵に会えばその射程内に停止し、歩兵を超えてこれに発射することにより迅速に歩兵の突撃を準備する。そのほか外翼の掩護、占領陣地の確保および塹壕内の戦闘に賞用される。

防御においては手榴弾の投擲と協力し、攻撃して来る歩兵の突進を阻止する。また要すれば砲兵に代り陣地前の某地線に対し墻壁射撃を行う。

対陣間にあっては敵が集団しやすい地点に対し日々これを発射し、損害を与えてその士気を阻喪させる。また射程内における敵の作業を妨害する。

擲弾銃は常に連続射撃をするもので、単銃または部隊により行う。単銃射撃は緩徐に連続発射し、部隊射撃は小、中隊長の統一指揮により一斉にまたは急速に、あるいは最大速度をもって行う。


第一次大戦におけるドイツの毒ガス手榴弾　臨時軍事調査委員

仏軍が鹵獲した各種手榴弾の中に左の毒ガス手榴弾があった。薄いガラス壜に毒ガスを填実し塞栓したもので、外部を網で包んでブリキ缶に収容し、不時の衝突に対し毒物の性質に応じ鋸屑などで保護している。壜は鉤付の箱に入れ鉤を兵卒の帯革に掛けて運搬する。

一、球状手榴弾
中径八五ミリ、容積約二五〇立方センチ、全重量約五〇〇グラム、無水硫酸および塩化サルフォ酸の混合物を約四七五グラム填実する。

二、卵形手榴弾

重量四七五グラム、容積約一六五立方センチ、工業用臭素を約四五〇グラム填実する。

箱の蓋にその用法が記載されている。

（一）箱の蓋を取外す。

（二）填実土を取除く。

（三）赤色糸を持ち手榴弾を取出す。

（四）手榴弾は直接手に持ち、風下一五メートル以上に投擲する。

（五）壜を落したときは直ちに土で覆う。

壜中の内容物は褐色の窒息ガスを発生し皮膚を腐蝕する（直ちに水中に浸すこと）。その蒸気を呼吸し、その液が眼に飛び込むことは最も危険である。また被服を傷める。この壜は爆発しない。

また塩化サルフォ酸の手榴弾と同一の手榴弾で、工業用臭化アセトンを填実したものがある。この手榴弾はA号悪臭手榴弾と称し、硅質土で保護している。壜中の内容物は眼を強く刺戟するので、敵は散兵壕内に止まっていられなくなる。

これらのガラス壜製毒ガス手榴弾は次第に用いられることが少なくなった。これらの壜は極度に脆弱で、使用者も敵と同じ危険にさらされるからである。

ドイツの毒ガス手榴弾には上記のように衝突で破砕する型式のほかに、延期信管を有する金属製の球形手榴弾があった。全重量約一キロ、内容物の重量六〇〇ないし六五〇グラム、中径一〇〇ミリ、摩擦門管により点火し、五秒後に発火する。この手榴弾にはアセトンの臭化物または工業用メチールエチールケトンの臭化物が填実された。

催涙性あるいは窒息性手榴弾は一般に歩兵が行う攻撃間に混用されることはなかった。ゆえにこの種手榴弾は好機を利用し、また情況が適当な場合において各個に独立した戦闘手段として用いられるに止まった。したがってその使用法は他の毒ガスと同じではなく、各部隊の判定にもとづいて適当に応用されるものであった。

欧州大戦におけるドイツの手榴弾について　昭和七年四月　陸軍技術本部

手榴弾は日露戦役の経験に鑑みその重要性を予想されたが、大戦においても当初より頗る重要視された。ドイツ要塞においては従前より少量の球状手榴弾を保管していたので、開戦になると工兵は直ちに新型手榴弾を実験し始めた。戦役間最も多く製造されたのは棒状手榴弾であった。

英、仏軍は防御のため掩護物内より使用するように考案された卵状手榴弾を用い、独、露軍は便利な棒状手榴弾を選びこれを攻撃的に使用した。独軍がその全兵種で一

独軍手投毒ガス弾
ガラス瓶入　第一次大戦

独軍手投毒ガス弾
球形ブリキ缶入　第一次大戦

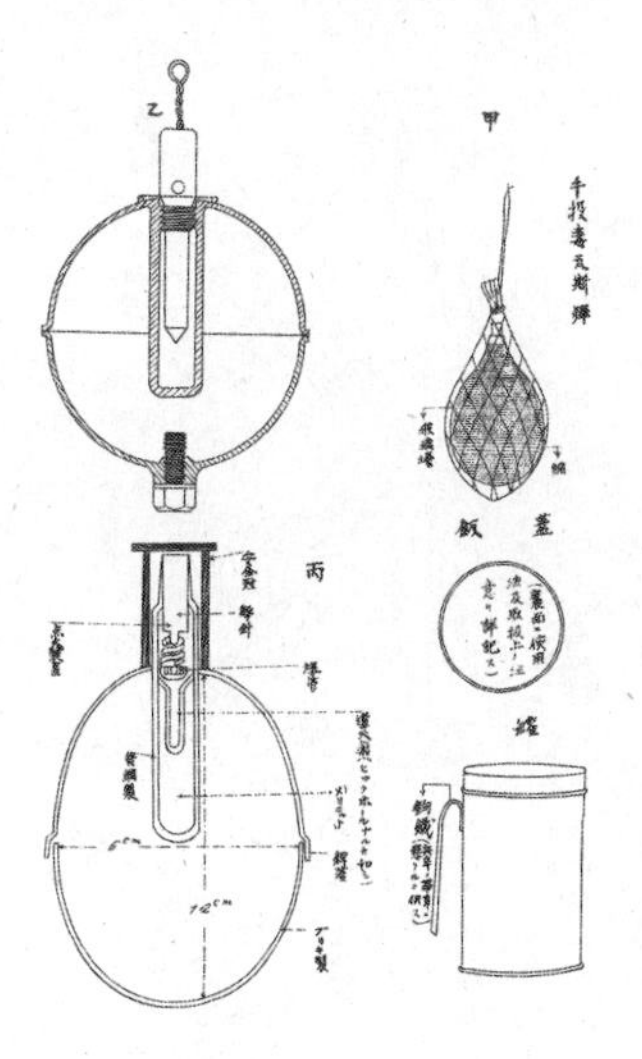

独軍手投毒ガス弾
兵器学教程弾丸火具（普通科砲兵用）
大正11年　陸軍砲工学校

独軍手榴弾
上：卵形手榴弾、柄付手榴弾（牽引発火）、柄付手榴弾（自動発火）、扁豆形手榴弾、球形着発手榴弾、
下：球形手榴弾、柄付着発手榴弾、1913年式銃榴弾、1914年式銃榴弾、擲弾筒榴弾、擲弾筒
大正８年８月　臨時調査委員月報第53号

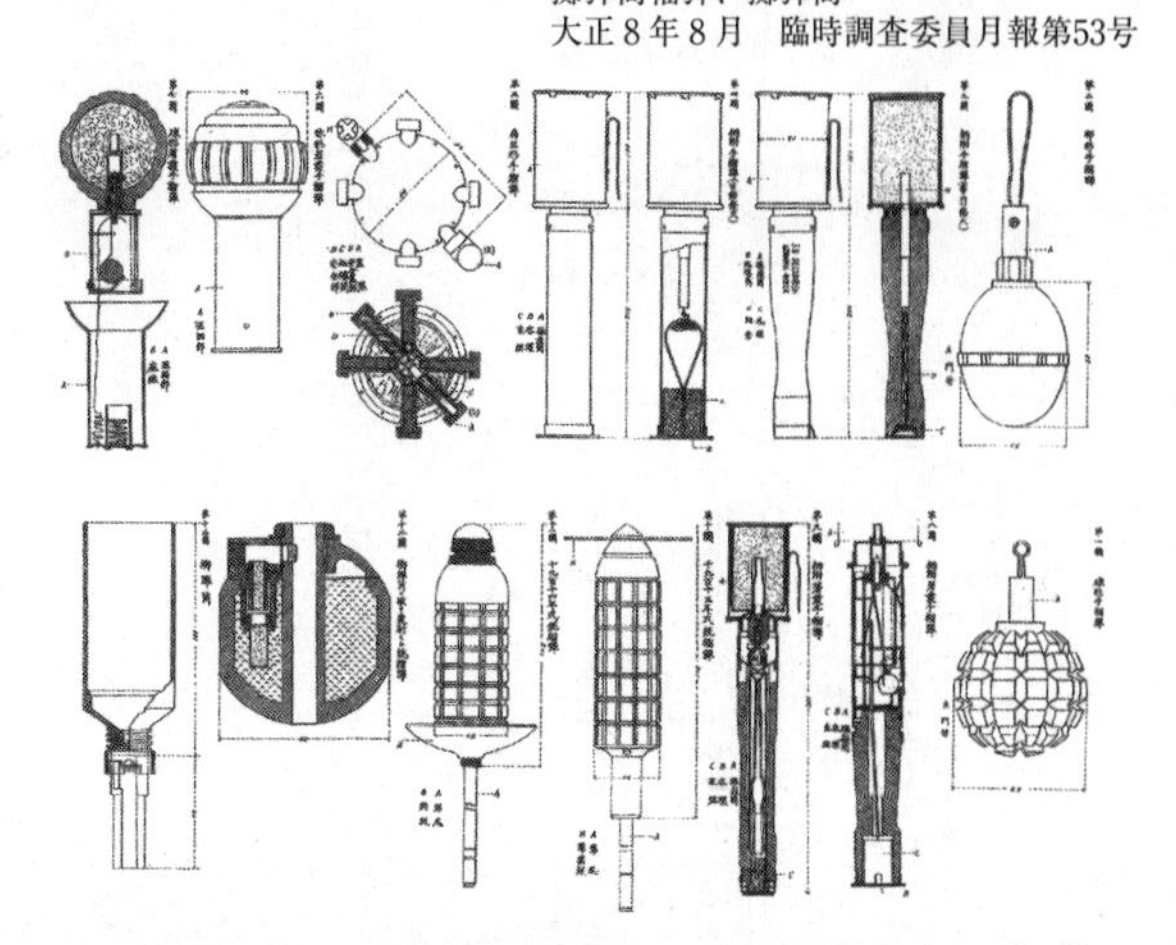

手榴弾

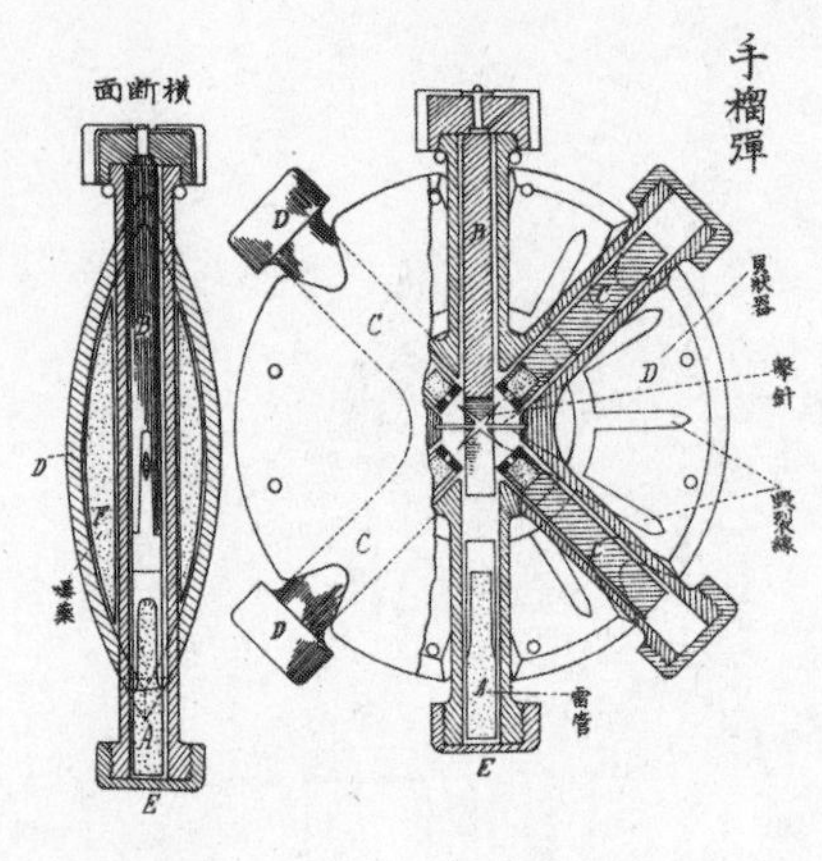

独軍扁豆形手榴弾
撃針（中央）、A雷管、B安全桿、C起爆筒、D貝状器、E蓋螺、F爆薬、径66ミリ
兵器学教程弾丸火具（普通科砲兵用）
大正5年　陸軍砲工学校

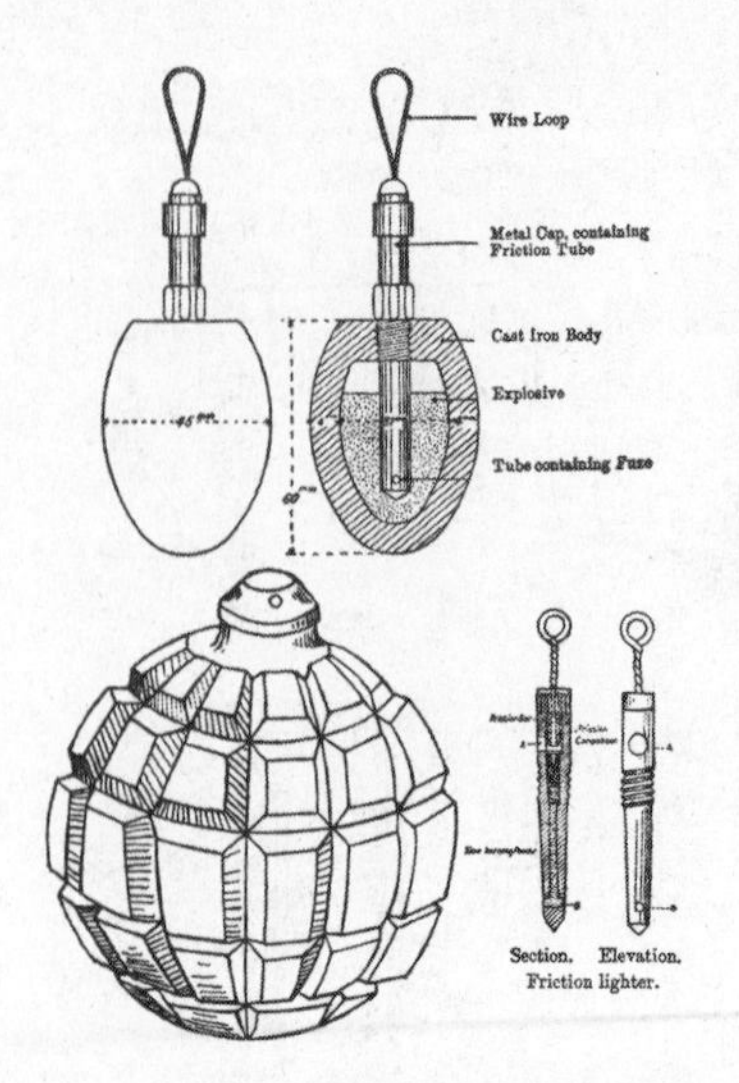

上：独軍卵形手榴弾、下：独軍球状手榴弾

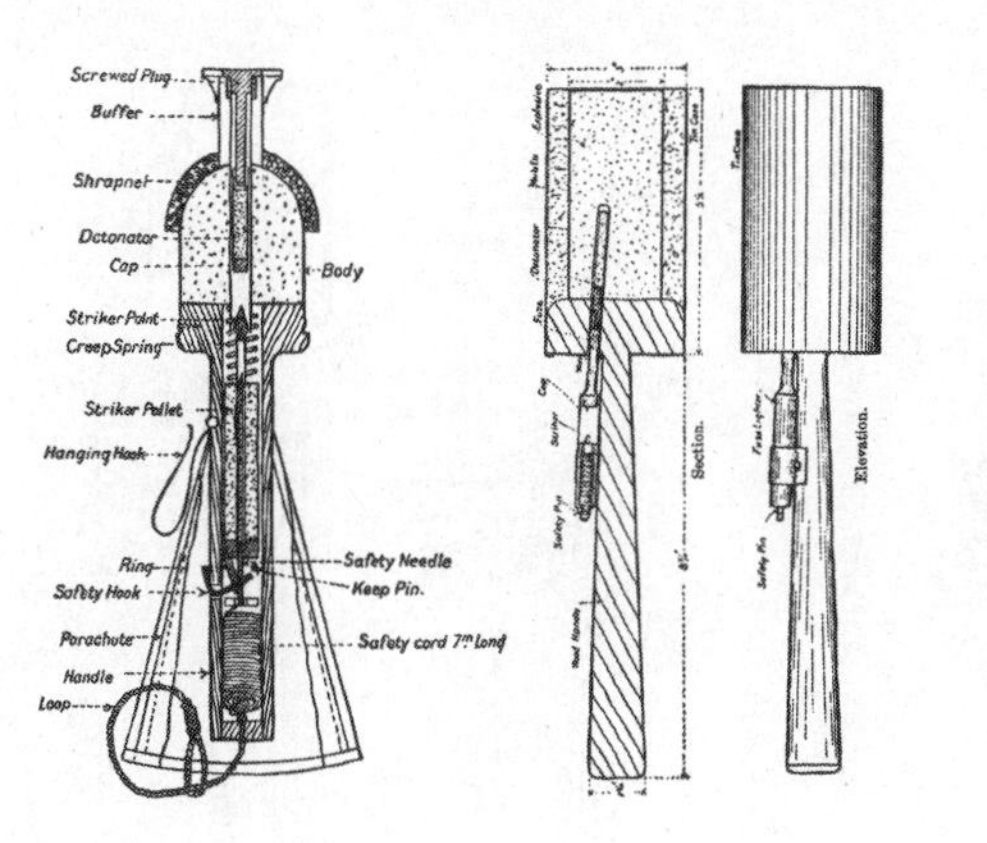

左：独軍パラシュート形手榴弾、
右：独軍円筒形柄付手榴弾（外部信管付）

左：独軍円筒形柄付手榴弾（雷管式）、
右：独軍円筒形柄付手榴弾（初期の門管式）

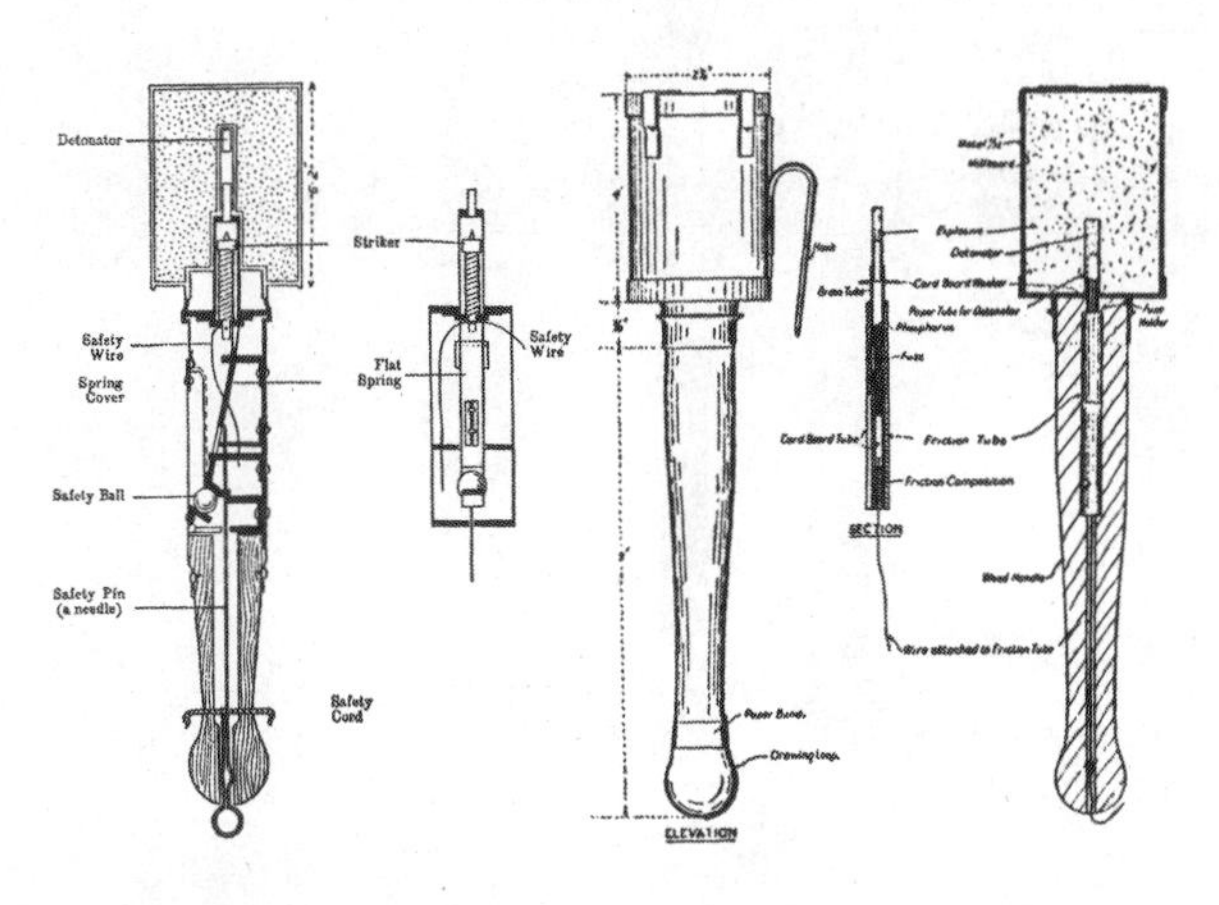

独軍円筒形柄付手榴弾（雷管式）

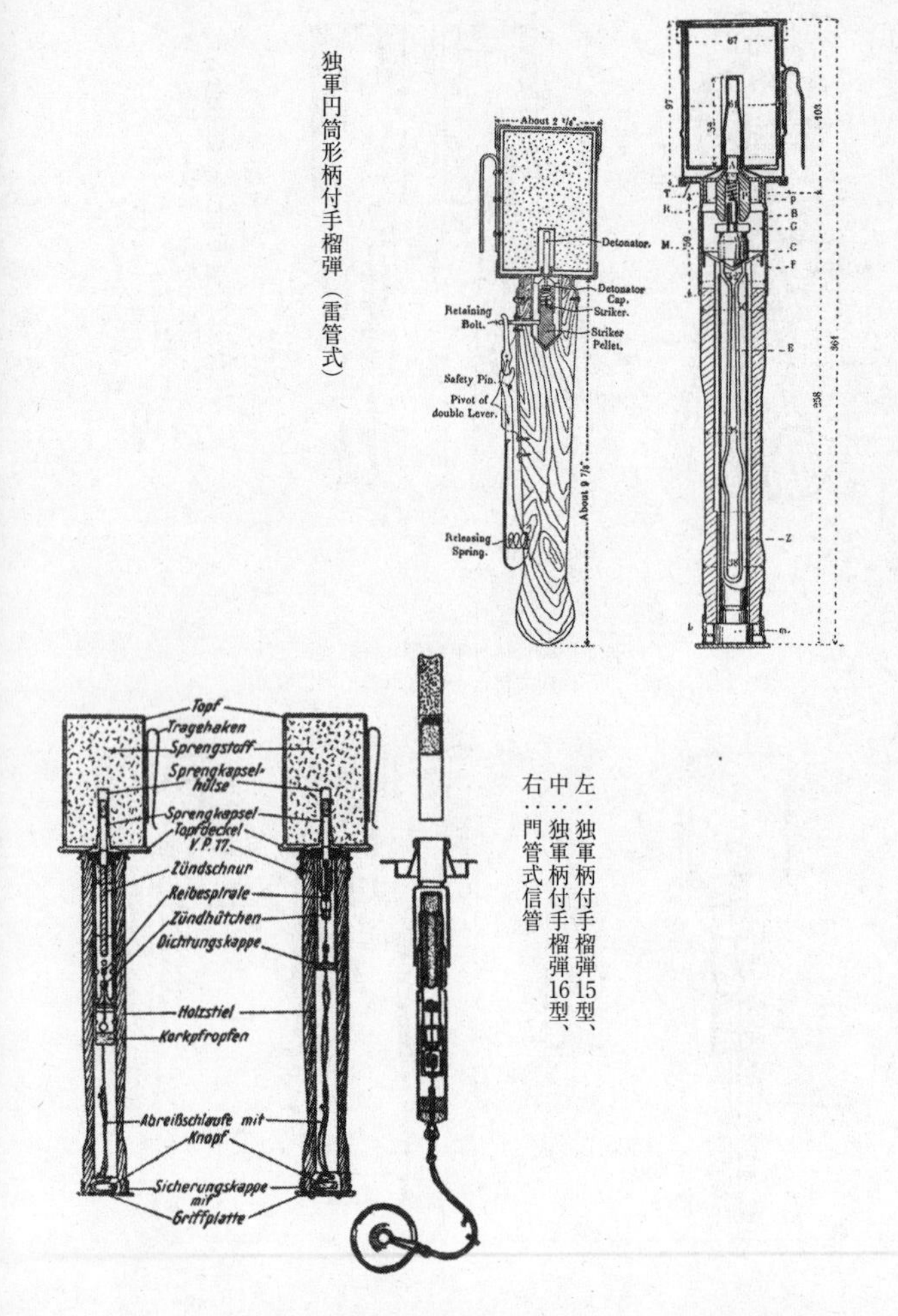

左：独軍柄付手榴弾15型、
中：独軍柄付手榴弾16型、
右：門管式信管

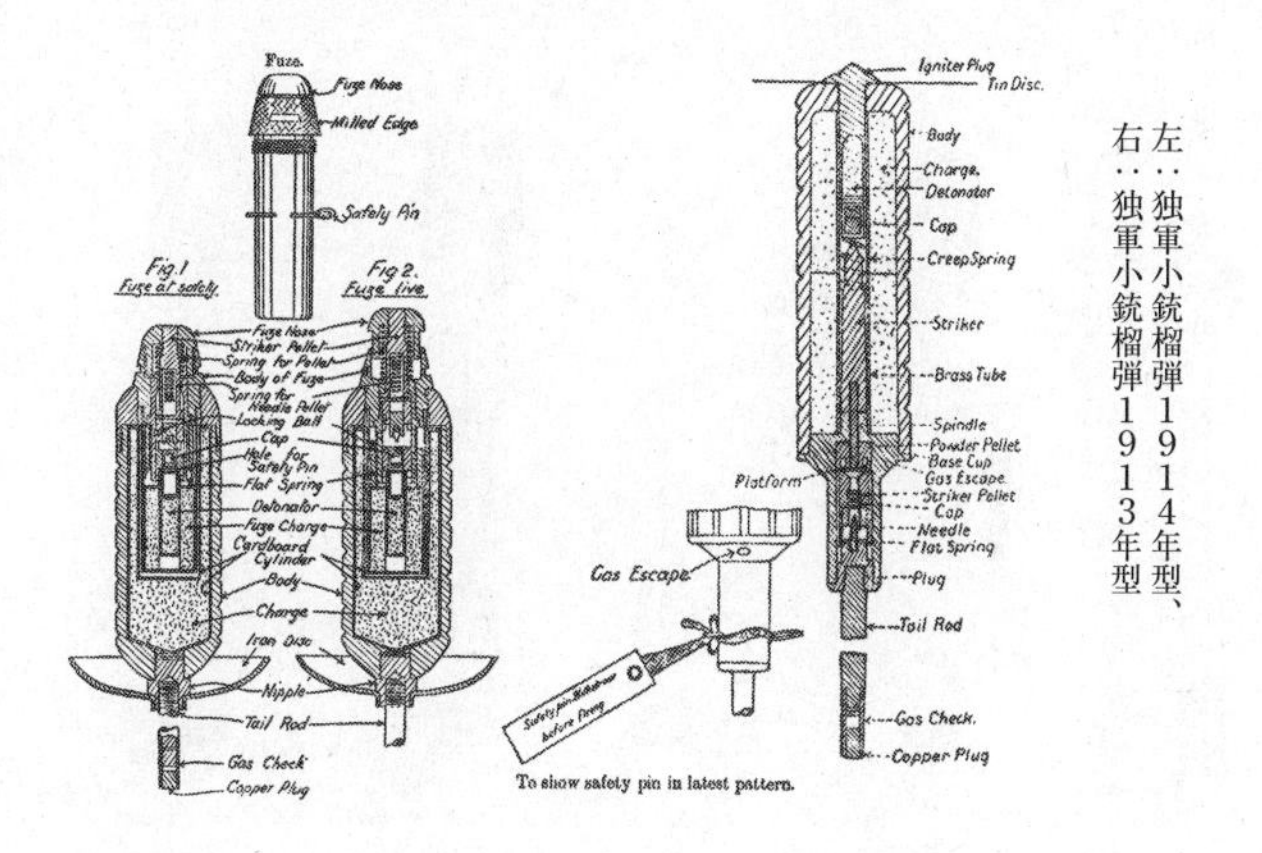

左：独軍小銃榴弾1914年型、
右：独軍小銃榴弾1913年型

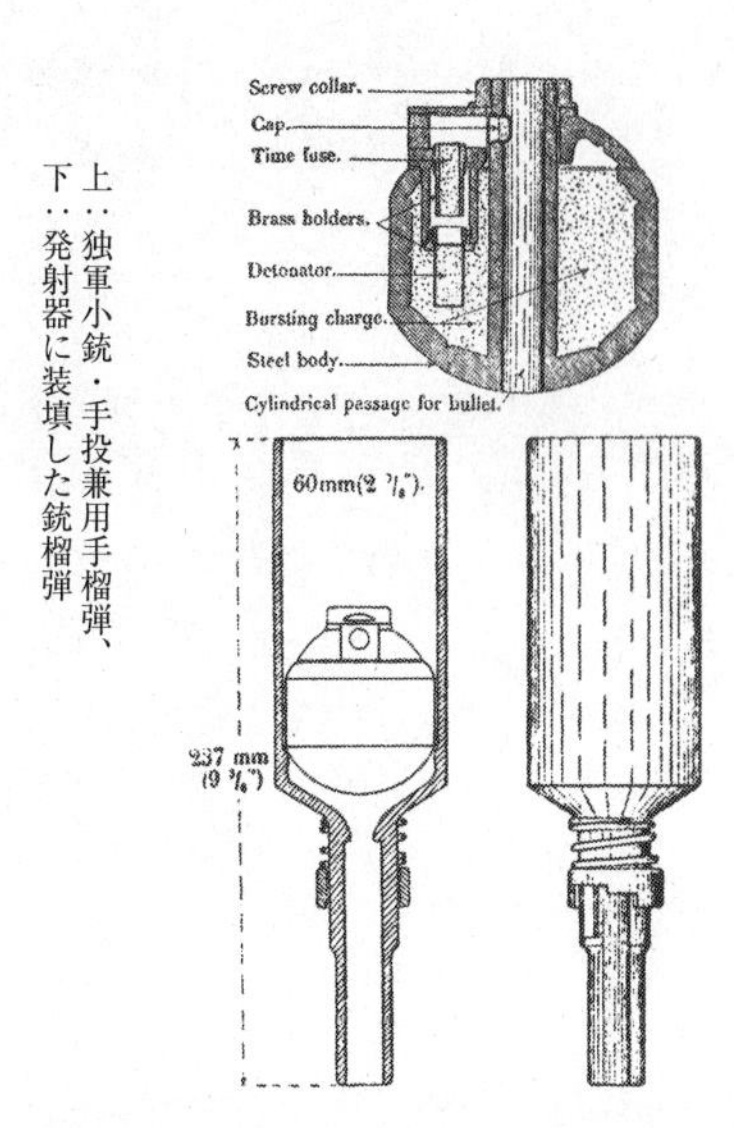

上：独軍小銃・手投兼用手榴弾、
下：発射器に装填した銃榴弾

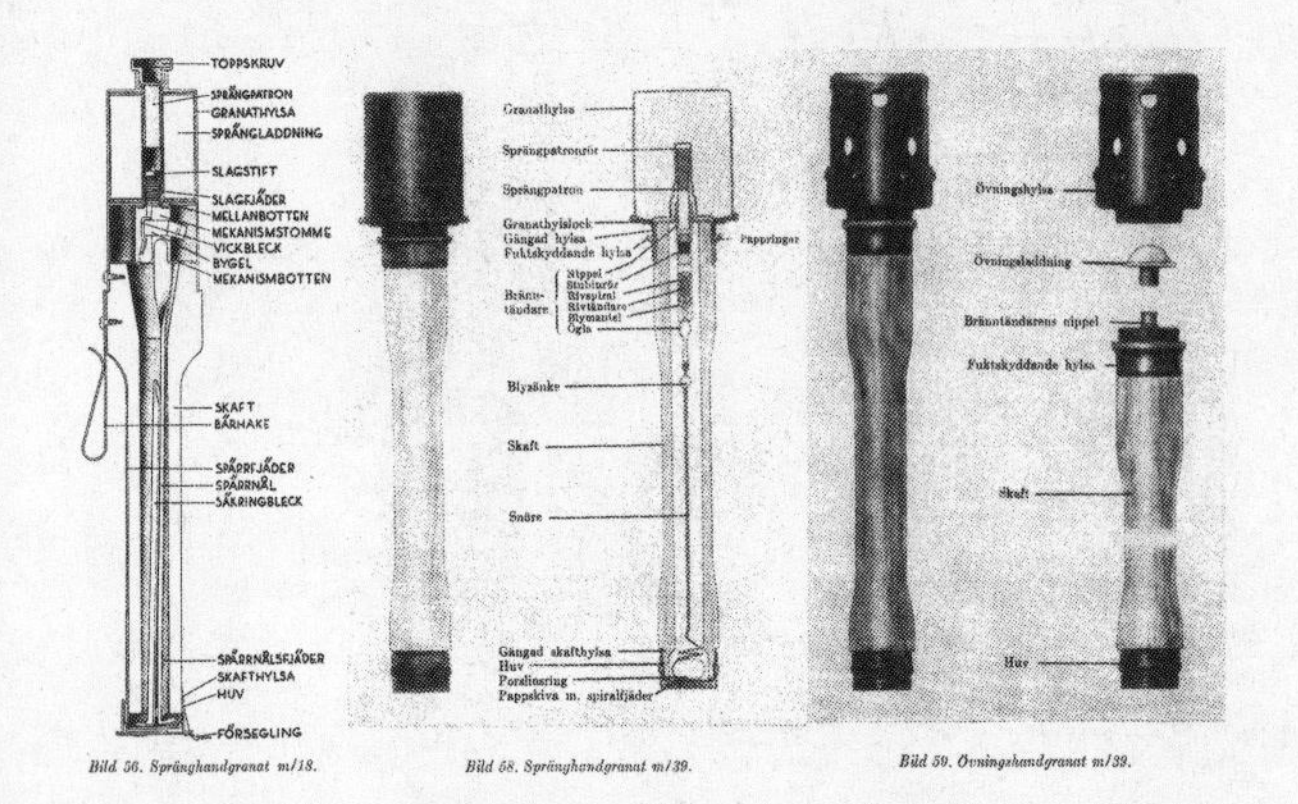

Bild 56. Spränghandgranat m/18.

Bild 58. Spränghandgranat m/39.

Bild 59. Övningshandgranat m/39.

左：スウエーデン軍破裂手榴弾18型、
中：同手榴弾39型、
右：同演習用手榴弾39型

箇月間に消耗した手榴弾は九〇〇万個の驚くべき数量に達したが、その大部分は乱費されたもののようである。各部隊は手榴弾を第一線運搬車両により携行し、その補給は直接国内より工兵材料廠を経て部隊に届けられた。

一九一八年の大前進に際しては各師団には補充用手榴弾を携行した軽工兵縦列が続行し、この縦列は総司令が必要により編成した特別縦列より補充を受けた。

小銃用擲弾は戦役当初工兵委員がこれを考案した。一九一八年に至りやや注目されるようになったが、常に製造上主として原料上困難をともなうのみならず、弾丸になお進歩の余地が少なくなかった。この擲弾は歩兵、騎兵、工兵に特に関係が大きかった。棒状擲弾器もまた盛大となったが、運動線に不適当であったので軽迫撃砲がこれに代わった。

満州事変における兵器に関する報告の概要　昭和七年六月　陸軍技術本部

一、各隊とも曳火手榴弾を望み、かつ安全栓を一層堅固とするよう希望する。

　理由　壷形手榴弾では囲壁に隠れる敵に対しては効果がなく、現制曳火手榴弾は雑嚢などで安全栓が抜け、爆発したことがあるため。

二、支那の囲壁を有する家屋攻撃に際し偉功を奏し大いに賞用された。

三、壺形手榴弾には故障があったが、新式のものは機能良好で非常に有効に使用された由。

四、囲壁に隠れる敵の攻撃ならびに家屋内の敵の掃蕩において小銃弾はその効力が少なく、抛射ならびに手投による曳火手榴弾の効力は非常に大きい。また家屋防御および自衛用としても偉功を奏した例が多い。しかしこの手榴弾による事故を生じたのは遺憾である。

曳火手榴弾による事故

列車より箱に収容したものを運搬中地面凍結のため転倒し、箱をコンクリート上に落下し爆発した。

将来に対する意見

(一) 安全栓はなお一層確実なものに改めることを可とする。

(二) 曳火手榴弾を各人に携行させるため携帯嚢を制定することを必要とする。

五、撃針を螺入する動作は手套殊に防寒手套使用時は困難である(戦闘準備間に撃針を螺入しておけばよいが、この際安全栓は弱いので万一転倒した場合危険である。一層強い安全栓を考案されたい。ピアノ線は適当ではないか)。

六、擲弾筒と併用する場合装填方法を誤りやすい(咄嗟の場合信管の方を下にして装填するおそれがある）。その何れが信管でもしくは装薬であるかよく教育し、誤りがないようにするとともに、一層明瞭な標示（形状、色、文字など）方法を講じる必要がある。

七、訓練が周到でない馬匪賊に対しては価値が大きいと認める。

八、信管駐帽の弾撥力を強める必要がある。そうでなければ安全栓抽出後駐帽が脱落しやすく、そのために撃茎も落出し不発の要因を生じるからである。

九、前記のように射撃姿勢における駐帽脱落のものが多い。

一〇、十年式曳火手榴弾の装薬改正ならびに装薬室の防湿装置の改正を要する。装薬は極めて吸湿しやすく、かつ錫鈑が剥脱しやすい。現在兵の携行方法は雑嚢に収容しているので、殊にそうである。今回の事変において擲弾筒による射撃に際し相当不発を生起した。

歩兵第二十三聯隊満州出動史　昭和七年十二月～八年十月

一、手榴弾に対する一般的知識の向上について

夜襲の際敵の逆襲に対して手榴弾の不発のためその威力を発揮できなかっただけでなく、かえって自分を危険に陥らせた。即ち手榴弾に対して一般的知識が欠

けている証拠である。ゆえに平時の演習射撃などにおいて実際的に訓練することを要する。また工事中不発弾をもてあそび負傷した者がある。これらはすべて手榴弾に対する知識が足らないためである。

二、敵の手榴弾に対する注意

敵は手榴弾をよく使用している。突入して来る敵に対しては必ず投げつけたので、手榴弾での戦死傷兵も相当出たようである。手榴弾が落下した地点を乗り越えて前進しなければならない。なぜならば敵の手榴弾は枝が付いており、金鎚のようなものである。この手榴弾の破片は枝が付いている方にはあまり飛ばず、尖端に破片が多く飛び、後端の木の方には少ないようである。そして突入すれば敵はまごつき、発火させる暇を失ってそのまま投げるので、実際に不発弾が多かった。

敵陣突入に際しては躊躇することなく一挙に突入することを可とする。敵手榴弾の投擲は比較的良好で徒に損害を被るからである。敵の手榴弾は不発弾が多く、しかも携帯弾数は比較的少ないので、敵に狼狽させ過早に手榴弾を投擲させる手段を講じるのが有利である。

三、手榴弾の投擲法について

四月二十三日北劉家口の夜戦において高い城壁上より約三〇メートル位の土壁の陰に密集した敵に対し、投擲法が不十分であったため、大きな損害を与えることができなかったことは遺憾である。このような場合があるので平時に各種地形において投擲法の訓練を要する。例えば高低のある地形あるいは目標との間に土壁のような障害物がある地形などである。

満蒙において市街村落は通常堅固な囲壁を有するのみならず、家屋は通常レンガ造りであるので、手榴弾は有効な兵器である。なかんずく投擲距離の増大、窓内に対する投入法、囲壁内の敵に対する投擲法を十分教育することを要する。この教育は平素非常に不十分であることを痛感する。

総じて手榴弾の用法は甚だ拙い。用法に熟練していない結果使用する好機があっても使用しないことがある。

米軍兵器写真要覧　第二巻　昭和十一年三月　陸軍技術本部

手榴弾

米軍現制弾薬火具は欧州大戦後主として仏英に範を採り、これをそのまま制式として採用し、もしくは小修正を加えたものが多く、米軍独特の創意になるものは甚だ稀

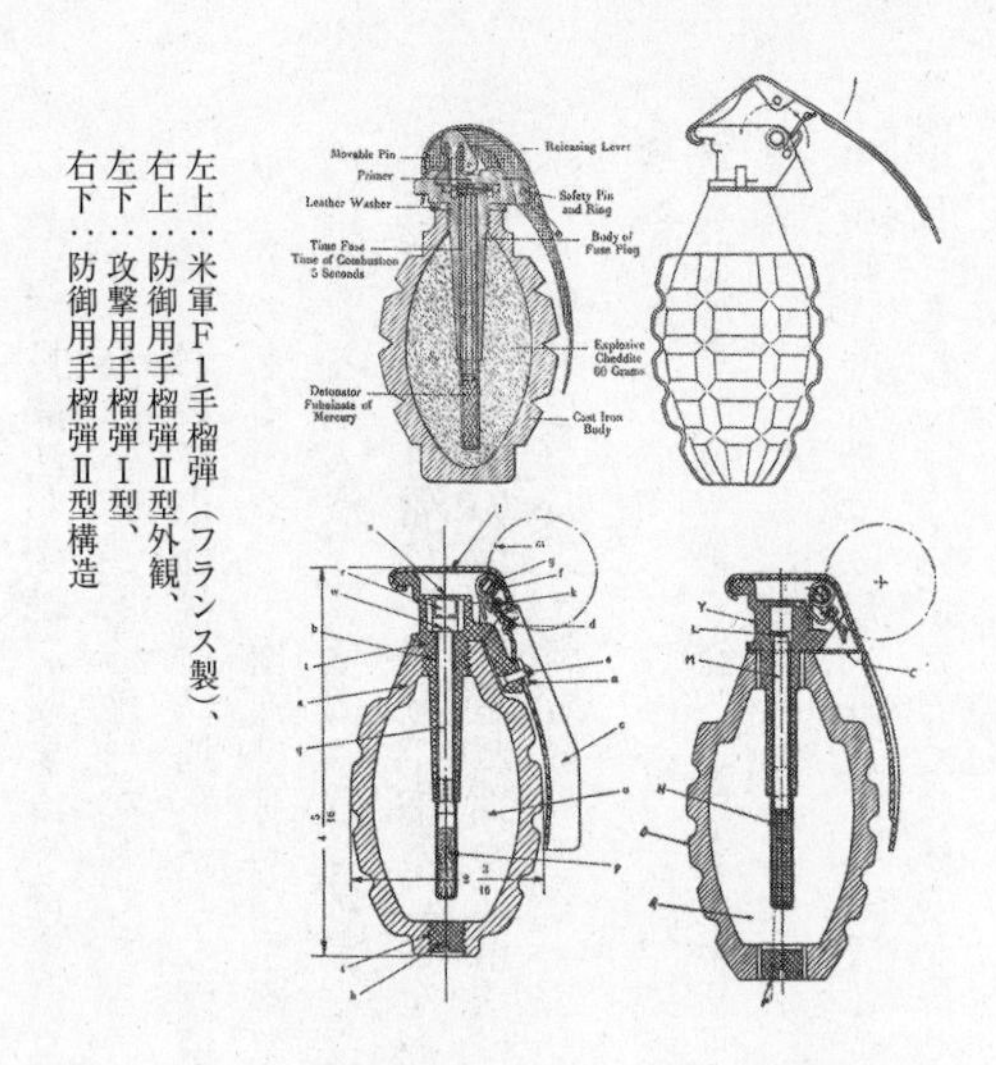

左上：米軍F1手榴弾（フランス製）、
右上：防御用手榴弾Ⅱ型外観、
左下：攻撃用手榴弾Ⅰ型、
右下：防御用手榴弾Ⅱ型構造

米軍破片手榴弾Ⅱ型　米軍兵器写真要覧第2巻

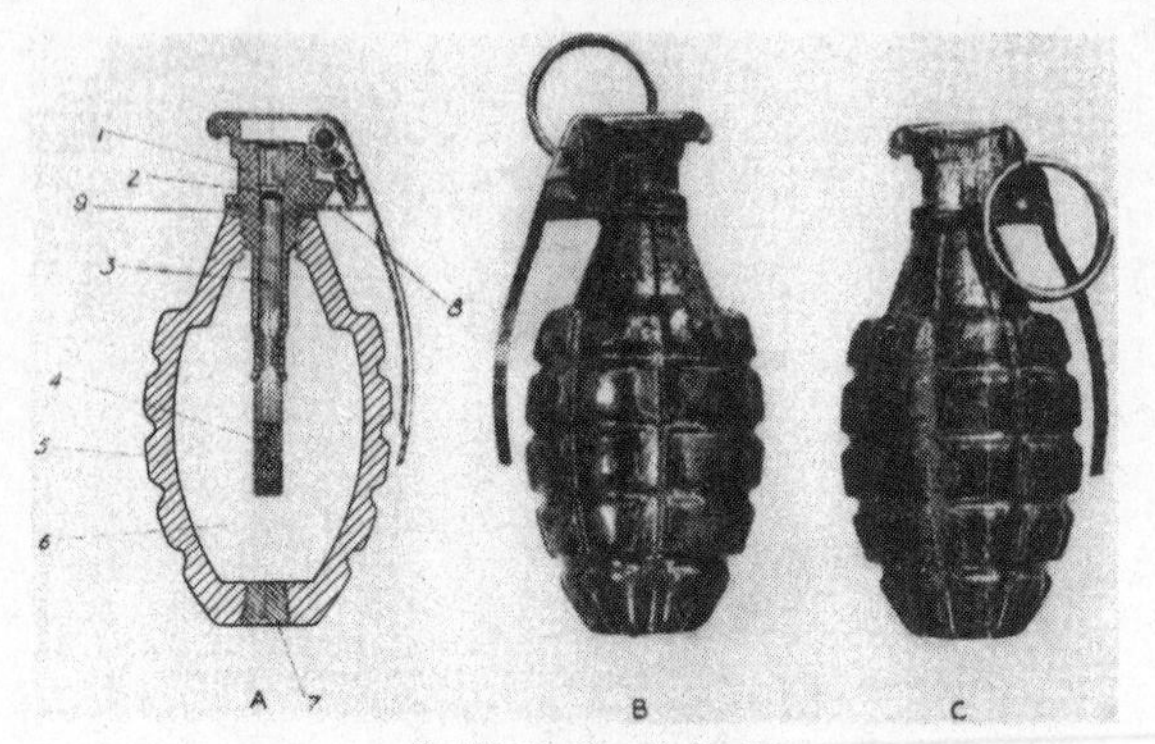

Ⅱ型破片手榴弾

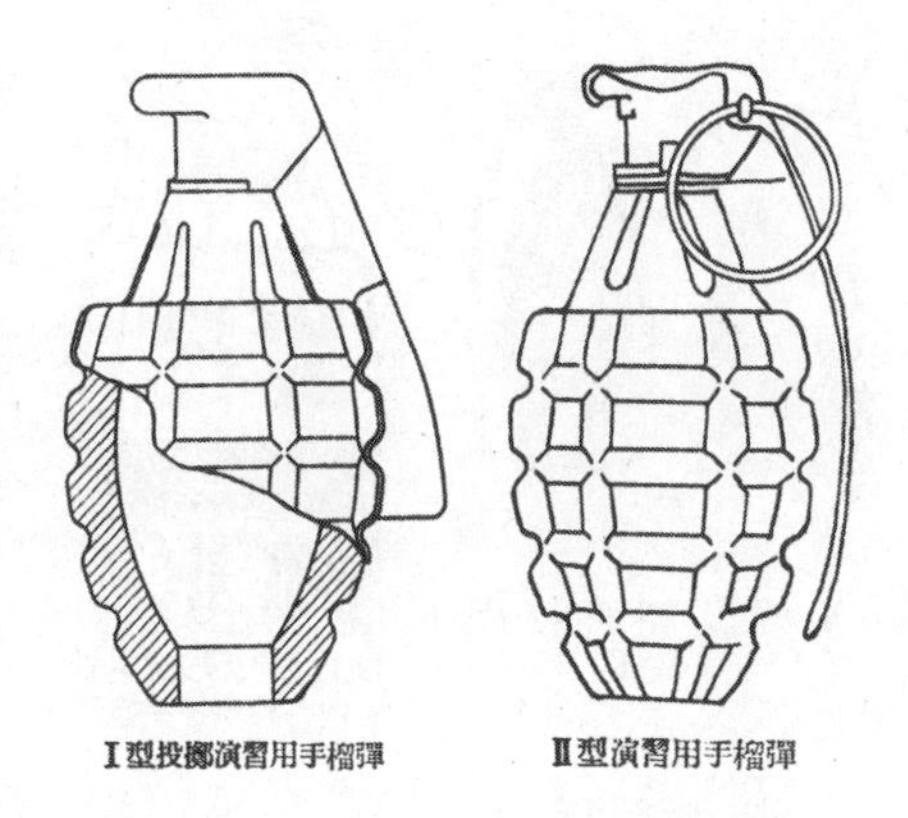
Ⅰ型投擲演習用手榴弾　Ⅱ型演習用手榴弾

米軍投擲演習用手榴弾Ⅰ型、演習用手榴弾Ⅱ型
米軍兵器写真要覧第２巻

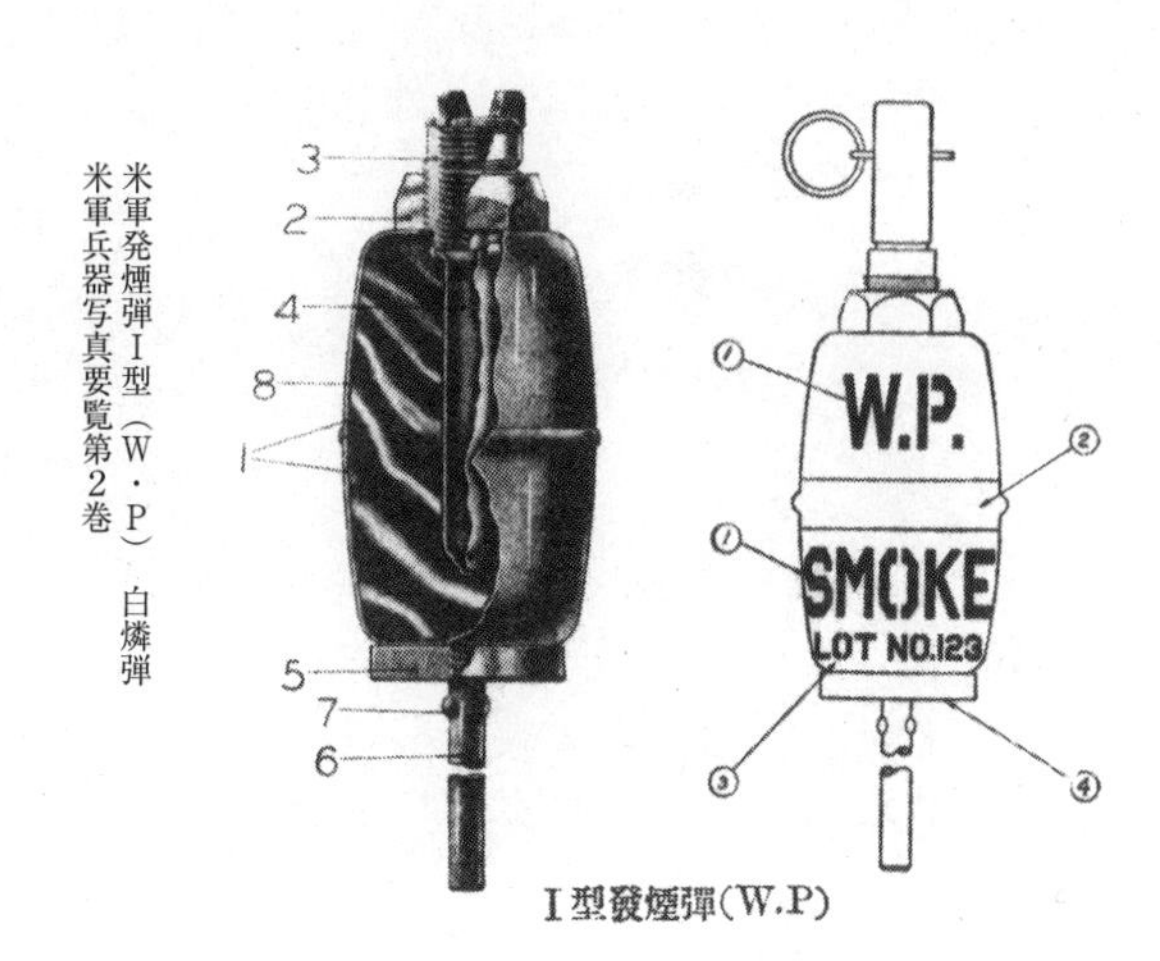

Ⅰ型發煙弾(W.P)

米軍発煙弾Ⅰ型（W・P）白燐弾
米軍兵器写真要覧第２巻

米軍発煙弾Ⅱ型（W・P）白燐弾
米軍兵器写真要覧第2巻

Ⅱ型發煙手榴彈
(W. P)

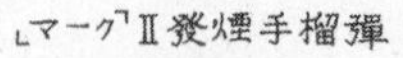

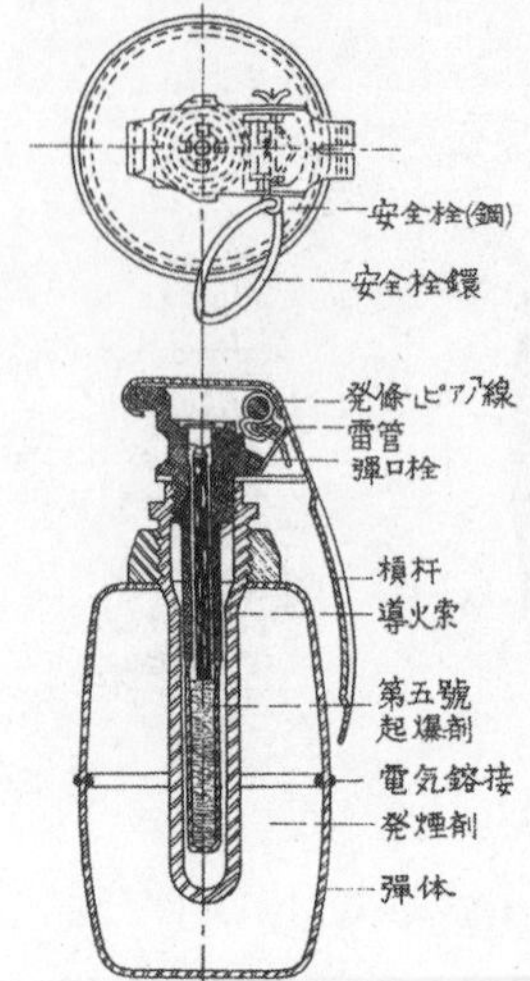

米軍発煙弾Ⅱ型
兵器学教程弾丸火具附図（普通科砲兵用）
昭和8年　陸軍砲工学校

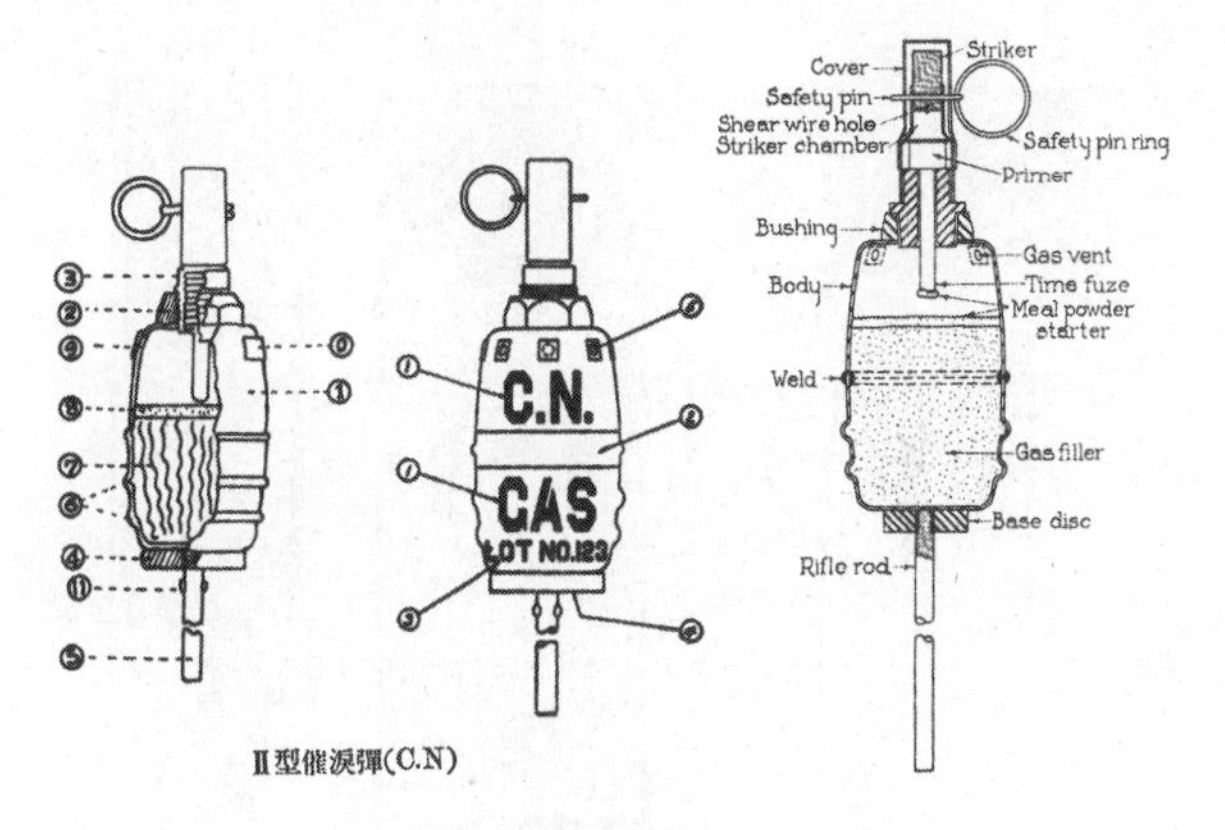

Ⅱ型催涙弾(C.N)

米軍催涙弾Ⅱ型（C･N）　クロルアセトフェノン
米軍兵器写真要覧第２巻

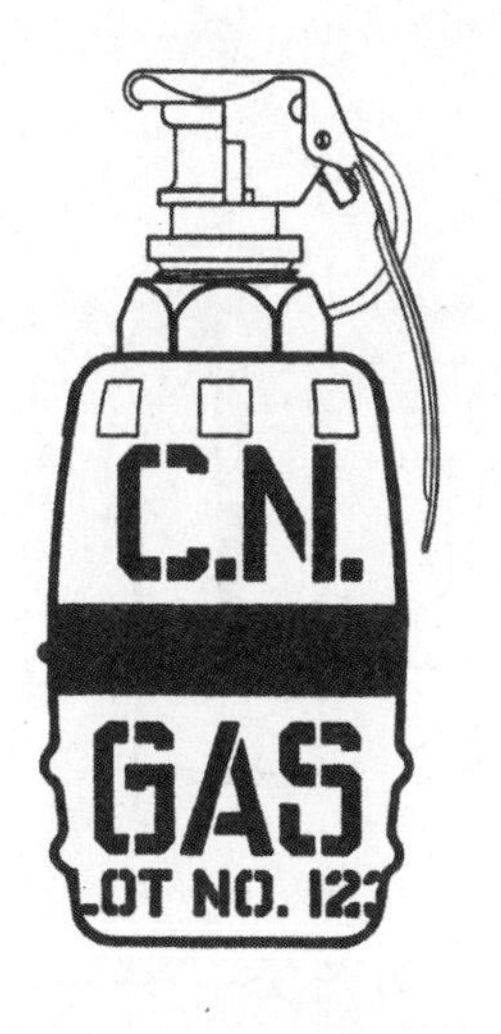

米軍催涙弾Ｖ型（C･N）　クロルアセトフェノン
米軍兵器写真要覧第２巻

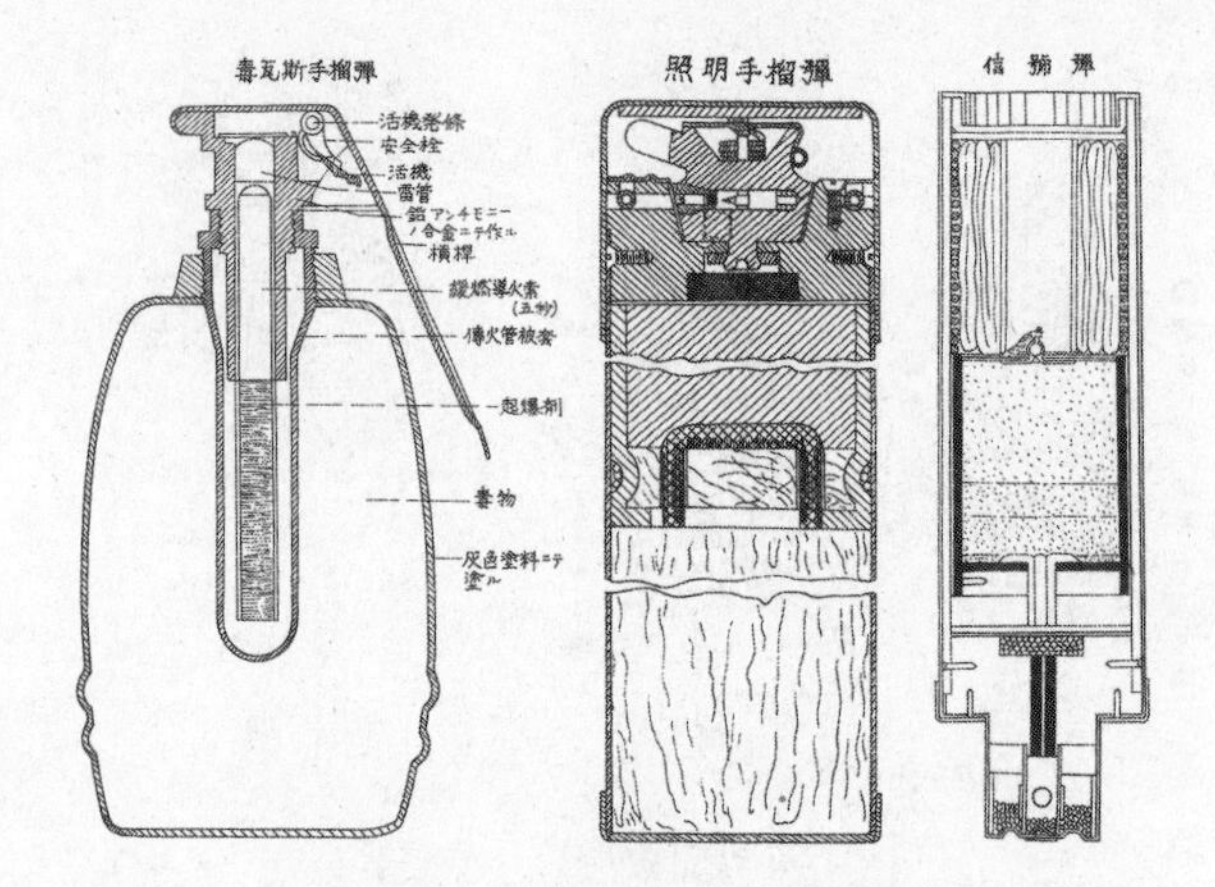

米軍手投毒ガス弾、手投照明弾、発射信号弾
兵器学教程弾丸火具附図（普通科砲兵用）
昭和８年　陸軍砲工学校

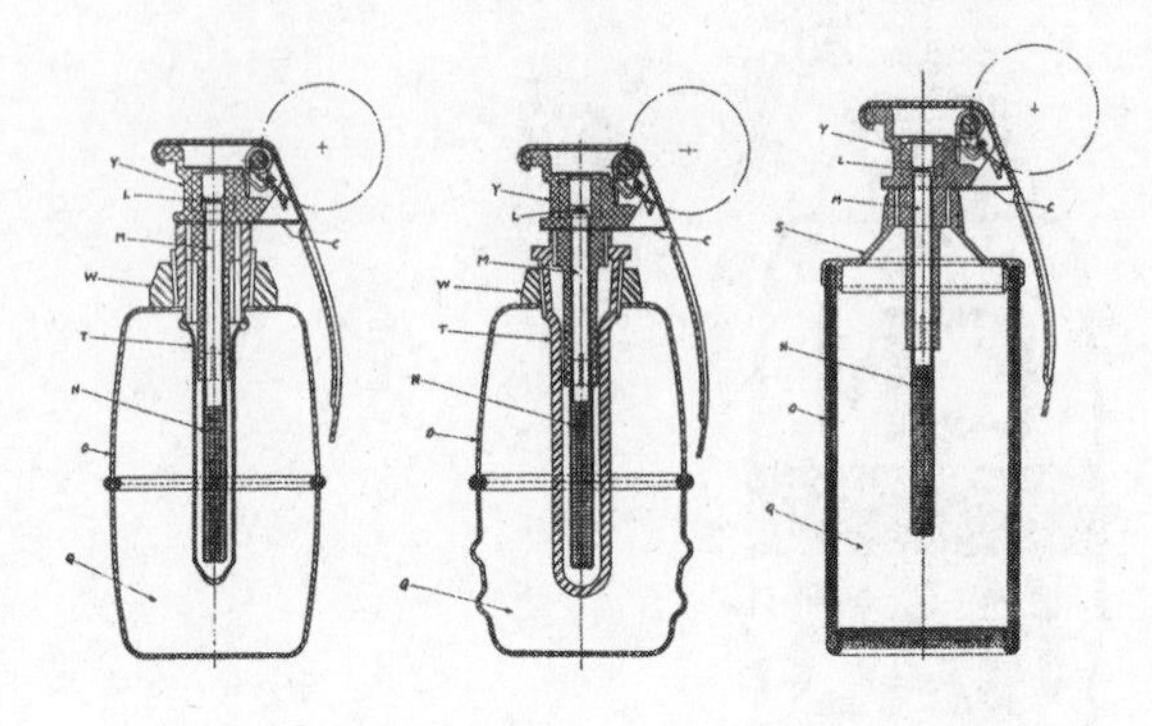

左：米軍発煙弾Ⅱ型、中：ガス弾Ⅱ型、右：防御用手榴弾Ⅲ型

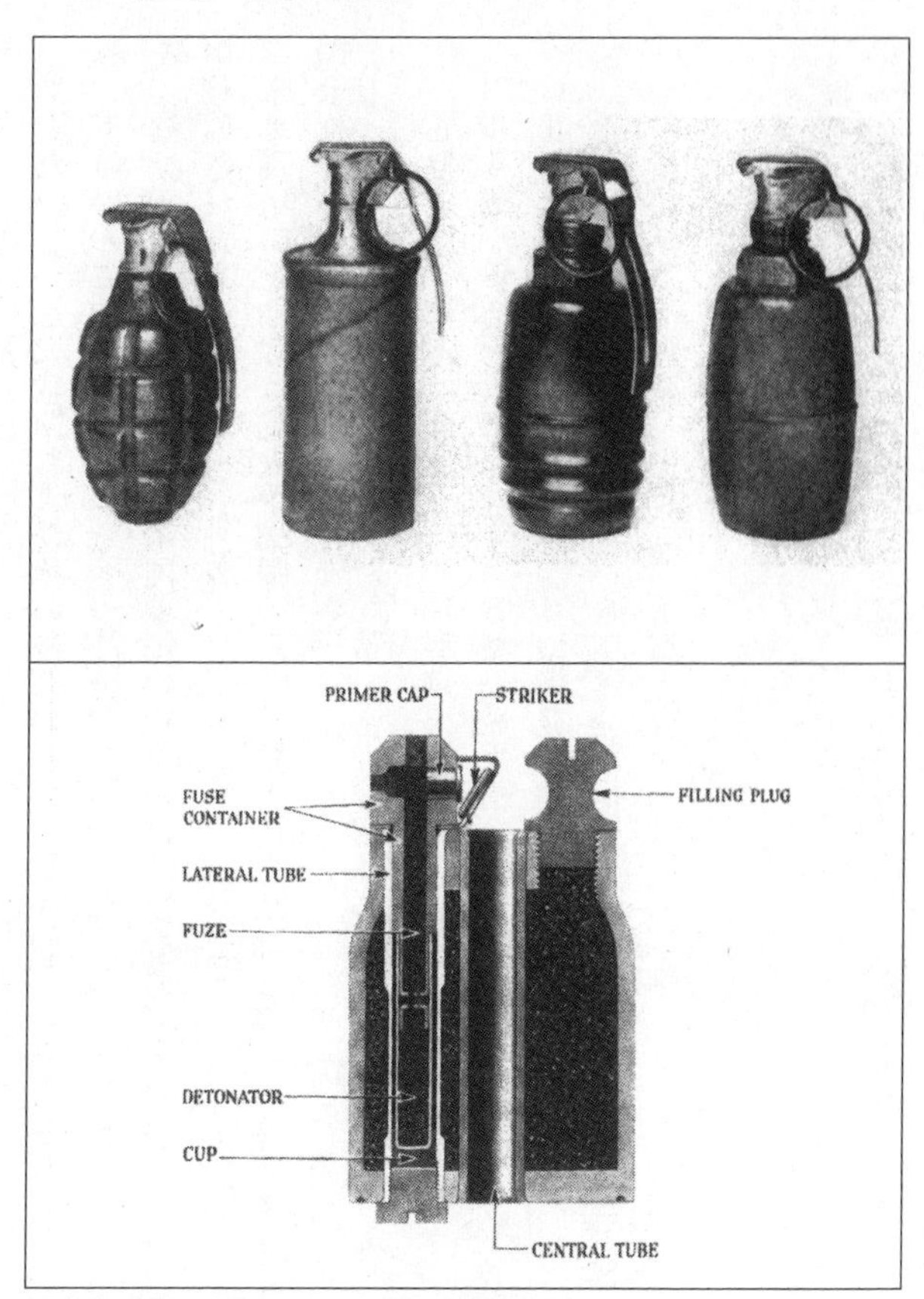

〈上〉米軍の手榴弾　破片手榴弾、破壊手榴弾、ガス手榴弾、焼夷手榴弾
〈下〉米軍が仏軍から導入したV・B小銃擲弾

であった。しかし大戦間およびその後において頻繁な腔発に悩まされた苦い経験に鑑み、近時盛んに独創的設計にもとづく弾薬を研究試製する一方、信管による腔発事故を一掃するため仏国式または米国独創の絶対安全装置を研究中で、既に制式として採用整備されたものがある。

米軍現用の手榴弾は曳火手榴弾のみで着発手榴弾は有しない。曳火手榴弾には下記の七種がある。銃用榴弾はまだない。

名称	信管	炸薬
Ⅱ型破片手榴弾（低爆）	10型点火用信管	E・C無煙空包薬
Ⅱ型破片手榴弾（高爆）	5型爆発用信管	粉状T・N・T
Ⅱ型発煙手榴弾（W・P）	6型爆発用信管	黄燐
Ⅱ型発煙手榴弾（F・M）	6型爆発用信管	四塩化チタニウムと無煙薬の混合
Ⅴ型催涙手榴弾（C・N）	7型点火用信管	催涙剤
Ⅱ型演習用手榴弾（空弾）		
Ⅱ型投擲演習用手榴弾		

備考

一、銃用催涙手榴弾は戦闘的効果が少ないので内乱にのみ用いる。

二、手投・小銃兼用破片式榴弾または破片式銃用榴弾の有利なものを制定するまでは手榴弾のみを装備する。手投・小銃兼用破片式榴弾を採用すれば手投用に代り同数を支給する。

赤軍の手榴弾　昭和十二年十二月　参謀本部訳　赤軍読本（ソ連陸軍）

小銃および機関銃は暴露目標を殺傷できるが、深い壕または堀あるいは堅固な壁を有する家を占領する敵に対しては、弾道が低伸するのでその威力を発揮できないことがある。このような掩護物に隠れる目標に対する遠距離からの砲撃は砲兵によることができるが、近距離戦闘において両軍が近接し、砲兵が友軍に危害を及ぼすおそれがある場合には、専ら手榴弾をもって掩護物に隠れる敵に対処しなければならない。

手榴弾は手をもって投擲する小型榴弾である。その重量は五〇〇ないし一〇〇〇グラムで炸薬量は六〇ないし四〇〇グラムである。

最近の手榴弾は投擲手の安全を第一条件として製作され、被筒内部に挿入された爆管の点火によってのみ破裂する炸薬を充填する。爆管は平常榴弾と別に保管し、使用直前に挿入する。爆管は投擲によって投擲手の手を離れた場合においてのみ初めて発火し、爾後四ないし五秒を経過し目標付近に落下した場合に榴弾を炸裂させる。

手榴弾は攻防ともに良好な戦闘手段で、攻撃用手榴弾および防御用手榴弾に区分して異なる作用を発揮させるか、あるいは着脱式鋼製覆を併用し、同一の手榴弾で攻防両用の目的を達成する。

手榴弾は炸裂により一〇〇〇ないし三〇〇〇の破片を生じるが、そのうち殺傷効力を発揮するものは通常四〇ないし五〇のみである。

手榴弾は鉄条網、軽易な工事例えば木柵あるいは軽易な掩蓋の破壊を補助する。またそれを結束したものは装甲自動車あるいは戦車を破壊することができる。

大戦においては毒ガス剤を充填したガス手榴弾を使用した。この手榴弾は被筒の破壊により毒ガスを噴出し、ガス雲を構成する。発煙手榴弾の作用もこれと同様である。

一九三三年式手榴弾

赤軍は防御専門用および攻防両用手榴弾を有し、一九三三年式手榴弾は後者に属す。この手榴弾は炸裂にあたり二五メートル以内の敵を殺傷できる二〇〇〇以内の破片を生じる。防御にあたり投擲手が壕に拠り十分に掩護され、自己の手榴弾から危害を受けるおそれがない場合、手榴弾の殺傷作用を増大するため、手榴弾に防御鋼製覆を装着する。このとき手榴弾は一〇〇メートル以内の敵を殺傷し得る約二四〇〇の破片を生じる。

攻撃にあたって防御覆を用いることはできない。投擲手は危険を冒し手榴弾に追躡して前進しなければならないからである。

一九三三年式手榴弾は炸薬を充填したブリキ製被筒で、発火装置は握把の内部に収容され、握把は工場から搬出されるときは鉄製箱に格納されており、使用にあたって初めて被筒に螺着する。

握把を被筒の中心管に螺着するときは握把の内筒に固定されるが（特種駐爪により旋回しない）、外筒は単に発条および挿入管の溝を滑る活塞により内筒に連絡されるので、これを後方に引伸ばし、あるいは左右に旋回することができる。

準備された手榴弾は手榴弾嚢に収めて携行するが、爆管は別に収容する。

手榴弾投擲にあたり爆管を挿入するにはまず握把を撃発装置に向け、安全栓を上方にするよう手に取る。左手で被筒をつかみ、握把の外筒を十分に後方に引伸ばし、同時に右に旋回して放つ。この場合発条は伸長し、活塞は挿入管の刻み目の頂部に達し、外筒を右に旋回することにより活塞は深い刻み目の溝より浅い方に移動し、発条は一層右に捩転される（発条は製作時既に若干捩転されている）。外筒を放すと発条はわずかに圧縮し、筒は前出し、活塞の端末は挿入管刻み目の浅い溝の底部に達し、撃発装置となる。次に右手の拇指をもって安全栓が赤標を蔽うまで十分にこれを移動する。この際安全栓頭は挿入管下部安全刻み目に到達し、安全装置となる。

手榴弾を安全装置とした後爆管を挿入することができる。このため爆管門を引出し、中心管を開孔してこれを挿入する。次にその爆管を緊締するよう安全栓を押出す。

手榴弾を投擲するには握把を握り、握把の外筒の赤標を暴露するよう安全栓を十分に左に引き、強く振って目標に向けて投擲する。投擲距離は四五メートル以内とする。投擲にあたり投擲手が手榴弾を持つ手を急激に前方に伸ばすと、手榴弾の被筒は発条を最大限度に伸長しつつ、把手の外筒より伸び、手榴弾が手を離れるや否や発条は急激に圧縮し、撃針は雷管を突く。雷管の火は火道に移り三・五ないし四秒間燃焼する。目標付近に落達した後起爆筒に移り、手榴弾は炸裂する。ゆえにこの手榴弾は目標に向い投擲した場合においてのみ発火し、不注意によって落下しても発火のおそれはない。

一九三三年式手榴弾はこのように特に便利かつ安全で、携行にあたっては安全栓を有する発火装置を離脱し、中心管に塵埃が入らないよう爆管門を閉鎖することを要する。

投擲準備に際しては二ないし三回引出し、または放してその機能を点検することを要する。この際各部は確実にかつ円滑に作用しなければならない。故障を発見したら詳細に検査し、隊長に報告する。

一九一四－一九三〇年式手榴弾（一九一四年式改造手榴弾一九三〇年製）

この手榴弾は攻防両用手榴弾で、炸裂にあたり三〇〇〇以上の破片を生じる。その散飛界は防御鋼製覆を用いるか否かによって異なり、前者の場合は一〇〇メートル以内の敵を殺傷するが、後者の場合は一五ないし二〇メートルを超えない。

手榴弾は投擲前に撃発装置をする。このためまず撃針を引き、安全装置上に置き、発条を圧縮する。次に小孔より手榴弾に爆管を挿入する。この際雷管を有する短桿を引出した撃針に対応させ、長桿を手榴弾の炸薬内に深く挿入する。投擲に際して爆管を落さないよう鍵付弁で緊締する。投擲直前に撃針の安全栓を移動しこれを解放するが、握把および撃発槓桿を被う鐶によって撃発装置のため引出された状態のままに維持される。

手榴弾の投擲にあたり鐶は握把より抜取られ、発条により撃発槓桿を起揚し、撃鉄を解放する。発条は反撥して撃鉄を突き出し発火させる。

一九一四－一九三〇年式手榴弾は撃鉄を引いたまま保存する。この際安全栓を引鉄の後方に位置し、安全鐶で握把を被う。

手榴弾の投擲準備にあたっては安全鐶、撃針、撃発槓桿、撃鉄、発条など各部品の機能および装置一般の作用を点検することを要する。

過度に堅い安全鐶、折損した弁あるいは安全栓を有する手榴弾を使用してはならない。

重量八五〇グラム（外筒を装す）、七〇〇グラム（外筒なし）、投射距離平均三五メートル、導火索燃焼時間三・五～四秒、各兵携行数二個、小銃手全員携行、突撃または逆襲直前に使用するほか、三～五個を集束し対戦車戦闘に使用する。

コウエシニコフ爆管付エフ1号手榴弾、ミルス手榴弾
赤軍は一九三三年式手榴弾および一九一四－一九三〇年式手榴弾のほか、コウエシニコフ爆管付エフ1号手榴弾またはミルス手榴弾をも使用する。エフ1号手榴弾は炸裂にあたり二〇〇メートル以内の距離に散飛する約一〇〇〇の破片を生じる。ゆえに掩護物の陰から投擲することを要する。エフ1号手榴弾は鋳鉄製被筒を有し、平常時は空栓を挿入して保管する。投擲にあたり空栓を抽出し、別に保管するコウエシニコフ爆管を螺着する。コウエシニコフ爆管は火門（起爆筒）および発火器具を有する。

発火装置となった手榴弾を投擲するには、これを手に持ち鐶を取って安全栓を抽出し（槓桿を放つことなく）、これを振って目標に投擲し、直ちに掩護物に遮蔽する。榴弾は三・五秒ないし四秒後に破裂する。

手榴弾を発火装置にするにはまず小孔より空栓を捻じ抜き、炸薬内に空栓の孔が残っているかを点検し、孔が残っていない場合は棒で孔を作る。また炸薬を捻じ込む前にその内部にある炸薬の残滓を清掃する。

重量約七〇〇グラム、各兵携行数二個、専ら防御戦闘に使用する。

ミルス手榴弾の用途はエフ1号手榴弾と同様である、重量は五五〇グラムで投弾後五ないし七秒後に破裂し、二〇〇メートル以内に散飛する一〇〇〇の破片を生じる。

ミルス手榴弾の投擲距離は他の手榴弾と同様に三五メートルである。手榴弾は撃鉄を安全装置上に位置させて保管する。手榴弾を受領した場合はこれを点検しなければならない。このため下部大孔の旋盤を脱し、中心管内に塵埃、錆、油滓などを認めたときは木製棒に綿布などを捲いて拭掃する。もし油滓により引鉄の作用を妨害されるときは、これを分解し中心管、撃鉄および発条を綿密に拭掃する。

赤軍戦法研究参考資料第五号　昭和十五年六月　関東軍参謀部

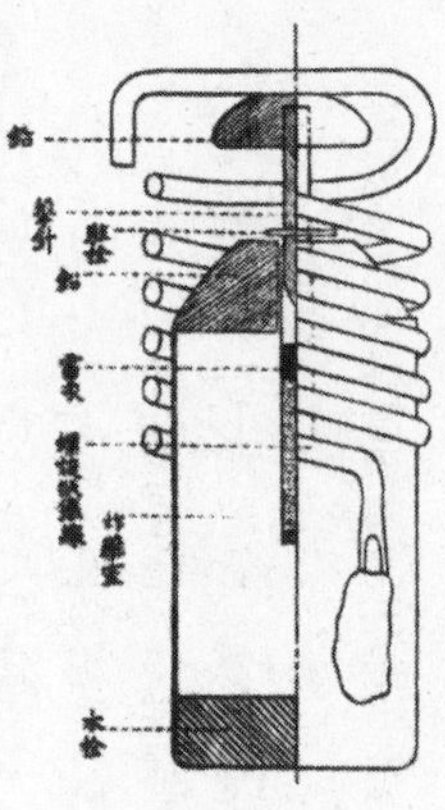

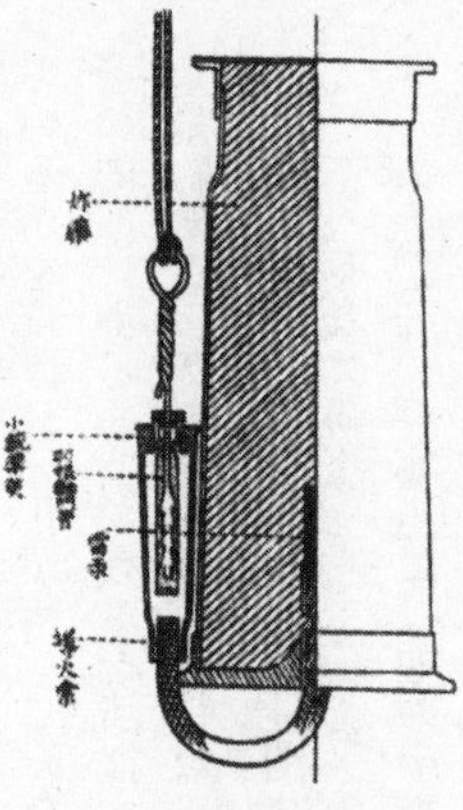

右：露軍着発手榴弾（ブリキ製）　日露戦争
鉛、撃針、駐栓、鉛、雷汞、螺旋状鉄線、
炸薬室、木栓
左：露軍点火手榴弾（薬莢製）　炸薬、
小銃薬莢、門管、雷汞、導火索
明治三十七八年戦役陸軍衛生史　大正13年　陸軍省

右：露軍点火手榴弾　日露戦争
弾体は砲弾、信管は騎工兵用の雷管を利用、
石膏、導火薬、セメント、雷汞、紙、炸薬室
左：露軍着発手榴弾　信管は海岸砲の門管を
利用して急造したもの。鉛、撃針、門管、
駐栓口、鉛、雷汞、信管被帽、炸薬室、空室、
鉛、鉤
明治三十七八年戦役陸軍衛生史　大正13年　陸軍省

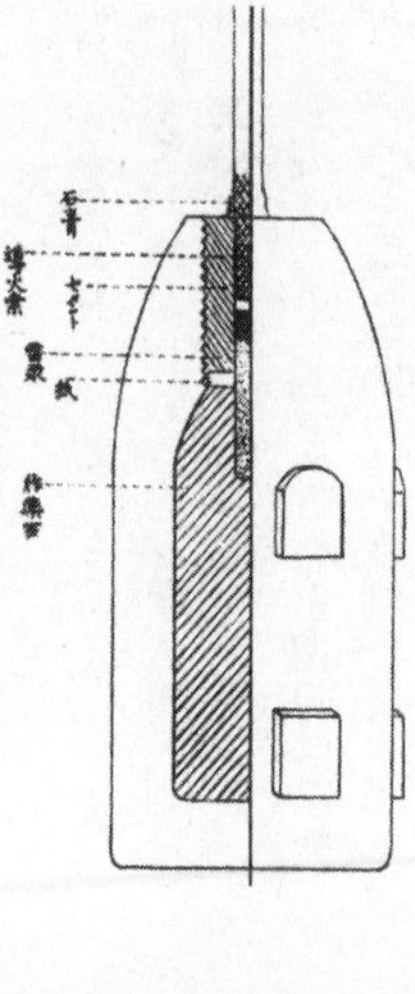

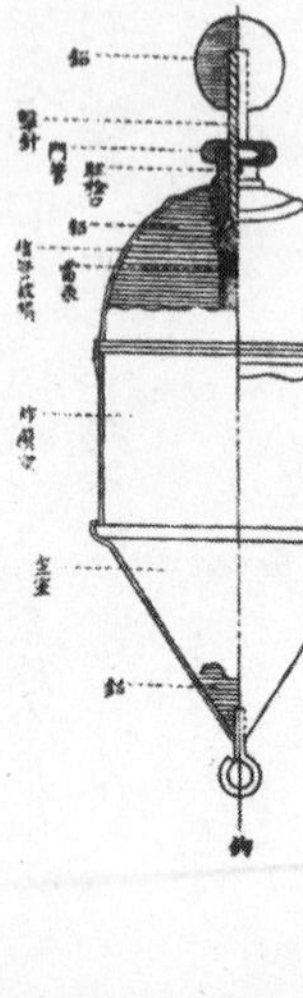

一九三三年手榴弾

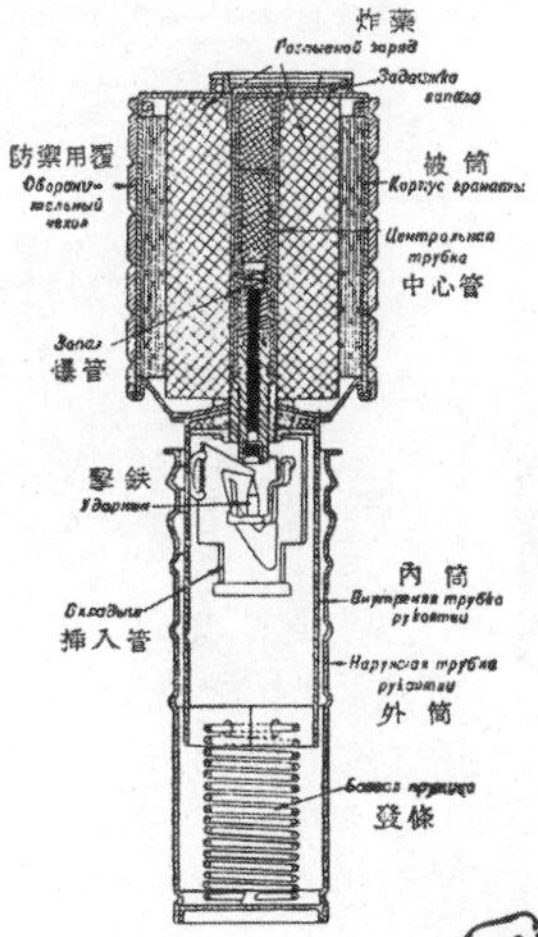

赤軍1933年式手榴弾
炸薬、被筒、中心管、内筒、外筒、発條、防御用覆、爆管、撃鉄、挿入管
赤軍読本

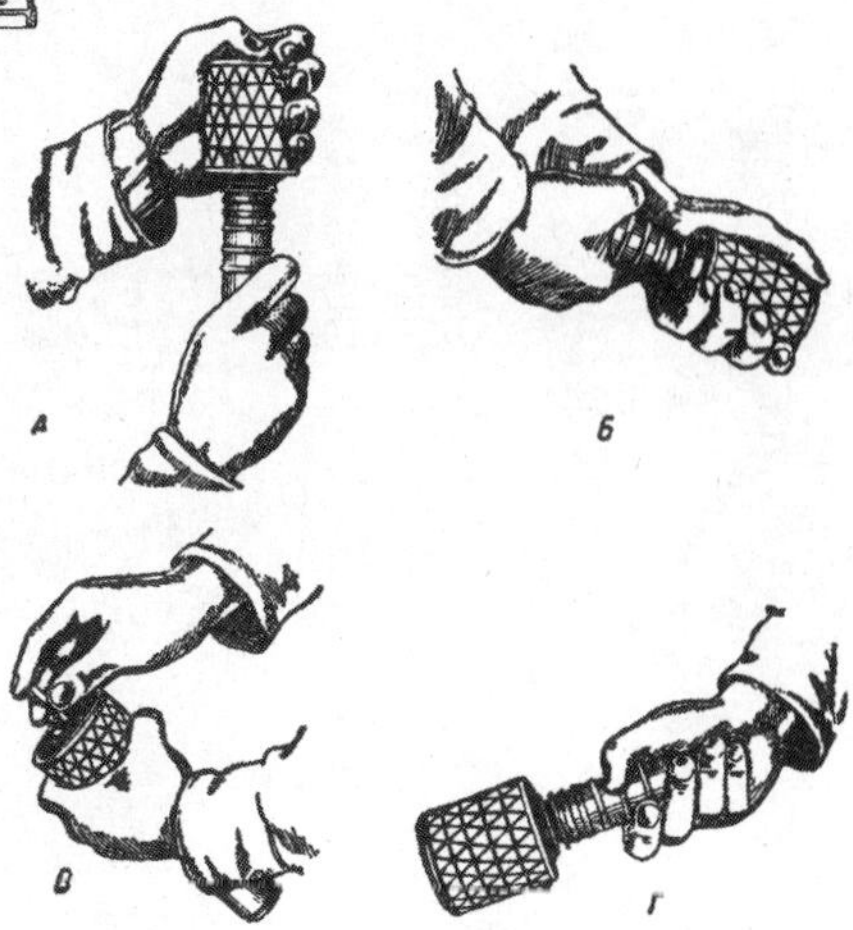

赤軍1933年式手榴弾の取扱法　赤軍読本

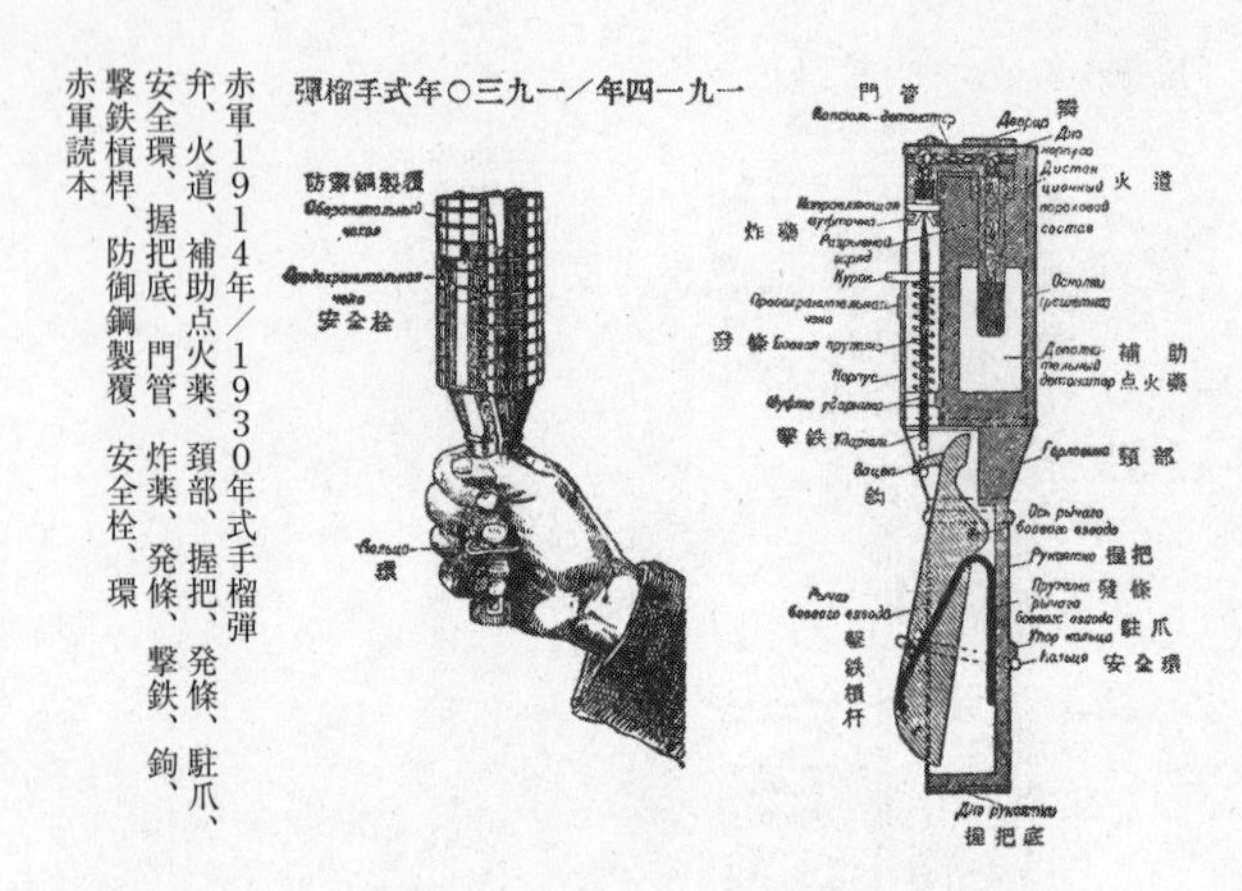

赤軍1914年／1930年式手榴弾
弁、火道、補助点火薬、頸部、握把、発條、駐爪、
安全環、握把底、門管、炸薬、発條、撃鉄、鉤、
撃鉄槓桿、防御鋼製覆、安全栓、環
赤軍読本

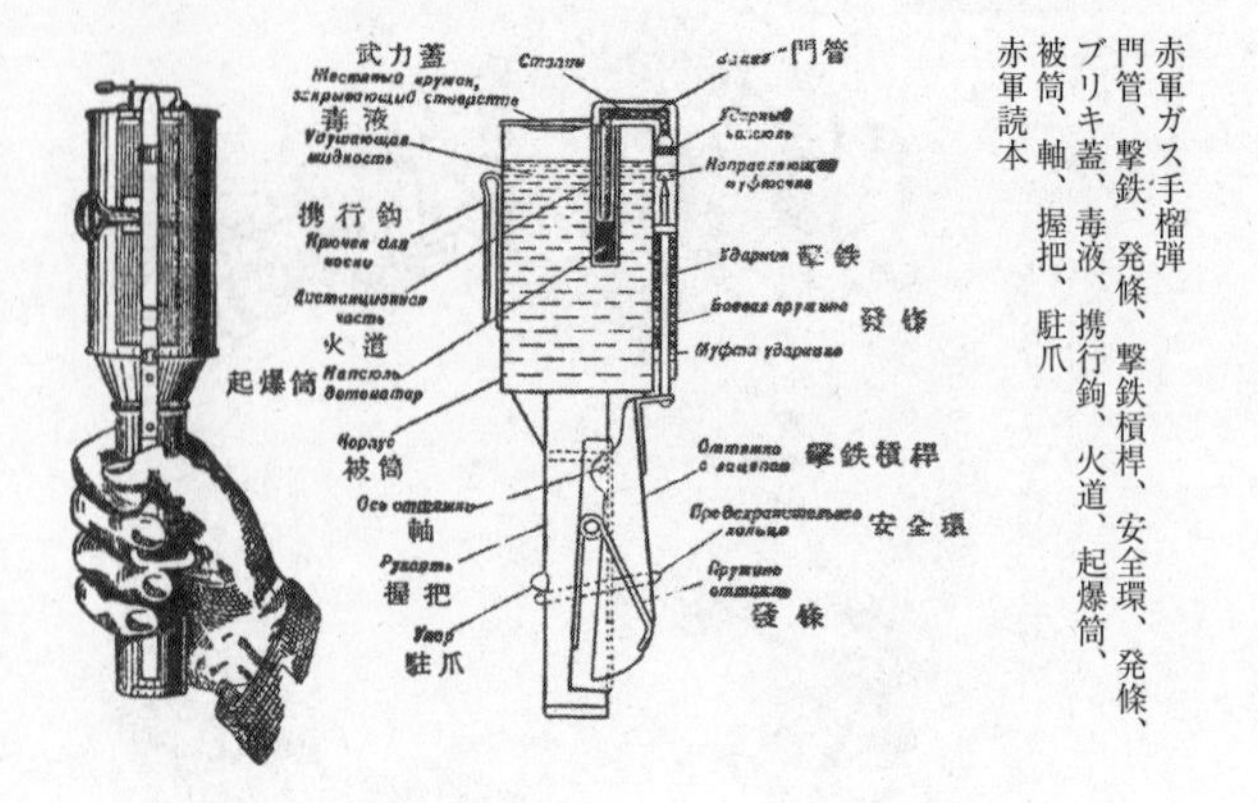

赤軍ガス手榴弾
門管、撃鉄、発條、撃鉄槓桿、安全環、発條、
ブリキ蓋、毒液、携行鉤、火道、起爆筒、
被筒、軸、握把、駐爪
赤軍読本

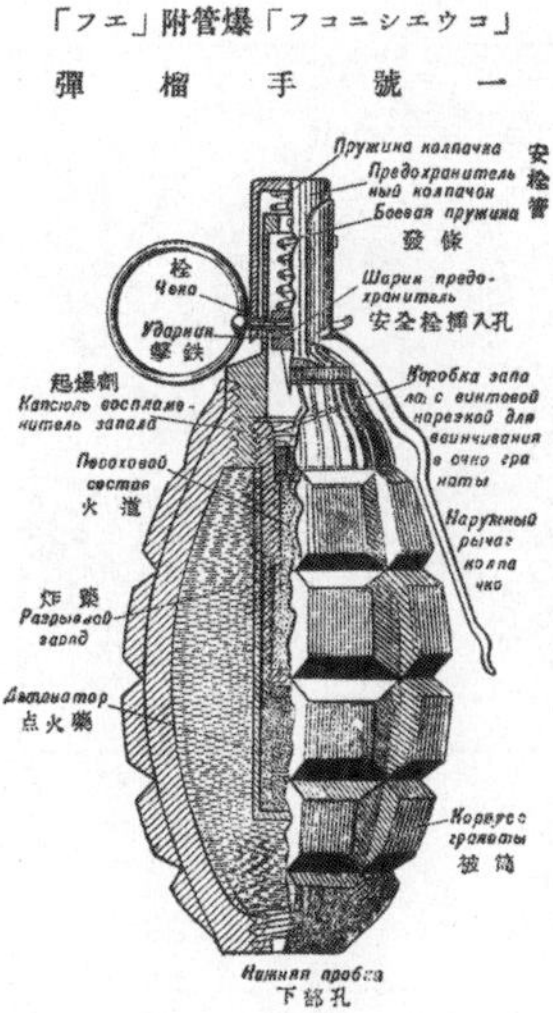

一號手榴彈「コウエシニコフ」爆管附「エフ」

赤軍コウエシニコフ爆管付エフ一号（F1）手榴弾
安全管、発條、安全栓挿入孔、被筒、
下部孔、栓、撃鉄、起爆剤、火道、
炸薬、点火薬
赤軍読本

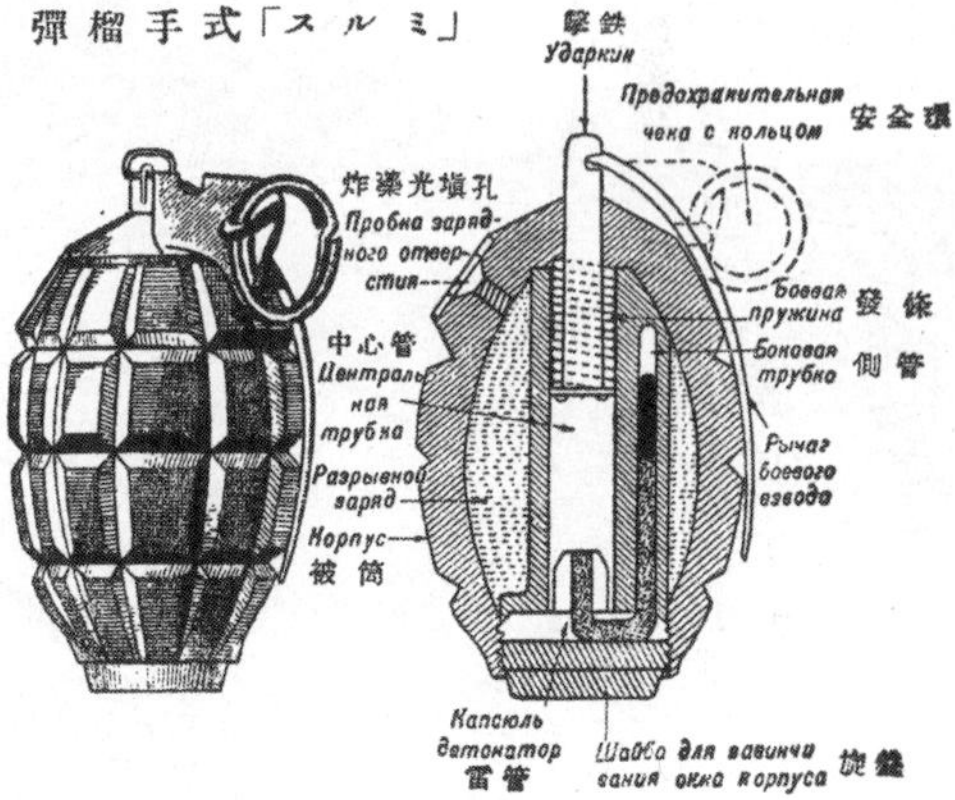

「ミルス」式手榴彈

赤軍ミルス式手榴弾
撃鉄、安全環、発條、側管、旋盤、
雷管、炸薬装填孔、中心管、被筒
赤軍読本

手榴彈投擲

赤軍手榴弾投擲姿勢　立投、膝投、伏投　赤軍読本

赤軍防御用手榴弾の塹壕からの投擲、投擲後の遮蔽　赤軍読本

赤軍攻撃用手榴弾　塹壕からの投擲、建物への投擲、突撃前の投擲　赤軍読本

赤軍手榴弾RPG41型

歩兵の突撃距離ならびに手榴弾の価値

一、第一次世界大戦当時は七五～一五〇メートル付近にこれを設けたが、張鼓峰事件などの経験により、これを手榴弾投擲距離（一五～三〇メートル）にまで近接させることを有利とし、かつこれを可能にすると論じている。

二、手榴弾の価値を重視し、突撃は必ずこれを投擲した後実施することを強調している。今日では手榴弾は赤軍各兵士にとって「懐中の砲兵」であるといわれている。

支那軍兵器一般　昭和十三年一月　萱場四郎（萱場製作所）

一、民国十五年式手榴弾

新戦場には随所に落散し支那兵の死体は一個ないし三個を腹掛に挿入している。迫撃砲とともに支那軍出色の兵器である。投擲も容易、作動は案外確実、爆力もかなり強く相当優秀なものだとの現地の評判である。

使用するには木柄の尾端に付いている紙蓋を外して中の引紐を強く引き、所望の地点に投擲する。投擲が終れば退避するか直ちに伏せる。火は摩擦門管から導火索に移り五秒後に炸薬が爆発する。危害半径は一〇メートル位である。

二、このほか本邦式と同様なものもあるが数ははるかに少ない。要目は本邦式と同じであろう。

萱場四郎は昭和十四年一月にも「支那軍はどんな兵器を使っているか」という本を出したが、手榴弾に関する説明は「支那軍兵器一般」と同じである。

支那事変兵器蒐録　第二・三輯　昭和十三年二月　陸軍技術本部

一、手榴弾、迫撃砲は今次の戦闘における戦場の王者なり。わが大隊砲、聯隊砲、速射砲などが地形の制限を受け、ほとんど満足に使用できないときに、迫撃砲は随所にその威力を発揮した。軽快で特に曲射弾道で地形を利用するため、わが絶対優勢な砲兵をもって攻撃開始以来二週間を経た今日もなお、その一門をも制圧できない状況にあり、わが損害の半数は敵迫撃砲弾である。

また手榴弾は補給困難なるうえ使用法に熟練を要し、しかも威力は彼に及ばず、支那軍の棒付銑手榴弾はわれに対しはるかに優秀である。その証拠としてわが兵は支那兵の死体から競って棒状手榴弾を蒐集し、これを唯一の近接戦闘兵器としているが、補給がないので見す見す突撃を不成功にし、敵に逆襲の機会を与えつつある。（第五師団）

二、断尾式の手榴弾は効力が極めて僅少である。その理由は不発が非常に多いことにある。即ち土地に作物があるために信管の打撃が弱く、投擲に際し十分上方に向って投げる必要があるために、遠距離まで届かず、しかも投擲が困難である。

(歩兵第三十五聯隊)

三、兵器の制式について(昭和十二年十二月　第二十師団兵器部)

(一)壺形手榴弾を廃止し、曳火手榴弾専用とする方がよい。

壺形手榴弾は高粱畑あるいは山地などにおいて不発が多く、一般に不評の声が高く、鹵獲手榴弾を賞用している。この際現制の曳火手榴弾の装薬筒を廃止し、威力の大きい新曳火手榴弾を制定する方がよい。

(二)曳火手榴弾の曳火時間七秒五は過大であるから、五秒内外とする方がよい。

(三)発煙筒、催涙筒、焼夷弾はほとんど使用しない。

四、一般弾薬

(一)曳火手榴弾は一層有効にし、かつ重擲弾筒とは別個に創意することが必要である。甲師団にも必ず配当するよう計画すること。その理由は、突撃に際し威力が優勢であることを絶対条件とし、重擲弾筒と別個にするのは燃焼時間が長いのは手榴弾としての用途に適さないからである。

敵陣地特に敵の抵抗地形によっては敵を制圧後重擲弾筒の公算躲避以外至近距離より突入すると、再び頑強な抵抗に会い突入が頓挫しそうになることがある。

(二) 着発手榴弾は廃止を要する。その理由は着発手榴弾は幾多の欠陥を有するため、敵に対し劣等感に捉われるからである。即ち着発の害と投擲法は掩蓋銃眼の敵を制圧できず、安全栓の抽脱に際し撃針が抜けたり、防湿が不完全で不発が多いことによる。

(三) 九四式小発煙筒甲は有効だが、風向きと投擲距離に制限されるので、歩兵用各砲により発煙効果を顕現させる方がよい。

(四) 八九式丙催涙筒と同点火具は結合した方がよい。理由は点火具が催涙筒と別になっているので、使用および補給上往々にして支障があるからである。

(五) 手榴弾携行のため軽易な袋を交付してもらいたい。

対支那軍戦闘指揮の参考　昭和十五年

現用兵器の概要

手榴弾は三〇型と三三型の二種がある。いずれも柄付で投擲にあたり手から離れる

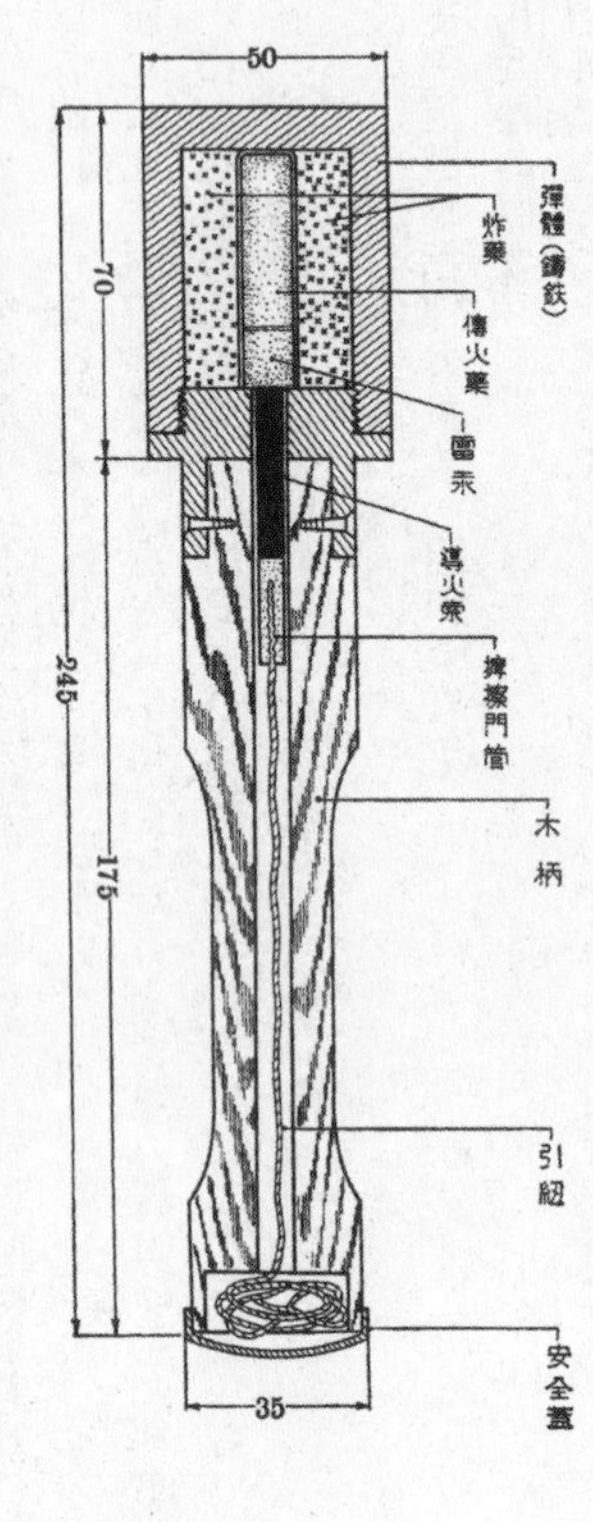

民国十五年式手榴弾
重量730グラム、炸薬茶褐薬45グラム、延期秒時5秒、
効力半径10メートル、発火様式曳火
弾体、炸薬、伝火薬、雷汞、導火薬、摩擦門管、木柄、引紐、安全蓋
昭和14年1月　支那軍はどんな兵器を使っているか

とき発火する。曳火時間は三・五ないし四・〇秒で、いずれも攻防に用い、防御に使用するときは外筒を装する。前進間には自らに破片による危害が及ばないよう、外筒を装しない。

兵器学教程　巻二　大正九年十月　陸軍士官学校

特種火兵

擲弾銃は手榴弾および照明弾などをやや遠距離に放擲する用に供する。その一般の構造は小銃と同一で射角付与のため特別の照準具を備え、また簡単な架台を有する。弾丸を装し小銃薬筒で発射する。投擲距離は二〇〇ないし三〇〇メートルを限度とする。

（編者注：手榴弾に関する説明はない）

砲兵学教程（普通科工兵用）　大正十年二月　陸軍砲工学校

手榴弾

手榴弾は近接戦においてわが兵器の威力を十分発揚することができない場合に使用される補助兵器で、攻撃では墻壁、堡塁および築堤などに拠り頑強に死守する敵に対し、攻撃では火線直前の死角内に蝟集する敵に対しこれを使用する。その種類は頗る多い。

わが手榴弾は弾体、塞板、炸薬、木底、雷汞筒、着発装置および弾尾よりなる。弾体は鋳鉄製で外面に縦横の裂溝を穿ち、裂溝により炸裂を容易にする。また内外面には黒ワニスを塗抹し、錆および炸薬の変質を予防する。炸薬として塩斗爆薬八〇グラムを填実し、起爆のため雷汞筒内に雷汞一グラム、圧搾茶褐薬一グラムを填実する。弾尾は藁もしくは棕櫚製で総状部の短端は木底および弾体に緊束する役目をし、長端は弾体飛行間弾頭の方向を維持する役目をする。

教練手簿　大正十四年

手榴弾用法

一、手榴弾は近接戦において、その爆発によって敵を殺傷するため投擲するもので、わが小銃火の威力を発揚することができない場合に用いて特に有利である。なお時としてこれを障害物に利用する。

二、わが陸軍の手榴弾は全重量約五〇〇グラム、弾体は鋳鉄製の円筒体に黄色薬約三〇グラムを炸薬としてその内に装入し、弾頭に着発装置の撃発具を付着する。弾尾は藁または棕櫚縄の両端を総状とし、その一端を弾体に正しくかぶせ、他端をもって投擲する。

三、手榴弾を障害に利用するには通常陣地前、敵の通過を予期する地点などに、あるいは杭に吊るし、あるいは地中に埋め、敵がこれに触れ、あるいはこれを踏んだときに爆発するよう設備する。

兵語新辞典　昭和三年

テリューダン（手榴弾）

近接戦においてその爆裂により敵を殺傷震駭するため使用するもので、手で投擲する弾丸である。これは壕内などにある敵は小銃をもって射撃するが効力が少ない場合、攻撃にあっては墻壁、堡塁および築堤などにより頑強に死守する敵、防御にあっては火線直前の死角即ち凹地、地隙、敵の歩兵陣地、交通壕内などに群集する敵に向って用い、あるいは障害の一種として設備するなどに用いる。その種類として制式、演習用、急造の三通りがある。投げる位置より目標に至る距離に応じて力を入れる度を加減し、常に命中するよう投擲しなければならない。最大投擲距離は立姿投による場合において三〇メートルを標準とする。

兵器学教程　第壹編　昭和三年一月　陸軍工科学校銃工科

一、手榴弾

（一）目的

近接戦において火器の威力を十分発揚することができないとき、これを投擲してその猛烈な爆声と強烈な威力とにより、あるいは敵の士気を阻喪させ、あるいは殺傷破壊を行う。

（二）構造

鋳鉄製で破裂にあたり破片の大きさを適当にするため外面に筋目を施す。体内に塩斗薬を填実して炸薬とし、頭部に撃針、安全子、発条、木管、雷汞筒を装し、木底を嵌装して藁または棕櫚製の弾尾を縛着する。炸薬に茶褐薬を用いることができる。また旧式のものでは外部に凹溝を設けず、内部に黄色薬を填実するものがある。

二、演習用手榴弾

（一）目的

手榴弾投擲法を演練するため、単に投擲法の練習には薬筒を装しないものを用い、これに熟練すれば薬筒を装したものを用い、確実に着達させることを演練する。

（二）構造

三個の噴気孔を有する鋳鉄製弾体に薬筒、木管、ゴム輪、安全子および撃針を装し、弾尾を縛着する。

三、十年式曳火手榴弾

（一）目的

手榴弾と同様であるが十年式擲弾筒をもって射撃することができる。即ち二、〇メートル以内の距離であれば手で投擲し、それ以上の距離であれば擲弾筒で擲射することを原則とする。

（二）構造

弾体は鉄製で外周に溝を刻し、塩斗薬または茶褐薬を填実して炸薬とし、その中心に中心管を装し、管内には起爆剤を入れた起爆筒および信管の火道を装する。頭部には曳火手榴弾十年式信管、底部には装薬室を螺着する。火道の燃焼時間は約七秒である。

（三）効力

弾体の炸裂に際し無数の小破片となって飛散し、そのうち一グラム以上のものは約二〇〇個を数える。実験の結果によれば一弾の破裂により破裂点より七・五メートルの位置に垂直に立てた標的一平方メートル上に致命的威力を有する破片が〇・八個、人員を負傷させるに足る破片が三・五個命中した。即ち曳火手榴弾の威力半径は約七メートルということができる。

四、十年式手投演習用曳火手榴弾

（一）目的

　実物信管を装着した演習弾で曳火手榴弾の手投演習を行い、主として安全栓の抽出および信管発火の操作を演練し、かつ信管発火より弾丸炸裂に至る時間を感得させ、もって実弾投擲の際における自信をつける。

（二）構造

　弾体および信管は曳火手榴弾と同じ。装薬室および中心管の代りに鋼製薬室および底螺を螺着する。薬室の中心には小粒薬を填実する。またその上部には信管の火道を収容する室を設ける。下部は曳火手榴弾装薬室と同型で、内部にボール紙製内筒および装薬（小粒薬）を装し、下部側面に六個の噴気孔を穿ち、底面には底螺を螺着する。

（三）機能

　安全栓を抽出し信管の被帽を打撃して投擲すれば約七秒後に装薬に点火し、火薬ガスはボール紙を破って噴気孔より噴出し、爆音を発する。しかし弾体、薬室を破砕することはない。

五、壷形手榴弾取扱上の注意
（一）手榴弾は雷汞筒を離脱して別に保存し、使用直前にこれを結合する。雷汞筒を装するには静かにこれをその室に入れ、木管をもって確実に圧定する。もし木管の周囲に遊隙があれば、木管に紙を捲いて動揺を防ぎ、次に撃針に発条および安全子を装着したものを装定する。
（二）手榴弾投擲のため安全子を脱するには、撃針を変位させないよう注意して側方に抽脱すること。
（三）安全子抽脱後使用を中止するときは、一旦撃針を脱して安全子を装した後結合すること。このため安全子は若干の予備を準備しておくことが必要である。
六、十年式曳火手榴弾取扱上の注意
（一）十年式曳火手榴弾の投擲もしくは擲射を行う際、弾着点の周囲三〇〇メートルは危険区域として警戒を要する。
（二）曳火手榴弾十年式信管は貯蔵間撃針を捩廻して雷管と遠ざけ、絶対安全の位置に装置してある。軍隊に支給の際初めて撃針を螺入して雷管に近づけ、発火準備を完了する。ゆえに撃針螺入を失念したものは当然不発となるので注意すること。

（三）撃針螺入の際安全栓を脱してこれを行うときは弾丸は直ちに炸裂するので特に注意を要する。
（四）曳火手榴弾投擲に際しては安全栓を脱し、頭部を堅硬なものに打付け、発火を確認した後一、二、三と数え、約四秒後に投擲する。
（五）曳火手榴弾底部の中央孔は雷管室に接するので、撃突を避けること。

関東軍装備概況表　昭和六年十一月　参謀本部第一課

一、第二師団（歩兵八大隊、騎兵二中隊、野砲四中隊、工兵一中隊）
軽機関銃三七四、重機関銃八三、擲弾筒七二、曳火手榴弾二四〇〇、平射歩兵砲八、曲射歩兵砲一六、野砲一六、山砲四
二、混成第三十九旅団（歩兵五大隊、歩兵砲四隊、騎兵一中隊、野砲四中隊、工兵一中隊）
軽機関銃一六六、重機関銃三二、擲弾筒四五、曳火手榴弾一五〇〇、平射歩兵砲四、曲射歩兵砲四、軽迫撃砲八、中迫撃砲四、野砲一六
三、独立守備隊（歩兵六大隊、大隊は歩兵四中隊）
軽機関銃一四四（一中隊六、半数は押収品）、重機関銃四八（一大隊八、半数

は押収品）、擲弾筒七二、曳火手榴弾二四〇〇、軽迫撃砲八、同弾薬一六〇〇、平射歩兵砲一四（一〇は押収品）、曲射歩兵砲八、狙撃砲七、旧式軽迫撃砲一六、山砲一〇（六は押収品）、同弾薬一二〇〇

四、臨時野戦重砲兵大隊（二中隊）
　三八式十五榴八、軽機関銃四（押収品）

五、装甲列車および装甲軌道車用
　山砲五、七糎半速加一、軽機関銃二二、重機関銃三〇

六、作戦用
　四五式二十四糎榴弾砲二、同弾薬二〇〇、ルノー軽戦車一〇

兵器学教程　巻一　昭和九年改訂　陸軍士官学校

手榴弾は近時その進歩が著しく、殺傷効力が大きいので今や近接戦闘に欠くべからざる兵器となった。その様式は一様ではないが、投擲の便を顧慮し弾体を壷形、球形もしくは卵形とするものが多く、稀に長方形、棒状のものなどがある。その点火法によりこれを分類すれば次のようになる。

一、曳火手榴弾　投擲に先立ち曳火信管もしくは導火索に点火し、数秒の後破裂す

るもの。

二、着発手榴弾　着発装置により弾着時に破裂するもの。

曳火手榴弾は弾体、装薬室の二部よりなり、弾体は鋳鉄製で塩斗薬などの炸薬を用い、弾頭に信管を付着し、かつ信管と起爆筒との中間に火道を設ける。この使用にあたっては安全栓を抽脱し、頭部を堅硬なものに打付け、その発火を確認した後投擲する。手力による投擲距離以外に対しては擲弾筒により発射し、信管の発火は弾丸が運動発起する際の慣性によるものとする。

着発壷形手榴弾は曳火手榴弾に類似するが弾体、弾尾の二部よりなり、弾頭には着発信管を付着する。弾尾は弾体を被包し、余端は投擲の用をなす。これを使用するには安全子を抽出した後、弾尾の後端を持ち上前方に向い敵の頭上に落下するよう投擲する。

幹部候補生検定虎之巻　昭和十年

手榴弾投擲精度の標準

一、投擲精度の標準は次のとおりである。

(一) 最大投擲距離は立姿投において約三〇メートルを標準とする。

(二) 常に目標を中心とする半径五メートル以内に落達させるよう投擲すること。

二、投擲演習上一般の心得

(一) 基本投擲においては距離、方向、速度、命中および時機などに顧慮することが肝要である。

(二) 投擲時機を誤ると効果を収められないだけでなく、かえって自ら危険を蒙るおそれがあることに注意すること。

(三) 突撃と連繫するときには、その爆裂の瞬時を利用して突入しなければならない。

(四) 一般に投擲演習の際は常に危険に留意することが必要で、殊に練習の初期または夜間における投擲には特に注意を要する。

三、基本投擲法

(一) 立姿投　投方の用意をさせ、次いで目標を示す。号令「立姿投げ、投げ」

①右手で信管頭を下にし、かつ信管噴気孔を左方に向け、拇指で錫板の左側面より、他の四指で右側面より確実に弾体を握り、左手で安全栓の索を撮(つま)んでこれを引出し、銃を左手に持ち、

②信管頭を平に堅硬物体に打ちつけ、その発火を確認した後、上体を少し後方に

倒して体重を右足に移し、左踵を上げ、または左足を地面より離し、右腕を後方に引き、次いで体を左方に捻転しつつ旧位に復す際、一旦右腕を曲げ、その弾撥力を利用して前方に振り出し、体重を左足に移し、要すれば右足を地面から離し、右腕を十分に伸ばして弾体を放つ。

(二) 膝姿投、伏姿投　略

四、応用投擲法

(一) 行進間には発火動作不確実に陥りやすいので、沈着確実に動作し、必ず発火を確認した後投げること。

(二) 遮蔽物の後方に位置する目標に対する投擲および狭隘な壕内などから投擲するときは、斜方向から行う方が有利とすることがある。

(三) 数人同時に投擲する場合は互いに協同連繋し、概ね一斉に行うものとする。この際互いに投擲動作を妨害しないよう適宜の間隔を保持することが必要である。

(四) 敵に咫尺して投擲するときは、自己もまた危害を蒙るおそれがあるので、掩護物の適当な利用によりこれを避けるよう努めること。

歩兵新須知　昭和十二年九月

手榴弾投擲法

一、手榴弾は近接戦においてその炸裂により敵を殺傷震駭するため使用するものである。ゆえに兵はいかなる場合においても沈着して、よく機に投じ正確に投擲し得るようならねばならぬ。

二、突撃と連繫する投擲動作は手榴弾投擲教育の主眼にして、精熟の域に達せねばならぬ。

三、投擲法は通常立投、膝投、伏投の順序をもって基本を修得し、次いで各種の目標に対し行進間、壕内、不斉地、夜間、ガス内などにおいて実施し、終には各種の状況に応じる投擲の要領に習熟せねばならぬ。

四、手榴弾を投擲するにあたりては、常に目標を中心とする半径五米以内に落達せしめねばならぬ。投擲距離は立投（膝投および伏投）において三十米（二十米）を標準とする。

五、投擲の演習にありては常に危害の予防に留意せねばならぬ。初期または夜間の投擲においては特に危害について注意せねばならぬ。

六、立投（膝投）（伏投）

号令＝立投（膝投）（伏投）

要領＝（一）立投の姿勢をとるには概ね立射に準じて姿勢をとり、両踵を目標と概ね一線上に在らしむ。

（二）膝投の姿勢をとるには膝射に準じ右足尖を立て、臀を右踵の上に載せる。

（三）伏投の姿勢をとるには伏射に準じて伏臥する。

七、発火準備

号令＝発火準備

要領＝（一）立投の姿勢にて発火準備をなすには銃を左腕に托し、右手をもって信管頭を下にし、かつ信号噴気孔を左方に向け、拇指をもって錫板の左側面より、他の四指をもって右側面より確実に弾体を握り、左手をもって安全栓の索を撮み、あるいは口に銜えてこれを抽き出し、銃を左手に持つ。

（二）膝投の姿勢における発火準備は前項に準ずる。

（三）伏投の姿勢にて発火準備をなすには銃を右前方に置き、臀をなるべく高くせざるごとく左足を腹部の下に深く曲げ、体重を左脚に托して姿勢をとり、立投に準じ安全栓を抽き出す。

八、発火

号令＝発火

要領＝信管頭を平に堅硬物体に打ちつけ発火を確認する。

九、投擲

号令＝投げ

要領＝（一）立投の姿勢にて投擲するには上体を少しく後方に倒して、体重を右足に移し、左踵を上げまたは左足を地より離し、右腕を後方に引き、次いで体を左に捻転しつつ旧位に復せんとする際、一旦右腕を曲げ、その弾撥力を利用して前方に振り出し、体重を左足に移し、要すれば右足を地より離し、右肘を十分伸ばして弾体を放つ。

（二）膝投の姿勢における投擲は前項に準じる。

（三）伏投の姿勢にて投擲するには左手をもって体を押上げ、膝投の要領にて投擲し、速やかに旧姿勢に復する。

一〇、手榴弾の投擲は状況特に目標、地形、地物の状態および投擲距離の大小などに応じ、姿勢および方法を選択するものである。

一一、地形、地物に遮蔽して好機に投じ機敏に投擲すること、および遮蔽物の後に位置する目標に対し正確に投擲することに習熟し、終には銃眼などに投擲する技能を養成せねばならぬ。

一二、遮蔽物の後に位置する目標に対する投擲および狭き壕内よりする投擲は斜方向に行うを有利とすることがある。

一三、敵に咫尺して投擲するときは、自己もまた同時に危害を被るの虞(おそれ)あるをもって、適当なる落達地点の選定および掩護物の機敏なる利用、姿勢の選択などによりこれを避くるを要する。

一四、数人同時に投擲する場合においては、発火および投擲は協同して概ね一斉に行うを可とする。

演習便覧　昭和十四年　陸軍予科士官学校

対手榴弾戦闘要領

一、要旨

(一) 敵に手榴弾使用の機会を与えない。

(二) 敵の手榴弾使用を無効にする。

二、機会を与えない
（一）不意に突入する。
（二）五〇メートル以上の敵前距離より一挙に突入する。
（三）翼側より突入する。
（四）敵を近接させない。
三、無効にする
（一）敵が手榴弾投擲のため姿勢を扛起した瞬時にこれを狙撃する。
（二）機先を制し突入する。
（三）欺騙して敵に無駄な投擲を行わせる

歩兵教練ノ参考　昭和十五年　陸軍歩兵学校

一、手榴弾の投擲
　手榴弾教育の基本は各種姿勢で各種手榴弾の投擲に習熟させ、常に沈着して正確な投擲ができるようにすることである。

　この教育にあたり着意すべき事項は左のとおりである。
（一）基本の投擲は通常まず立投によりその要領を会得させた後、膝投、伏投の順序により教育することが有利である。

(二) 教育の当初は軽装で実施させ、過度に投擲力を要求することなく、身体各部特に右腕、右肩の関節の柔軟を図り、次いで主として投擲力の養成に努めさせ、教育が進むにしたがって投擲距離ならびに方向を正確にさせ、また負担量を増加し、遂には軍装をもって正確に目標に投擲できるように至らせる。

(三) 手榴弾は当初は擬製手榴弾および手投演習用曳火手榴弾をもって十分演練した後、曳火手榴弾に及ぶことを可とする。

(四) 手榴弾の投擲は、当初は目標を中心とする半径五メートル以内に落達できるよう訓練し、教育の進歩にともない壕内、銃眼内などの目標に対しても有効に投擲できるように至らせる。

(五) 基本の教育は計画的に行うほか、勉めて機会を捉えてこの練磨向上を図るよう指導することを要する。また軽易に練習できるよう設備できれば有効である。

(六) 手榴弾投擲の演習にあっては常に危害の予防に留意することが肝要である。教育の初期または夜間の投擲において特にそうである。

(七) 手榴弾の投擲にあたっては実施の前後はもちろん、実施中においてもしばしば体操を行い、関節の柔軟を図ることが緊要である。

二、投擲姿勢教育上の注意

立投（一）立射におけるよりも左踵をやや前方に出し、両踵を目標と概ね一線上に置き、左足尖をなるべく目標の方向に一致させる。

（二）銃を左腕に托すには腕を十分曲げ、拳にやや力を入れ、手榴弾を準備中銃を倒さないようにする。

膝投　膝射におけるよりも左踵をやや前方に出す方がよい。

伏投　臀部を高くしないよう左脚を腹部の下に深く曲げる。このため弾薬盒を十分開いて置くことが必要である。

三、手榴弾の保持法および発火準備

（一）信管式によるもの

①右手で信管頭を下にし、かつ信管噴気孔を左方に向け、拇指で左側面より、他の四指で右側面より確実に弾体を握る（信管噴気孔を右方にすると発火に際し掌を火傷することがある）。

②安全装置を解くには安全栓の索をつまみ、あるいは口にくわえてこれを抽出する。安全栓は挿入孔と同方向に抽出しなければ被帽が脱落することがある。

（二）門管式によるもの

手榴弾を取出すとまず左手で弾体または柄部を握り、他の手で蓋を脱し、次いで右手小指に指輪を十分挿入して曲げ、かつ確実に弾体あるいは柄部下端を保持する。

四、投擲

（一）信管式によるもの
信管頭を平に堅硬物体に打付け、発火を確認した後直ちに投擲する。発火の確認は信管噴気孔よりガスの噴出により容易に確認することができる。曳火時間が短いためややもすれば発火を確認することなく投擲することがあるので、注意を要する。

（二）門管式によるもの
指環を挿入した指を伸ばさないよう投擲する。指を伸ばすと指環も弾体とともに投擲され、不発の原因となり、かえって敵に逆用されるおそれがあるので、注意を要する。

五、投擲要領

（一）投擲は腕力のみによることなく、身体全部の力による。

（二）立投における右腕を後方に引き、次いで前方に振出す動作は他の姿勢においてもこれに準じる。

(三) 立投において体を右後方へ傾ける動作は比較的緩徐にし、柔軟にかつ右膝を曲げ、左前方への捻転は急激に行い、かつこの両動作を連続して行う。

(四) 伏投では体を上方に押上げた反撞を利用して投擲する。

兵器学之参考　昭和十五年十二月　陸軍士官学校

擲弾器

欧州大戦において擲弾器は近接戦用兵器として多大な効果があった。手投に比べて精度良好で射程が大きい銃擲器が益々多用されることは想像に難くないが、なお手投と銃擲器を兼用するか、あるいは攻防両用を区別するか、射程をどうするかなど将来幾多の研究を要するものがある。

英米仏は銃榴弾発射器を採用し弾量約四五〇グラム、射程一八〇メートル、独は擲弾銃を採用し弾量二一〇〇グラム、射程三六〇メートルである。わが国においても目下擲弾銃の研究を進めつつある。擲弾銃は普通銃の銃口に擲弾器を装し、小銃弾発射のガス圧の一部を利用し、要すれば補助装薬を使用し遠距離に投擲する。

赤軍ヂャコーノフ擲弾銃の諸元は左のとおりである。

最大射程八五〇メートル（補助装薬を使用しない場合は三〇〇メートル）、有効射距離六〇〇メートル、最小一五〇メートル、弾量三七〇グラム、炸薬量五〇グラム、補助装薬二・五グラム。一八九一―一九三〇年式小銃の銃口に口径四五ミリの擲弾筒身を、上帯付近に脚架を、銃側面に象限儀（しょうげんぎ）を付ける。特種な榴弾を筒身に装し、小銃弾（七・六二ミリ）を発射すると榴弾被筒の中心管を通過して射出され、その火薬ガスは榴弾の弾底に圧力を加えてこれを圧出するとともに、補助装薬および信管に点火する。

付属品の重量が四・四二キロあり、一弾の効力はわが国の八九式榴弾に比べて小さい。

狙撃分隊に一銃を配し、榴弾一二発を携行する。射耗したときは小銃分隊として行動する。

一、破片数約三五〇個、飛散半径三〇〇メートル。

二、擲射には小銃実包を使用し、射程増大の場合（最大八五〇メートル）は補足装薬二・五グラムを加える。

三、本銃は普通の歩兵銃に擲弾挿管、象限儀を装したものである。

四、装備数　狙撃中隊九（各小隊三）、騎兵中隊八（各小隊二）。

五、逐次五〇ミリ迫撃砲に代えられつつある。

兵器概説教程　第一巻　昭和十七年増版　陸軍兵器学校

手投弾

手投弾は近接戦において火砲の威力を十分発揮できないとき、あるいは特殊な目的のために使用されるもので手榴弾、手投ガス弾、手投照明弾、発煙筒および信号弾などがある。

手榴弾（略）

発煙筒には濃厚な煙幕を形成するものと、近距離の通視は可能だが遠距離の通視を困難にする淡煙発煙筒がある。使用目的により地上用と水上用がある。

信号弾は一般に彩光彩煙を利用し、地上部隊相互間あるいは航空機に対する信号用に供するもので、彩光のものには白、赤、緑、彩煙のものには赤、黄、黒の三種がある。前者は昼夜間、後者は昼間のみ用いる。

歩兵操典詳説　初級幹部研究用第一巻　昭和十七年

手榴弾

草案においては操典付録として軽く取扱われていたが、本事変においてその重要性が認められ、もっと力を入れて訓練しなければならないことを痛感し、ここに本文として記述されることになった。それは基本教練と戦闘教練に区分し、小銃、軽機関銃、擲弾筒などの火器と全く同等の待遇を受けることになったのである。

一、草案に「突撃と連繋する投擲動作……」とあるが、新操典ではこれを突撃の部に移記した。

二、草案に「投擲法の教育は通常立投、膝投、伏投の順序をもって基本を……もって各種目標に対し行進間、壕内、不斉地……」とあるが、新操典においてはこれを各個教練基本の部に移し、かつ「行進間の投擲」は「正確に投擲」するという新操典の趣旨に反するのみならず、その要度も甚だ少ないので削除された。

三、姿勢および投擲法は目標、地形地物などに応じ散兵が自由に選ぶことにされたが、手榴弾には数種類あるのみならず、戦場においては鹵獲品を利用する場合も多いので、これら手榴弾の種類によっても散兵は適当に投擲法を選定しなければならない。

四、投擲距離内に潜進して、不意に投擲するのが有利であるとの趣旨を増補強調された。

手榴弾教育

手榴弾の投擲は突撃と連繋し、目標の状態、距離に応じて投擲姿勢を選択する。手榴弾の投擲法には小銃射撃姿勢と同様に立投（たちなげ）、膝投（ひざなげ）、伏投（ねなげ）があり、投擲距離は軍装した立投で三〇メートル、膝投および伏投で二〇メートルを標準とする。目標の五メートル以内に落達させることが求められた。

立投で投擲するには上体をやや後方に倒して体重を右足に移し、左踵を上げ、右腕を後方に引き、次いで体を左に捻りつつ、一旦右腕を曲げ、その弾撥力を利用して前方に振り出し、体重を左足に移し、右肘を十分伸ばして弾体を放出する。

数人同時に投擲する場合は概ね一斉に行うものとする。

手榴弾教育は「爆破教範改正草案付録手榴弾用法」に始まり、これにもとづき具体的に投擲法を解説したものが「手榴弾投擲要領」（刊年不明）である。壺形手榴弾の投擲法について要点を摘記する。

一、手榴弾は目標の位置および距離により被布あるいは弾体を握り投擲する。三〇メートル以内では通常弾体を握り投擲する方が有利である。

二、投擲距離、命中精度および落角の関係は概ね次のようである。

（一）投擲距離の最大限

被布を持つとき　立投　六五メートル

膝投　五〇メートル

伏投　三〇メートル

弾体を持つとき　立投　四〇メートル

膝投　三〇メートル

伏投　三〇メートル

（二）命中精度

距離三〇メートル以下　一・五メートル方形内

距離三〇〜四〇メートル　四メートル方形内

距離四〇〜五〇メートル　目標の左右において各二・五メートル以内、同前後において各四メートル以内

距離五〇メートル以上　目標の左右四メートル以内、前後は確定できない。

（三）落角は常に四〇度以上とする。

三、被布を持ち投擲する方法

被布は弾頭より前腕の長さの位置を親指と食指で圧止し他の三指で軽く握る。どの姿勢でも体の左側を正しく目標に向け、被布を右手に握り、その拳を肩の附近でやや後方に引き、弾体を右ひじの後方に垂下し、これを上方より左手に向かい高く振り出す瞬間に被布を放し、左手の指向する方向に投擲する。

四、弾体を持ち投擲する方法

食指の第一関節を弾体と被布の接合部にあて、親指と中指で弾体を両側からやや強く握る。掌を上に向けて投擲の姿勢をとると被布は食指と中指の間に垂れるようにする。投擲動作は被布を持つ場合と同じで、ただ弾体が拳の中にあるにすぎない。

大正七年九月に刊行された「突撃作業教範草案」にはより詳しく手榴弾の用法について解説されている。

一、手榴弾の種類は制式手榴弾のほかに急造曳火手榴弾と急造着発手榴弾の構造例と製作法を図解入りで記述している。

二、制式手榴弾の最大投擲距離は立投において弾尾を持って投擲する場合、中等の投弾手では約四〇メートルを標準とする。落角は五〇度内外を適当とする。

三、手榴弾は通常突撃の際使用するものとする。ゆえに突撃部隊には必要に応じ手榴弾を携帯させ、また特に手榴弾投擲部隊を編成することがある。

四、突撃にあたり手榴弾を使用するには、突撃部隊は敵の不意に出てなるべく一斉にこれを投擲して敵を震駭し、その動揺に乗じ機を逸せず直ちに突入する。徒に敵と手榴弾の戦闘を交え進襲の気勢を挫折することがあってはならない。

五、手榴弾投擲部隊が配属されている場合は突撃部隊の直前に前進し、手榴弾を投擲して突入を準備し、突撃部隊が格闘を始める時機には適時その側方または後方から手榴弾を投擲し、敵の後方部隊の来援を妨害し、陣地内に残留する敵兵を掃討する。

六、散兵壕または交通壕内を前進しつつ逐次これを占領するには手榴弾を使用することが多い。このため通常投弾手、銃手、給弾手および送弾手よりなる班を編成する。その人員は壕内における行動の自由を確保するため必要最小限に止めるものとする。

七、防御の場合は敵兵がわが火線の直前にある小銃の死角内に進入してきたとき手榴弾を使用する。

八、手榴弾を障害に利用する場合は通常陣地前手榴弾の投擲距離以外で敵の通過を予期する地点などにおいて、手榴弾を杭に懸吊しあるいはこれを地中に植立し、敵兵がこれに触れ、もしくは踏んだときに爆発するよう設備する。杭は八メートルずつ隔てて高さ八〇センチとし、地中に植立する場合は弾尾を除去し弾頭を上にして壕底に植立し、敵に発覚しないよう遮蔽する。

手榴弾教育ノ参考　昭和十四年三月　陸軍歩兵学校

本書は支那事変において近接戦闘に手榴弾の価値が明確に認識されたことにより、九七式、九一式および柄付手榴弾について取り上げ、手榴弾戦闘法に加え対手榴弾戦闘法まで記述している。昭和十七年七月に第一一二版が発行されていることから、手榴弾教育の指針として長く使用されたものであろう。歩兵学校らしく精神論を強調している。

一、手榴弾は攻防のいずれを問わず近接戦闘においてその爆裂により敵を殺傷震駭するために使用する。手榴弾は掩護物の後方にあるか、あるいは死角を利用する敵に対して特に有利に使用される。

二、手榴弾は爆発時の破片による殺傷威力のほか爆音および爆風による風靡力などの精神的効果が大きい。

三、破片は伏臥する者にも有効であるが、小さな地物にも遮られることが大きい。

四、発火のためには靴踵の鉄部、小銃の床尾鈑などの堅硬物に直角に強く打ち付けることが緊要である。

五、柄付手榴弾はまず左手で柄部を持ち、右手で安全蓋を開け、右手小指（または中指）で内部の環を引き出しつつ、小指（または中指）をこれに通し、通した指を曲げて、柄部を保持し、投擲する。

六、外国軍は白兵戦において手榴弾を不可欠とするが、わが軍の伝統的威力は手榴弾を投擲しなければ突撃しないというものではなく、銃剣をもってこれを屠（ほふ）るの意気と覚悟とを必要とする。

七、手榴弾使用にあたっては投擲手自ら敵とともに傷つくことを恐れてはならない。

八、手榴弾は一般の近接戦闘のほか市街、村落の掃蕩、歩哨、斥候用、諸施設破壊のための爆薬の代用、地雷的使用などに応用する。

九、突撃における手榴弾利用の要訣は一にその精神的、物質的威力をもって敵を圧倒する爆裂瞬時を利用することにある。

一〇、手榴弾を分配された兵は行軍間これを手榴弾嚢または背嚢あるいは雑嚢に携行し、使用を予期したら袴の物入れに移す。収納に当たっては信管部を上にし、柄付は柄部を上にする。

一一、発火および投擲を一斉に行うため、分隊長は号令により明確に指示することが肝要である。

時機	号令	投擲手の動作
投擲位置に至る	発火用意	手榴弾を出し安全栓を抜く（または蓋を取り、環を指にはめる）。
全員準備完了	発火	撃針を打撃し発火する。
次いで直ちに	投げ	直ちに投擲する。
投擲が終わると	突込め	一斉に立ち上がって突入する。

対手榴弾戦闘法

一、要旨

手榴弾戦を慣用近接戦闘手段とする敵に対し、有利に戦闘を遂行するためには指揮官以下よく敵手榴弾の構造、性能を知得してその価値を正当に認識し、敵の手榴弾用法を研究し、もって周到なる準備のもとに有する手段を尽くして敵に手榴弾投擲の機会を与えないか、または敵の投擲を無効にする手段を講じることを要する。このため突撃前においては敵の投擲距離内に停止することなく、同距離外において最後の突撃準備を整え、一挙に敵陣地に突入することが緊要である。敵の有効な投擲を受けても徒にこれを避けることに焦慮することなく、強固な意志をもって直ちに機先を制して突入を敢行し、決を白兵に求めることを要する。このような場合においてその措置を失い徒に躊躇逡巡し、あるいは手榴弾戦によりこれに対抗しようとするようなことは、既に敵の術中に陥ったものであり、単に突撃の気勢を減殺するのみならず、かえって多くの損害を招来することを肝に銘じることを要する。

対手榴弾戦闘を顧慮するあまり突撃の機を逸するようなことは特に戒めなければならない。

二、攻撃

（一）敵に投擲の機会を与えないための手段

①突撃発起は敵の手榴弾投擲距離外より、なるべく敵の不意に出て一挙に敵陣地に突入すること。敵の投擲距離は概ね五〇メートル以内で、地形により若干の変化があるが、敵陣地前概ね五〇メートル以内に入るときは敵手榴弾の一斉投擲に会うことに注意し、概ねこの五〇メートル以上の距離外より一挙に突入

するよう勉めなければならない。したがって平素の兵教育に際しては目的、地形などにより異なるが、敵の投擲距離内に停止しないことについて十分訓練しておくことを要する。

このため突撃前に砲兵、重火器のほか全火力特に擲弾筒の集団威力を発揮して敵を圧倒震駭し、最後の時期まで敵兵に台頭できなくして、やや長距離にわたる疾駆突入を可能とすることが緊要である。すなわち最終弾に膚接して突入することは敵に時間的精神的に台頭する余裕を与えないもので、敵に手榴弾投擲機会を与えないためにも極めて緊要な事項である。

右のように最終弾に膚接して突撃する場合でも正面の敵あるいは不意に側防火器の射撃を受けることがある。このような場合においても断固たる決意をもって、万難を排して突撃を敢行しなければならない。この際敵前至近の距離に停止するとかえってこれらの火器、特に側防機関および手榴弾の好目標となり、その集中を被り全滅の悲運に陥ることがあることを肝に銘じることを要する。やむを得ず一時停止する場合においてもその時間を極めて短くすることが必要である。

また特に支那軍は陣地にいる兵が分隊長の号令などにより一斉投擲をするよ

うで、投擲の直前一時的に敵は概ね同時に頭を下げることがあるので、この瞬時を巧みに利用して疾駆突入する着意が必要である。また突入時機を秘匿するため煙を利用することが有利となる場合がある。

② 敵が投擲しようとする時機を補促して狙撃すること。

堅固な陣地に拠る敵に対する場合は、敵は壕内に身を潜めて投擲するので狙撃は困難であるが、掩体、地形などを十分利用していないときは射撃より投擲への姿勢変換により投擲の兆候を察知することができるとともに、投擲の際の姿勢はやや大きな目標を呈するのが通常であるから、状況がやむを得ず敵前至近距離に停止した場合はこの機を捉え、直ちに狙撃する着意を要する。

(二) 敵の有効な投擲に対する動作

敵の投擲を受ける場合にあっては、機先を制し勇猛果敢に突入することを要する。敵が投擲した瞬時にこれを感知して突進すれば爆発までに約六、七メートル前進できるので、危害を避ける意味においてもまた有効である。

敵の手榴弾投擲に際しわれも手榴弾をもってこれに応じ、いたずらに手榴弾戦を行うことはかえって不利となる。

突撃前進間敵の有効な投擲に対し機先を制することができず、立ち遅れを感じるなどの場合であっても、敵の投擲はその一時機だけではないことと、その落達は不規でかつ射撃を併用することがあるのみならず、突入開始後濫り(みだ)に停止することは統一ある突撃を害し、突撃の気勢を減殺する不利があるので、むしろ躊躇することなく断乎として突入しなければならない。停まるも死、行くも死であるとき、敢然として身を捨て、突入を決行してこそ死地を求め得るものである。敵の有効な投擲を受けたことを感知した瞬間、敢然と起って身を挺し、敵に突入することは対手榴弾戦闘における最も機微な動作であり、また精神教育上緊要な事項である。

突撃発起前状況がやむを得ず一時停止してその損害を避けるときは、所在の地形地物を利用し勉めて姿勢を低くして危害を避け、爆裂の直後速やかに突入に移ることを要する。

総て敵陣地前付近の距離においてその死角内に入るのは、敵に察知されたときは手榴弾の集中を被ることがあるので注意を要する。

(三)　敵の手榴弾投擲方向を制限する方法

敵陣地の翼側に向うことは敵手榴弾に対してもその投擲方向を制限し得ることが多いので、突撃にあたっては敵の翼側に向い突入することを可とする。

（四）敵を欺騙してその投擲を無効にする方法

この動作は今次事変において第一線の諸隊がしばしばこれを有効に利用したが、敵前においてやや巧妙に堕する嫌いがある。しかも突撃の気勢を減殺する不利があるので、この実施にあたっては当時の状況を十分考慮することを要する。

①敵に対する制圧効果が十分でないか、各種火器で敵を制圧しても突入に際し敵が台頭するような場合には、喊声を挙げて前進して突撃を装い、若干距離にて停止し（ただしこの位置は敵の手榴弾投擲距離外であること）、敵の投擲を待ち、その爆発後あるいは前記方法を反復した後、真突撃を発起することを有利とすることがある。

敵に対し相当の制圧を加え、敵を壕内に圧伏させた場合、わが突入に際し壕内よりわれに向い手榴弾を投擲しようとする場合は、喊声を挙げることなく突入するか、あるいは時として突撃発起位置において喊声のみを挙げ、突撃と誤らせて手榴弾を投擲させることがある。

②気象状態が適する場合には突撃前に煙幕を構成し、投擲距離外において喊声を挙げて突撃を装い、敵に手榴弾の乱投を行わせることを有利とすること

がある。このような場合に敵がわが突撃の真偽を疑い、投擲を躊躇する時機に乗じ、真突撃を行うことを要する。

③　以上各項の要領にもとづき一方面に突撃を装い、注意をこの方面に牽制し、敵手榴弾をこの方面に集中させ、真突撃は他方面より実施することを有利とすることがある。

（五）突撃を行うにあたり喊声を発するのは操典が明示するところであるが、敵の不意に突撃しようとする場合には喊声はわが企図を暴露し、敵が遮蔽している場合においても敵に手榴弾を投擲させるおそれがあるので、喊声を発する時機が早過ぎないか、あるいは時として喊声を発しないなどの着意を必要とする。

（六）敵陣地を奪取しこれを確保しているときにおいては、敵はしばしば不意に手榴弾を投擲しつつ逆襲してくることがある。このような場合においては機先を制し射撃をもって敵を圧倒するとともに、断然白兵をもって突入することを有利とする。

敵の投擲は死角内より行われることが多いので、陣地奪取後直ちに死角の消滅を図ることを要する。

また確保すべき敵陣地または城壁などに突入すると同時に軽易な移動障害物

を携行し、これを敵の手榴弾投擲距離外に配置することができれば有効である。夜間において特にそうである。

三、防御

支那軍は突撃にあたりわれとの距離が概ね四〇メートルの線に近迫すれば、突入前われに向い手榴弾を投擲するのを通常としているようである。

防御における対手榴弾戦闘法は主義において攻撃の部と同様であり、敵に手榴弾投擲の機会を与えないことと、敵の投擲を無効にすることに帰着する。

(一) 防御においてはあらかじめ準備した火力により敵の攻撃力を破摧し、敵を陣前において撃滅することを最良の方法とする。敵兵が至近の距離に近づけばわれは益々沈着し、正確な射撃で敵をわが陣地前に圧倒することを要する。

(二) 敵兵がわが陣地前至近の距離に近迫し、手榴弾を投擲する場合においても、工事を利用しているときは大きな損害を被ることはないと肝に銘じ、敵手榴弾の投擲に狼狽することなく、あくまで正確な射撃を継続し、要すれば手榴弾を投擲してこれを撃滅することに勉める。

(三) 射撃できない死角内に入った敵に対しては擲弾筒または手榴弾により敵を擾乱し、敵に手榴弾投擲の機会を与えないこと。

（四）工事を行うにあたっては敵手榴弾による損害をも制限し得るよう考慮することを要する。手榴弾の破壊効力は甚だしく大きいものではないが、自動火器などは極めて軽易な掩蓋であっても、その利用を怠らないことが緊要である。また家屋の内部に入り、あるいは薄い戸板、トタン板のような各種の軽易な掩護物で身辺を掩うときは、簡単な施設、準備で手榴弾に対し掩護の目的を達することができる。

支那軍手榴弾用法

今次事変において支那軍は手榴弾の装備が豊富であったので、昼夜を問わず各種戦闘を通じ常に手榴弾を使用し、近接戦においてはほとんど専らこれに依存する傾向を有した。

以下事変の戦例に鑑みその主な用法の若干を挙げる。

一、一般的用法

（一）防御

①　支那軍は概ね各人毎に手榴弾嚢を有し、数発ずつ携行するほか一二個入り、四八個入りなどの箱をその近くに準備して置き、敵兵がその投擲距離内に入る

かまたは突撃を発起すれば壕内より急速度で投擲する。

② 市街戦、部落戦においては囲壁上、屋上あるいは家屋の上層窓より敵に対し連続投下する。

③ 陣地前手榴弾投擲距離に戦車壕のようなものを設け、突撃部隊がこの壕に入ったときに一斉に投擲する方法も多く用いられる。城壁の防御においては登り口がある通路に対して特に十分な手榴弾の投擲を準備している。

④ 掩蓋機関銃座など堅固な陣地にあっては、その死角を手榴弾で消滅させるよう構成している。

（二） 攻撃

今次事変において支那軍が上級指揮官の統制の下に純然たる攻撃を実施し、特に突撃を実施した例は多くない。

① 小規模の攻撃または逆襲などにおいては、突撃距離で停止し一斉に多数の手榴弾を投擲した後、突撃に移ることがしばしばあり、これを慣用の戦法としているようである。

② 夜襲において支那軍は第一線に手榴弾班を進め、敵に近接すれば一斉にこれを投擲した後、第二線にある小銃、自動火器などを有する主力第一線を超越さ

せるような方法を用いることが多い。

③ 攻防を問わず、敵の射撃などに対し仮死を装い、敵兵が近接すれば不意に乗じ手榴弾を投擲するような方法もしばしば実行する。殊に斥候あるいは歩哨などのような少人数で行う戦闘において、このような欺騙行動を好んで採用している。

二、特殊用法

支那軍は手榴弾を常に投擲する戦法を採るほか、さらに手榴弾を利用してこれを敷設し、地雷的に使用することがある。

敷設、発火の方法、手榴弾の種類などは多種多様であるが、その一例を示せば左のようである。

(一) 手榴弾を概ね三個結束し発火用紐を連ね、その端末を係蹄とし攻撃歩兵がこれに足を踏み込んで引くと発火するようにしたもの。

(二) 大型手榴弾を利用するもので、二個の石で手榴弾を挟み、発火用紐に引っ掛かった場合手榴弾は動揺せず破裂するもの。発火用紐は干草などで偽装してある。陣前に石があればその下に地雷があることが多い。

この方法によるものは設置の方法が概して拙劣で、昼間は比較的容易に発見することができる。綏遠軍の使用するものは多くがこの方法であった。

(三) 手榴弾を利用し陣地前に大規模な地雷地帯を構成し、あるいは電気点火法にしたものがある。

(四) 鹿砦(ろくさい)の樹枝に発火用紐を懸吊し、他の樹枝で他端を支え、鹿砦を排除しようとすると支点から脱落して自爆するようにしたものがある。

(五) また便衣(べんい)隊はしばしば部落内などにおいて、敵の不意に乗じて手榴弾を投擲することがある。

戦時陸軍報告規程特別報告(手榴弾投擲事故)

一、年月日　昭和十七年四月二十四日十一時二十分頃

二、場所　蒙古聯合自治政府普北政庁管区大同県大同十里河射撃場

三、受傷者　自動車第二十三聯隊第一中隊所属陸軍少尉清水治(軽症)、陸軍伍長小野廣秋(重傷)、陸軍一等兵泉川良一(重症)

四、原因　木柄手榴弾の不整爆発による

五、事故発生経過状況

清水少尉の指揮で初年兵基本射撃第三習会を十里河射撃場において実施後、手

榴弾の投擲を行い、初年兵にこれを見学させた。当初押収木柄手榴弾の投擲を実施するため教官清水少尉が二発投擲したが手榴弾不良のため発火しなかった。三発目は小野伍長が投擲しようとして、膝射に準じる姿勢で投擲準備をした。小野伍長は右手に木柄手榴弾を握り、左手で引火線を引くと瞬時に爆発した。爆発と同時に小野伍長はその場に伏せ、教官は右前方に伏せ、泉川一等兵も右前方に伏せたが、手榴弾の破片により受傷した。

六、受傷状況

清水少尉　右大腿内側左下腿手榴弾破片創（小豆大）

小野伍長　顔面部に数個の小豆大の皮膚剥脱、右顔面に長さ約二〇センチの皮膚剥離、右手腕関節部より欠損、左手掌に約一〇センチの皮膚剥脱、左足背および踵に拇指頭大より小指頭大の数個の手榴弾破片創

泉川一等兵　顔面部には鼻部、右頬部、唇部に数個の小豆大の皮膚剥脱、右鎖骨上窩に小指頭大の手榴弾破片創、左側胸部には腋窩より約三〇センチの箇所に示指頭大の破片創、左肩頭部に小豆大の皮膚剥離、左手背部に小豆大の皮膚剥離、右前膊に小豆大の皮膚剥離、左下

腿腓腸部に小豆大の皮膚剥脱、左足背外側部に数箇所の小豆大の
皮膚剥脱

七、処置

教官清水少尉は立上がると小野伍長、泉川一等兵の状況を目撃、直ちに演習を中止し、小野・泉川両名を自動貨車により南兵営医務室に連行を命じた。

松崎軍医は直ちに自隊医務室において応急処置

(一)小野伍長に対しては右前膊に止血帯装着、受傷箇所にマーキュロクローム塗布、防腐繃帯、強心剤注射

(二)泉川一等兵に対しては重症箇所にマーキュロクローム塗布、防腐繃帯、強心剤注射

(三)清水少尉に対しては重症箇所にマーキュロクローム塗布、防腐繃帯を施し、小野伍長および泉川一等兵を自動車で大同陸軍病院に入院させた。

八、将来の対策

(一)手榴弾の取扱投擲法の教育をさらに周密的確にするとともに、この種押収不良手榴弾の検査を周密にし、爾後における事故発生の絶滅を期す。

(二)手榴弾投擲にあたっては五メートル以内に他の者を近づけないようにし、低

い姿勢をとらせる。

陸戦参考書　昭和六年　海軍砲術学校陸戦科

手榴弾投擲法

一、手榴弾の用法

（一）手榴弾は小銃火の威力を発揚することができない至近の距離における戦闘の場合、および防御における陣地前の死角を消滅する場合などに用いれば特に有効である。

（二）手榴弾の使用は通常手投によるものとする。しかし手投距離以上に投擲するには通常擲弾筒をもって発射する。

（三）投擲の演習あるいは実験にあっては常に危害の予防に留意し、遮蔽物を利用するかまたは壕を掘り、あるいは土嚢陣地を作るなど警戒を厳にし実施することを要する。

二、手榴弾取扱上の注意

（一）装薬筒底部の中央孔は雷管室に接するので、衝撃を与えてはいけない。

（二）取扱上の不注意により装薬筒の噴気孔に貼付した錫箔を破損し、装薬を湿らし、あるいはこれを漏出させるなどのことがあってはならない。

（三）手榴弾の撃針は螺戻の状態で格納すること。使用する目的で携行するにあたりこれを螺入するものとする。

（四）安全針は使用の直前まで抜いてはいけない。

（五）一旦安全針を抜いた後使用を中止したときは、直ちに安全針を挿入して置くこと。安全針を抜いたまま携行し、または格納するようなことのないよう特に注意を要する。

（六）不発弾の取扱は艦砲取扱教範に準じ処置すること。

三、手榴弾使用前の注意

（一）撃針は一杯螺入されているか。

（二）信管は十分螺着されているか。

（三）装薬筒は緊密に螺着されているか。

四、手榴弾投擲上の注意

（一）噴気孔を外方に向けて握る。

（二）安全針を抜く。

（三）頭部を堅硬物に打ち当て、発火を確認した後一、二、三と数え、約四秒後手から離れるように投擲する。投擲距離三〇メートルにおける手榴弾の飛行時間は約三秒である。

(四) 投擲の時機は通常小隊長（分隊下士官）がこれを命じるものとする。

(五) 敵と咫尺して投擲する場合は、自己もまた危害を被るおそれがあるので、適当な落達地点の選定および掩護物、土嚢陣地などを敏速に利用し、危害を避けることを要する。

(六) 遮蔽物の背後に位置する目標に対しては、斜方向から投擲するか、または擲弾筒をもって発射すること。

陸戦用各種砲弾薬及火工兵器名称　昭和九年八月　海軍

陸戦用各種砲弾薬及火工兵器名称を別表の通定む。

(陸) 十年式擲弾筒　十年式曳火手榴弾擲弾筒用
　九一式曳火手榴弾擲弾筒用
　十年式手投演習用曳火手榴弾
　十年式発射演習用曳火手榴弾擲弾筒用
　空包擲弾筒用

手投弾薬手榴弾
演習用手榴弾
教練用手榴弾

昭和二十年度調達弾薬品目員数表（近戦弾薬のうち手投弾薬）
三式手投爆雷五〇万、手投火焔瓶一三万、手投煙瓶一四万、九九式手榴弾用信管（簡易信管を含む）三六〇万、九四式水上発煙筒一三万四〇〇〇、九四式代用発煙筒二一万七〇〇〇、九四式小発煙筒一九万

工廠別手投弾竣工数
大阪砲兵工廠
大正十一年度以前　不明
大正十二年度　十年式曳火手榴弾二五〇、手投信号弾一二〇〇
大正十三年度　十年式手投照明弾五〇、手投信号弾三〇〇
大正十四年度　十年式曳火手榴弾二万、十年式手投演習用曳火手榴弾三万五〇〇〇

大正十五年度　十年式手投照明弾三五二、十年式曳火手榴弾一万
昭和二年度　十年式曳火手榴弾六万七二九八、十年式手投照明弾一五〇
昭和三年度　十年式曳火手榴弾四万三六三五、十年式手投照明弾一〇七〇
昭和四年度　十年式曳火手榴弾八〇八三、十年式手投照明弾四八一
昭和五年度　十年式曳火手榴弾二五一七、十年式手投照明弾四二一
昭和六年度　十年式手投照明弾四〇〇
昭和七年度　九一式曳火手榴弾七五〇〇、十年式曳火手榴弾一一六、十年式手投照明弾三七七三
昭和八年度　九一式曳火手榴弾八万七五、手投演習用曳火手榴弾七〇〇〇
昭和十年度　九一式曳火手榴弾五万五〇八九、十年式地上信号弾一二七九、八八式発煙筒一万四二八一、九四式小発煙筒甲七九二一、九四式水上発煙筒五五八、九四式代用発煙筒六九六〇
昭和十一年度　九一式曳火手榴弾一六万七五二七、十年式地上信号弾一八八六、十年式手投照明弾三六、九四式小発煙筒甲一万二四九六、九四式水上発煙筒甲三〇二、九四式水上発煙筒乙六六六、九四式代用発煙筒甲三万二一四四

昭和十二年度　九七式手投曳火榴弾二一万、九四式小発煙筒甲四四万七八五三、九四式水上発煙筒甲三万二八〇〇、九四式大発煙筒甲一四〇〇、九四式代用発煙筒甲一万七五六二

昭和十三年度　試製九八式柄付手榴弾甲九万五五八〇、九七式手投榴弾二四八万、九一式曳火手榴弾六六五万四一八〇

昭和十四年度　試製九八式柄付手榴弾甲二二〇万三八〇〇、九七式手投榴弾一七七万九五九〇、試製手投照明弾四五三〇、十年式地上信号弾一四〇、九四式小発煙筒甲一三万五五三〇、九四式代用発煙筒甲一八万九九〇〇、九七式淡煙発煙筒七二〇〇、八九式催涙筒甲一四万八七四〇、八九式催涙棒二万七〇六〇

昭和十五年度以降　不明

名古屋陸軍造兵廠

昭和十六年度　九九式手榴弾甲一九万

昭和十七年度　九九式手榴弾甲一〇万

昭和十八年度　九九式手榴弾甲一〇万

昭和十九年度　九九式手榴弾甲一〇万七三四一

昭和二十年度　九九式手榴弾甲一万一〇〇〇

小倉陸軍造兵廠

昭和十六年度　九七式手榴弾二〇万

昭和十七年度　九七式手榴弾三六万

昭和十八年度　九九式手榴弾甲四二万

昭和十九年度　九九式手榴弾甲二四万三〇〇〇

昭和二十年度　九九式手榴弾甲一万四〇〇〇

武器弾薬整理一覧表　昭和二十一年十月　正兵団兵器部

終戦時在庫数　手榴弾（日本製）二万九一六五、手榴弾（外国製）四五四二

武装解除数　九一式曳火手榴弾一一〇、九七式手投榴弾八二七、九八式柄付手榴弾四五〇、翔式手榴弾一八八、外国製手榴弾一二七三

金山商報　昭和十一年五月

学校教練用小銃などの軍需品供給業で知られる豊橋の金山久次郎本店は投擲練習用の曳火手榴弾なども製造販売していた。

一、擬製曳火手榴弾　工廠製制式と同形のもの　価格八〇銭　火薬使用不能
二、練習用手榴弾　十年式手投演習用曳火手榴弾の投擲練習用　価格三五銭　軍用
三、手投照明弾　価格一五銭　近距離の照明に使用、点火後投擲
四、発煙筒（白）　価格二五銭　発煙は二分間継続
五、発煙筒（黄）　価格四〇銭　擬毒ガスとして軍用、防火演習・映画撮影などに応用

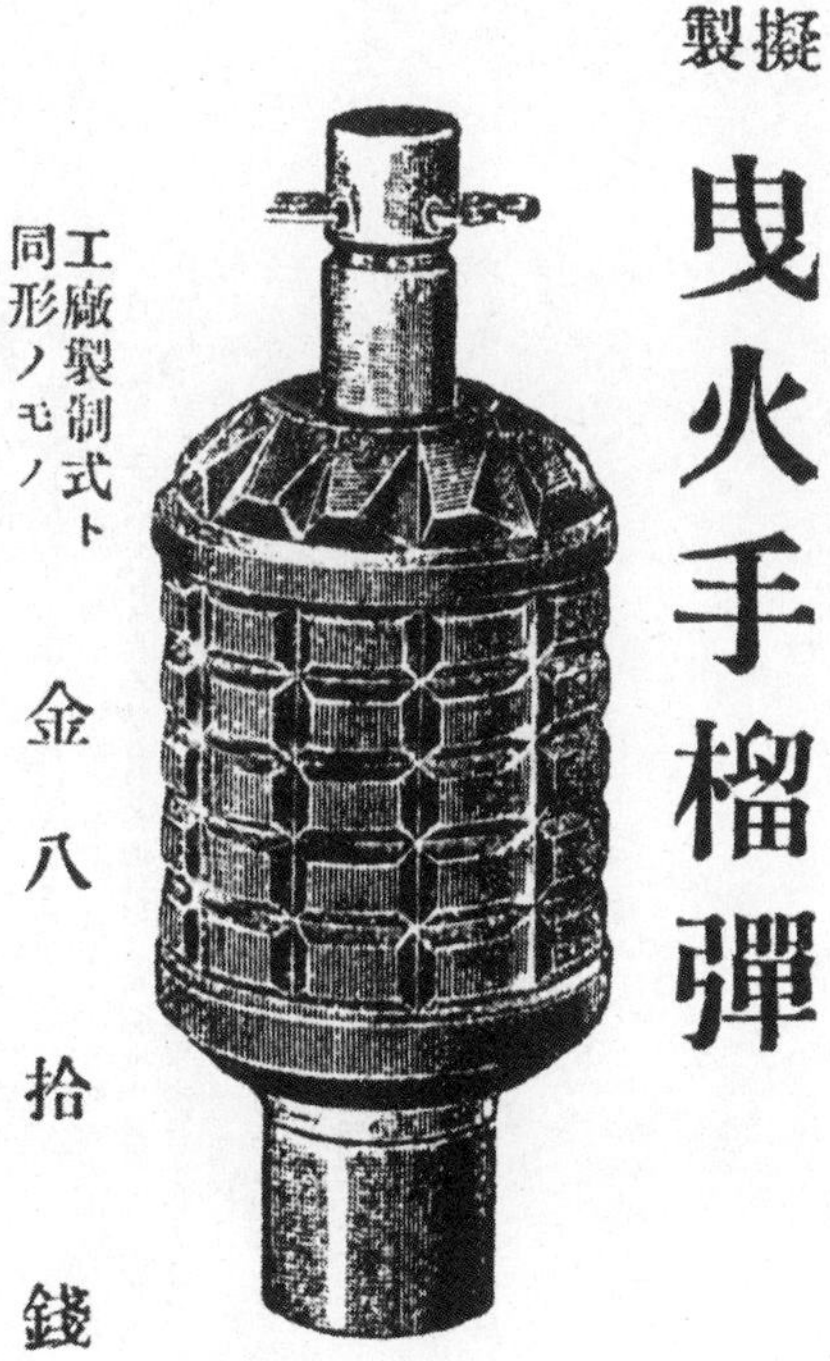

擬製
曳火手榴彈
工廠製制式ト
同形ノモノ
金八拾錢

擬製曳火手榴弾　投擲訓練用　価格80銭　金山商報　昭和11年5月号

参考資料

本文中に記載した資料のほかに次の資料を使用した。
兵器学教程巻二附図　明治四十一年改訂　陸軍士官学校＊火工教程第一部（野戦弾薬）　昭和四年七月　陸普二五四七号＊兵器学教程普通科砲兵用弾丸火具附図　大正五、十一、昭和八、十五各年　陸軍砲工学校＊兵器学教程巻一　昭和九年改訂　陸軍士官学校＊兵器学教程附図（技術幹部候補生用）　昭和十一年　陸軍造兵廠火工廠＊砲術教科書巻之一附図　陸戦兵器　昭和十二年十二月　海軍兵学校＊ARMI PORTATILI ED ARTIGLIERIE 1912＊BOMBS AND HAND GRENADES 1918＊MANUAL FOR HAND BOMBERS AND RIFLE GRENADIERS 1918＊WAFFENLEHRE 1919＊ARMI-EXPLOSIVI ARTIGLIERIE 1929＊KENNIS DER ARTILLERIE 1933＊TASCHENBUCH FÜR DEN ARTILLERISTEN RHEINMETALL BORSIG 1940＊REKRYTINSTRUCTION FUR KUSTARTILLERIET 1943＊Technical Intelligence Reports 1945

NF文庫書き下ろし作品

あとがき

　本書はわが国の手榴弾に関する史実を編年式に記述したものである。その目的とするところはほとんど注目されることがない手榴弾の歴史を掘り起こし、軍事技術史の一ページとして正確な記録を残すことにある。

　使用した資料は編者所有のもののほか、アジア歴史資料センターおよび国会図書館のデジタルコレクション、その他の資料を使用した。ただし第二次大戦後の出版物などは参照していない。

　編纂に要した時間はそれほど長くはないが、資料の蒐集には半世紀以上を費やしている。つまり資料が少ないのでなかなか研究が進まず、編者もそれほど興味を持っていたわけでもなかったのだが、こうしてまとめると手榴弾小史として手掛かりにはなると自負している。たかが手榴弾、されど手榴弾である。

そうした資料の中でも特に有用であったものに陸軍兵器学校が昭和十五年に刊行した兵器学教程弾丸火具補遺「手榴弾」がある。この資料は昭和四十八年に入手したもので、自宅に送られてきた古書販売目録に掲載されていた。秋田市の古書店からであった。

当時編者は既に兵器関係資料の蒐集を進めており、兵器学教程も各種数十点を入手していた。しかしそれらは多くが陸軍士官学校や陸軍教導学校などのもので、手榴弾に関する一般的知識や現用手榴弾に関する簡単な説明しかなかった。それに対し兵器学校の教程「手榴弾」にはその最初期のものから現用のものまで、壺形手榴弾から演習用手榴弾まであらゆる種類の手榴弾が図面とともに詳細に記述されていた。

このような資料は初めて目にしたので、とても感動したことを思い出す。このとき合計一六点を入手した兵器関係資料の中にモ式小銃の説明書や中戦車の教程などもあった。兵器学校の卒業生が戦後二八年を経過してそろそろ処分してもよいかと考え、秘蔵していた軍隊の教科書を古本屋に出したのであろう。

編者はこの後機会を作って秋田市の当該古書店を訪ねた。まだ類書が他にあると聞いたので気になっていたからだが、あるにはあったもののそれらは一般的な学科の教科書であったので入手の必要はなく、素手で帰ってきた。

兵器学校の教程「手榴弾」は本書にも引用しているように、各種の新旧手榴弾について重要なデータを簡潔にまとめている。図面も入っているがざら紙の孔版印刷であるから再利用は難しい。しかし要点は余さず本書に引用した。昭和十五年に出た本を三三年後に入手し、それから五一年後に活用することができた。長く研究してきてあきらめなかったことがこのような成果につながった。

同書にはもう一つ打ち明け話がある。この本を見たときは内容の濃さに驚いたが、同時にこれは記事になると思った。早速陸軍の手榴弾に関する拙い原稿を仕上げ、当時兵器関係も載せていた月刊「ガン」誌に送ったところ、ほどなくして掲載された。わずか一ページの短文であったが、編者が雑誌などに兵器関係の記事を寄稿するようになったのはこれが最初であった。

掲載誌を紛失してしまったので、何年の何月号だったか覚えていないが、編者にとっては大きな契機となった。資料をただ集めるだけでなく、記事にして公表することに使命感を覚えたのである。当時陸軍兵器史の研究はまだほとんど行われていなかった。「ガン」誌から数千円だったかの原稿料をいただいたが、編者は豊洲の港湾荷役会社に入ってまだ三年目だったから、例え雀の涙でも臨時収入は有り難かった。

ところで「手榴弾」は「てりゅうだん」と読むのが正しいようだが、実は本書を手がけるまで「しゅりゅうだん」と読んでいた。子供の頃からずっとである。陸軍用語は音読みが基本と思っていたので自然にそう読んでいたのだが、今回多くの資料にあたるなかで振り仮名付きのものがあり、そこにはっきり「てりゅうだん」と書かれていた。

さらに見ていくと昭和十四年の百科辞典にも「てりゅうだん」と記載されており、自衛隊でもそう呼んでいることを知った。昔ある先輩に教えられたのだが、陸軍の兵器を扱う技手は「ぎしゅ」ではなく「ぎて」と読むそうだ。「ぎし」（技師）と間違いやすいためという。それでは「しゅりゅうだん」が何か他の兵器名と間違いやすいかと考えると、別に思い当たる節はない。「しゅりゅうだん」は「しりゅうだん」と発音しやすいので、「てりゅうだん」に比べて少し言いにくいとは思う。

一方明治四十四年の「歩兵操典之摘解」には「しゅりゅうだん」と書いてあり、昭和十二年の「歩兵新須知」も「しゅりゅうだん」となっている。特に後者は版を重ねた本で延べ刊行数はかなり多いはずだ。ということは「しゅりゅうだん」で教育された兵も多いことになる。

これ以上詮索してもらちがあかないので結論は保留とするが、「て」と「しゅ」は慣用的に読み分けたもので使い方に決まりはなく、語感とか語調も関係ないようである。

また本書でも使った手投弾という言葉は「てりゅうだん」の伝でいくと「てとうだん」になるが、そうは読まない。九九式手榴弾（甲）に貼付する使用法書紙の「手投ノ場合」に「テナゲ」と読み方が書いてある。したがって手投弾は「てなげだん」と読む。手榴弾に貼付してある使用法書紙は、無学な兵卒に正しい使用法を教えるためのものであるから、読み方を間違えないようルビが振ってある。同様に手投煙瓶は「しゅとうえんびん」ではなく「てなげけむりびん」と読む。これも使用法にルビを振ってあるのを確認した。

陸軍の兵語は音訓入り乱れて統一されていないのが難点だが、これも史実の一端である。先日はNHKのニュースで女性アナウンサーが「しゅりゅうだん」と読んでいた。編者の頭にも未だ三分の一くらい「しゅりゅうだん」と読む癖が残っている。

本書では特にわが国で最初の制式手榴弾である壷型手榴弾と手投弾薬の数々についてまとめることができたのはよかった。これらについては若い頃からいつかはやりたいと思っていたが、マイナーな兵器であり資料も少ないことから、手投弾全体の中でなければ取上げるチャンスはなかったと思う。

本書はまたもＮＦ文庫の小野塚氏に編集の労をおかけした。かなり細かい原稿になったが、いつもながら入念な作業で対応いただき、意図した以上の資料本を残すことができたことを厚く感謝いたします。

令和六年四月

佐山二郎

NF文庫

手榴弾入門

二〇二四年六月二十四日　第一刷発行

著　者　佐山二郎

発行者　赤堀正卓

発行所　株式会社　潮書房光人新社

〒100-8077　東京都千代田区大手町一-七-二

電話／〇三-六二八一-九八九一(代)

印刷・製本　中央精版印刷株式会社

定価はカバーに表示してあります

乱丁・落丁のものはお取りかえ致します。本文は中性紙を使用

ISBN978-4-7698-3362-8　C0195

http://www.kojinsha.co.jp

NF文庫

刊行のことば

第二次世界大戦の戦火が熄んで五〇年――その間、小社は夥しい数の戦争の記録を渉猟し、発掘し、常に公正なる立場を貫いて書誌とし、大方の絶讃を博して今日に及ぶが、その源は、散華された世代への熱き思い入れであり、同時に、その記録を誌して平和の礎とし、後世に伝えんとするにある。

小社の出版物は、戦記、伝記、文学、エッセイ、写真集、その他、すでに一、〇〇〇点を越え、加えて戦後五〇年になんなんとするを契機として、「光人社NF（ノンフィクション）文庫」を創刊して、読者諸賢の熱烈要望におこたえする次第である。人生のバイブルとして、心弱きときの活性の糧として、散華の世代からの感動の肉声に、あなたもぜひ、耳を傾けて下さい。

＊潮書房光人新社が贈る勇気と感動を伝える人生のバイブル＊

NF文庫

写真 太平洋戦争 全10巻〈全巻完結〉

「丸」編集部編

日米の戦闘を綴る激動の写真昭和史——雑誌「丸」が四十数年にわたって収集した極秘フィルムで構築した太平洋戦争の全記録。

日本海軍仮装巡洋艦入門 日進・日露戦争から太平洋戦争まで

石橋孝夫

武装した高速大型商船の五〇年史——強力な武装を搭載、船団護衛、通商破壊、偵察、輸送に活躍した特設巡洋艦の技術と戦歴。

手榴弾入門

佐山二郎

近接戦闘で敵を破壊し、震え上がらせる兵器。手榴弾を含む全ての手投弾を精密図で解説した決定版。各国の主要手榴弾も収載。

新装解説版 **日本軍の小失敗の研究** 勝ち残るために太平洋戦争の教訓

三野正洋

人口二倍、戦力二倍、生産力二〇倍のアメリカと戦った「日本軍」という巨大な組織の失策の本質を探る異色作。解説／三野正洋。

新装解説版 **グラマン戦闘機** 零戦を駆逐せよ

鈴木五郎

グラマン社のたゆみない研究と開発の過程を辿り、米国的戦法の合理性を立証した戦闘機を図版写真で徹底解剖。解説／野原茂。

決定版 零戦 最後の証言 1

神立尚紀

大空で戦った戦闘機パイロットの肉声——零戦の初陣から最期までを知る歴戦の搭乗員たちが語った戦争の真実と過酷なる運命。

＊潮書房光人新社が贈る勇気と感動を伝える人生のバイブル＊

ＮＦ文庫

復刻版 日本軍教本シリーズ
「海軍兵学校生徒心得」
潮書房光人新社編集部編
元統合幕僚長・水交会理事長河野克俊氏推薦。精神教育、編成から、日々の生活までをまとめた兵学校生徒必携のハンドブック。

死闘の沖縄戦 米軍を震え上がらせた陸軍大将牛島満
将口泰浩
圧倒的物量で襲いかかる米軍に対し、壮絶な反撃で敵兵を戦慄させる日本軍。軍民一体となり立ち向かった決死の沖縄戦の全貌。

新装版
ロシアから見た日露戦争
岡田和裕
大勝したと思った日本 負けたと思わないロシア
決断力を欠くニコライ皇帝と保身をはかる重臣、離反する将兵、ドイツ皇帝の策謀。ロシアの内部事情を描いた日露戦争の真実。

ナポレオンの戦争
松村　劭
歴史を変えた「軍事の天才」の戦い
「英雄」が指揮した戦闘のすべて――軍事史上で「ナポレオンの時代」と呼ばれる戦闘ドクトリンを生んだ戦い方を詳しく解説。

復刻版 日本軍教本シリーズ
「山嶽地帯行動ノ参考 秘」
佐山二郎編
登山家・野口健氏推薦「その内容は現在の〝山屋の常識〟とも大きなズレはない」――教育総監部がまとめた軍隊の登山指南書。

日本海軍魚雷艇全史
今村好信
列強に挑んだ高速艇の技術と戦歴
日本海軍は、なぜ小さな木造艇を戦場で活躍させられなかったのか。魚雷艇建造に携わった技術科士官が探る日本魚雷艇の歴史。

＊潮書房光人新社が贈る勇気と感動を伝える人生のバイブル＊

NF文庫

新装解説版 戦闘機「隼」 昭和の名機 栄光と悲劇

碇 義朗

抜群の格闘戦能力と長大な航続力を誇る傑作戦闘機、〝隼〟の愛称で親しまれた一式戦闘機の開発と戦歴を探る。解説／野原茂。

空母搭載機の打撃力 艦攻・艦爆の運用とメカニズム

野原 茂

スピード、機動力を駆使して魚雷攻撃、急降下爆撃を行なった空母戦力の変遷。艦船攻撃の主役、艦攻、艦爆の強さを徹底解剖。

海軍落下傘部隊 極秘陸戦隊「海の神兵」の闘い

山辺雅男

海軍落下傘部隊は太平洋戦争の初期、大いに名をあげた。だが中期以降、しだいに活躍の場を失う。その栄光から挫折への軌跡。

新装解説版 弓兵団インパール戦記

井坂源嗣

敵将を驚嘆させる戦いをビルマの山野に展開した最強部隊・弓兵団――崩れゆく戦勢の実相を一兵士が綴る。解説／藤井非三四。

新装解説版 間に合わなかった兵器

徳田八郎衛

日本軍はなぜ敗れたのか――日本に根づいた〝連合軍の物量に屈した日本軍〟の常識を覆す異色の技術戦史。解説／徳田八郎衛。

第二次大戦 不運の軍用機

大内建二

呑龍、バッファロー、バラクーダ……様々な要因により存在感を示すことができなかった「不運な機体」を図面写真と共に紹介。